高等学校新工科计算机类专业系列教材

U0394378

计算机科学导论

沈 艳　郭 兵　王录涛　郜东瑞　吴 锡　编著

西安电子科技大学出版社

内 容 简 介

本书共 7 章，第 1 章为绪论，其后 6 章分别从逻辑思维、数据思维、算法思维、网络思维、系统思维以及工程思维的视角探寻计算机科学的精髓，以期让读者实现从知识认知到计算思维的构建，为设计、构造和应用各种计算系统求解学科问题奠定思维基础与工程基本素养。本书内容翔实，条理清晰；从第 2 章起每章第一节都配有实例引导，以激发读者的求知欲；每章末都配有探究性习题，以帮助读者提高。

本书可作为高等院校计算机专业及其相关专业的计算机课程的教材，亦可作为高等院校教师、工程技术人员以及计算机爱好者的参考用书。

图书在版编目(CIP)数据

计算机科学导论 / 沈艳等编著. --西安：西安电子科技大学出版社，2023.9
ISBN 978-7-5606-7005-8

Ⅰ.①计… Ⅱ.①沈… Ⅲ.①计算机科学—高等学校—教材 Ⅳ.①TP3

中国国家版本馆 CIP 数据核字(2023)第 152506 号

策　　划　刘小莉
责任编辑　雷鸿俊
出版发行　西安电子科技大学出版社(西安市太白南路 2 号)
电　　话　(029) 88202421　88201467　　邮　编　710071
网　　址　www.xduph.com　　　　　　　　电子邮箱　xdupfxb001@163.com
经　　销　新华书店
印刷单位　陕西日报印务有限公司
版　　次　2023 年 9 月第 1 版　　2023 年 9 月第 1 次印刷
开　　本　787 毫米×1092 毫米　1/16　印张 14
字　　数　329 千字
印　　数　1～3000 册
定　　价　36.00 元
ISBN　978-7-5606-7005-8 / TP

XDUP 7307001-1

如有印装问题可调换

前　言

　　"计算机科学导论"通常作为计算机类专业的引导性课程，旨在引导学生认识专业，了解学科发展，学会利用计算技术对现实世界中的问题进行抽象和形式化，以达到求解问题的目的，同时也培养学生的专业思维和兴趣，为后续专业课的学习奠定基础。

　　由于教育部卓越工程师教育培养计划的升级以及高等学校基于"四新"(新工科、新农科、新医科和新文科)对学生知识结构、能力和素养要求的变化，编者以立德树人为根本任务，以社会对人才的需求为导向，以学生知识、能力、素质全面培养为基本要求，以筑好计算机专业学生迈入计算机殿堂的第一级台阶为己任编写了本书，以期指导读者将知识、能力和素养结合起来，更好地传承计算文化，弘扬科学精神，展示学术魅力，掌握运用计算思维分析问题、解决问题的方法，在计算机工程实践中自觉遵守职业道德规范，增强在国家信息产业自主可控战略服务中的责任感、使命感和紧迫感。

　　本书共7章，第1章为绪论，主要介绍计算机的定义、组成、特点及应用，计算工具的演变和计算机在中国的发展历程，以及计算思维的相关理论等内容；第2章为逻辑思维，主要介绍数制及其转换、数据存储与运算、数据表示以及图灵机模型等内容；第3章为数据思维，主要介绍数据的组织、管理和价值等内容；第4章为算法思维，主要介绍算法的概念、特征、描述方法、常用算法策略、算法实现以及人工智能技术等内容；第5章为网络思维，主要介绍计算机网络相关知识、信息安全以及云计算、物联网等内容；第6章为系统思维，主要介绍冯·诺依曼体系结构、系统思维要素以及哈佛体系结构和绿色计算等内容；第7章为工程思维，主要介绍工程、工程师、职业道德、创新与知识产权、团队合作以及时间管理等内容。

　　本书具有以下特点：

　　(1) 案例引导，激发求知欲。除第1章外，其余各章均以实例引出所探讨的内容，以消除读者学习中的畏难情绪，帮助读者调动学习的积极性和创造性，激发探求知识的兴趣，自觉打造自己的知识能力结构，为未来的职业生涯发展做好准备。

(2) 启迪思维，强化能力培养。本书从人类思维的角度探寻计算机的奥秘，培养读者解决实际工程问题的能力和创新能力；面对计算机技术的快速发展，使读者意识到知识更新的重要性和自我提升的必要性。

(3) 融入课程思政，注重素质培养。思政元素贯穿本书，以落实党的二十大精神、讲好中国故事、传承中华文明、实现民族复兴为主旨，激发读者的爱国情怀，培养其工匠精神，引导其勤于思考并树立积极的职业目标，形成团队互助、合作进取的意识，实现立德树人的根本任务。

(4) 内容基础性、科学性和前沿性并重。在内容编排上，本书既注重教学内容的基础性、科学性，又反映了本学科领域的最新科技成果，精练严谨、深浅适当。

本书编写人员都是高校计算机专业任教多年的专职教师，具有丰富的理论知识和教学经验，具体编写分工是：第 1 章 1.1 节和 1.2 节及第 6 章由郭兵编写；第 1 章 1.3 节及第 4 章 4.5 节由吴锡编写；第 2 章、第 3 章及第 4 章 4.1～4.4 节由沈艳编写；第 5 章由王录涛编写；第 7 章由郜东瑞编写。赵继宁、汪曼青等参与了课程资源的建设，沈艳负责全书的统稿工作。

在编写本书的过程中，编者参考了国内外专家学者的著作、文献以及相关网站、新闻媒体的资料，限于篇幅，参考文献和资料来源未能一一列举，在此向这些参考资料的所有作者和业内同仁致以衷心的感谢。同时，电子科技大学杨平教授、李辉教授、江维教授以及四川大学洪玫教授、陈良银教授对本书的编写提出了许多宝贵的建设性意见和建议，成都信息工程大学教务处及计算机学院对本书的编写工作给予了大力支持，西安电子科技大学出版社的刘小莉编辑为本书的出版付出了辛勤劳动，在此一并表示感谢！

由于计算机科学与技术的发展迅速且编者水平有限，书中难免存在不足之处，恳请广大读者批评指正。

编者电子邮箱：sheny@cuit.edu.cn。

编　者

2023 年 6 月于成都

目　录

第 1 章 绪 论

计算机作为 20 世纪的科学技术发明之一，业已成为信息社会中必不可少的工具，其应用领域从最初的军事科研应用扩展到社会的各个领域。计算机不仅改变了人类的生活、工作、学习、交流、娱乐的方式，也改变了人类的思维方式。正如苹果(Apple)公司的创始人之一史蒂夫·乔布斯(Steve Jobs)所说："每个人都应该学习计算机编程，因为它教会你如何思考。"本章首先介绍计算机的定义、组成、特点及应用，然后介绍计算工具的演变以及中国计算机的发展历程，阐述计算思维的概念和本质。

本章学习目标

(1) 掌握计算机的定义、组成以及特点。
(2) 了解计算工具的演化过程以及我国计算机事业的发展历程。
(3) 理解计算思维的概念和本质。

1.1 计算机概述

1.1.1 计算机的定义与组成

1. 计算机的定义

所谓计算机，是指一种能够按照事先存储的程序，自动地、高速地、精确地进行大量数值计算，具有记忆(存储)能力、逻辑判断能力以及数字化信息处理能力的现代化智能电子设备。在数字化、网络化、智能化的今天，计算机从形态到功能都发生了革命性的变化，很多设备被称为广义上的计算机，如机器人、智能手机、平板电脑(Portable Android Device, PAD)等，如图 1.1 所示。

图1.1　形态各异的计算机

2. 计算机的组成

对于普通的计算机使用者而言,计算机系统像一个黑盒,当计算机获得输入后,根据事先定义好的规则,将得到与输入对应的结果并输出。普通的计算机使用者不需要了解这个黑盒的具体结构,会使用这个黑盒即可。但对于计算机专业的学生而言,则需要打开这个黑盒一探究竟。

用户如何将给定的值输入计算机?这个值存储在计算机的什么位置,如何完成转换?其对应的结果又将输出或存储在什么地方?所有这些操作都离不开计算机硬件。首先,用户通过输入设备(如键盘),将所要输入的数据输入计算机的内存,计算机的中央处理器(CPU)对输入的数据按照一定的规则进行运算并得到结果,最后将结果输出到输出设备(如显示器)显示。但计算机仅有这些硬件依然无法实现用户的要求,因为计算机硬件并不知道如何进行运算,这就需要依靠软件,即建立在硬件基础上的所有程序和文档的集合。程序指令指示计算机首先从输入设备中读取输入的数据,并存储在内存中的某个位置,然后根据程序指令在中央处理器中进行运算,最后将运算结果输出到显示器上。一般情况下,用户编写的程序指令不能直接控制计算机硬件,需要使用操作系统来衔接硬件和用户所写的软件,如图1.2所示。

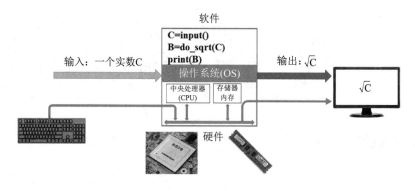

图1.2　计算机探秘

由此可见,计算机系统包括硬件系统和软件系统两大部分,如图1.3所示(具体功能详见第6章),它们相互依存,协同完成相应任务。计算机硬件系统是软件系统赖以工作的物质基础,任何软件都是建立在计算机硬件系统基础之上的,离不开硬件的支持。计算机软件系统是计算机的灵魂,计算机硬件系统需要配备完善的软件才能正常工作,发挥硬件的各种功能,没有软件的计算机(即裸机)无法有效实现任何功能。

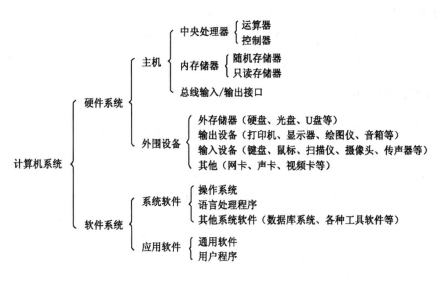

图 1.3 计算机系统组成

1.1.2 计算机的特点

尽管各种类型的计算机在规模、性能、用途、结构等方面各不相同，但它们都具有如下特点。

1. 运算速度快

计算机的运算速度是衡量计算机性能的重要指标之一，通常是指每秒执行的指令条数。计算机运算部件由数字逻辑电路组成，可以高速而准确地完成各种运算。现在普通的微机每秒可完成亿次以上运算，超级计算机则可完成每秒几十亿亿次甚至每秒百亿亿次的运算。计算机超高的运算速度使得复杂的科学计算问题得以解决。例如，卫星轨道的计算、24 小时天气预报计算等任务通过使用计算机只需几天甚至几分钟就可以完成，而这些任务单靠手工计算已无法实现。

2. 计算精度高

计算机计算的有效位数越长，其计算精度越高。例如，计算机控制的导弹之所以能准确地击中预定的目标，是与计算机的精确计算分不开的。目前，计算机计算的有效位数可达十几位甚至几百位，计算精度从千分之几到百万分之几不等。

3. 逻辑判断能力强

计算机不仅能快速、准确地进行计算，还具有逻辑推理和判断能力，能在程序运行过程中随时进行各种逻辑判断，并根据判断的结果自动决定下一步应执行的命令。例如，谷歌公司研发的 AlphaGo 以 3∶0 的总比分战胜当时世界排名第一的围棋选手柯洁，就是利用了计算机强大的逻辑判断能力。

4. 存储容量大

计算机的存储器具有存储大量信息的功能，可以将原始数据和程序、中间结果、运算指令等信息存储起来，以满足各种应用对信息的需求。

5. 计算自动化

计算机采取存储程序的方式工作，即将程序输入计算机，计算机可以在不需要人工干预的情况下，依次逐条执行指令，完成各种运算和操作，实现计算机应用的各种目的。

1.1.3　计算机的应用

计算机已成为信息社会人们工作、学习、娱乐和家庭生活的重要工具，在各个领域发挥着重要的作用。其主要应用有以下几方面。

1. 科学计算

科学计算又称数值计算，是指对科学研究和工程技术中所遇到的数学问题进行求解。计算机在科学计算中的应用不仅帮助人们解决了一些复杂的、靠人工难以解决或不可能解决的计算问题，也将人们从大量烦琐而枯燥的计算工作中解脱出来，如人造卫星轨道的计算、水坝应力的求解、生物医学中的人工合成蛋白质技术、中远期天气预报等。科学计算目前仍是计算机的主要应用领域之一。

2. 信息处理

信息处理是计算机应用最广泛的领域，其目的是对大批量数据，尤其是对非数值型数据进行分析、加工与处理，提高人们的工作效率和管理水平。例如，全球信息检索系统、金融自动化系统、卫星及遥感图像分析系统、核磁共振的三维图像重建等都是计算机直接用于信息处理的领域。

3. 实时控制

实时控制是指利用计算机对被控对象进行实时信息采集、检测和处理，并对被控对象的运行进行自动控制。实时控制涉及的领域很广泛，如卫星的发射、铁路交通中的行车调度、马路上交叉路口的红绿灯、自动化生产线等都是在计算机的控制下运行的。

4. 计算机辅助系统

计算机辅助系统是计算机应用的重要领域，包含计算机辅助设计、计算机辅助制造、计算机辅助教学等多方面。

1) 计算机辅助设计

计算机辅助设计(Computer Aided Design，CAD)是指人们利用计算机进行产品设计。计算机辅助设计已广泛应用于服装、机械、飞机、船舶、水坝、集成电路等设计中，这对于加速产品研制过程、缩短产品的开发周期、优化产品设计方案、节省大量人力物力起到了非常重要的作用。

2) 计算机辅助制造

计算机辅助制造(Computer Aided Manufactory，CAM)是指利用计算机对设计文档、工艺流程、生产设备进行管理和控制，以支持产品的制造。计算机辅助制造有利于提高产品质量、缩短产品生产周期。例如，在汽车的生产过程中，利用计算机辅助制造系统自动完成零件的加工、装配等过程，可实现无图纸、无工人的生产。

3) 计算机辅助教学

计算机辅助教学(Computer Aided Instruction，CAI)是指利用计算机辅助教师教学和帮助学生学习。目前 CAI 包括两个方面：一是基于 CAI 课件，将课程中抽象的概念、原理和现象形象、直观地表达出来，促进教师教学质量的提升；二是利用计算机网络和通信技术，实现异地远程网络教学，使各地区的人们，特别是教育落后地区的人们随时随地接受教育，共享高水平教学资源。

5. 人工智能

计算机既有记忆存储能力，又擅长逻辑推理运算，人工智能就是利用计算机模拟人的感觉和思维，从事逻辑判断、智能学习等高级思维活动，实现了人机博弈、专家系统、无人驾驶、智能机器人等应用。

1.2 计算与计算工具

1.2.1 计算

1. 计算的概念

在人们的工作、学习和生活中，计算无所不在。所谓计算，是指依据一定的法则对相关符号串进行变换的过程，即计算从已知符号串开始，经过有限步骤，一步一步地改变符号串，最后得到一个满足规定要求的符号串。例如，$25-5=20$ 就是从符号串 $25-5$ 通过计算变换成 20。

2. 自动计算

计算是人类大脑经过进化后所特有的功能。在原始社会，人们通过简单的心算可以得到想要的结果。但随着社会的发展，计算的难度、强度、复杂度越来越大，这促使人类不断发现和探索计算规则，计算量在人类可完成的范围内时，人类会利用这些计算规则完成计算。例如，人们利用一元二次方程的求根公式求解给定方程的解。然而，当计算量超过人类的计算能力时，即使人类知道计算规则也没有办法获得计算结果，这时就需要机器代替人类按照一定的计算规则进行自动计算。

所谓自动计算，是指计算过程不再依赖人类的大脑，而是按照某种步骤和程序机械地、自动地完成计算，并获得计算结果。自动计算解决了计算量庞大、过程烦琐、人类很难完成或者无法完成的计算问题。

1.2.2 计算工具

在人类文明发展的历史长河中，人类对计算方法和计算工具的探索与研究从来没有停止过。从"结绳计数"中的绳结到算筹、算盘、机械计算机、机电计算机，再到现代的电子计算机，计算工具的演化经历了由简单到复杂、从低级到高级、从手动到自动的不同阶段，它们在不同的历史时期发挥着各自的作用。

1. 手工计算工具

1) 原始计数法

远古时代，人类最自然地使用自己的十个手指进行计数，从而形成"数"的概念和"十进制"计数法。随着生产力的发展,十个手指已不能满足人类计数和运算的需要,人类开始寻求实物、刻道、结绳等方法进行计数。例如,为了记录一件事情,人们在绳子上打一个结,即以"事大,大其绳;事小,小其绳;结之多少,随物众寡"的方式来进行记录,如图1.4所示。

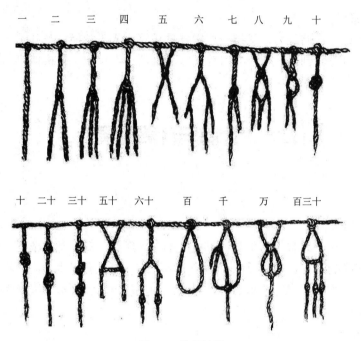

图1.4 结绳计数

2) 算筹

随着人类活动越来越复杂,人类对计算能力的要求也越来越高。中国古代劳动人民创造性地利用算筹进行计数、列式以及各种数与式的演算。算筹约二百七十枚一束,由竹子、木头、兽骨等制成,是最早的人造计算工具。算筹及其摆法示意如图1.5所示。

算筹始于商周时期,在春秋战国和后汉的书籍中有不少关于"算筹"的记载,并在古代军事中发挥了巨大的作用。例如,《汉书·张良传》中描述张良"运筹策帷幄中,决胜千里外",其中的"筹"指的就是算筹,即用算筹部署战略战术。我国古代数学家也利用算筹创造了璀璨的数学成果。例如,中国古代著名数学家祖冲之利用算筹计算出圆周率 π 的值在 3.141 592 6 与 3.141 592 7 之间,这一结果比西方早了近一千年,在数学史上写下了辉煌的篇章,祖冲之由此被称为"圆周率之父",如图1.6所示。著名的鬼谷算法、秦九韶算法、天文历法等也都是借助算筹取得的。

图1.5 算筹及其摆法示意

图1.6 祖冲之

3) 算盘

算盘由算筹演变而来。算盘的构成如图 1.7 所示，由框、档、梁、珠四个部分构成，每档串珠，档有横梁，分上下两梁，梁上珠称为"上珠"，共有两珠，每珠计为五，梁下珠称为"下珠"，共有五珠，每珠计为一。

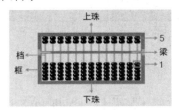

图 1.7 算盘的构成

随着算盘的广泛使用，人们总结出一套完整的计算规则，即珠算。东汉数学家徐岳撰写的《数术记遗》中有"珠算，控带四时，经纬三才"的描述。南宋时期数学家杨辉编写的《乘除通变算宝》中记载了"九归"口诀。马克思曾在《数学手稿》中称赞十进制是"最妙的发明之一"，而十进制在算盘上得到了完美的应用，不仅可以加减任意的数字，还能用位值标示数字的大小。由此可见，算盘不仅能够实现连续运算，而且具备临时存储的功能。

20 世纪 50 年代，中国开始研制原子弹，当时国内仅有两台 104 计算机，承担着大量繁重的计算工作，但仍然有很多数据无法得到及时计算和处理。中国的科研工作者们利用算盘、计算尺和手摇计算器进行人工计算，圆满完成了原子弹的研制工作。1953 年，算盘作为计算工具，为中国的人口普查做出了重要的贡献。

我国古代独创的算盘素有"中国计算机之称"，是计算工具发展史上的一次重大改革。在电子计算器没有普及的时代，算盘以其快节奏的准确运算征服了世界，先后流传到日本、朝鲜、美国等国家，为世界文明做出了不可磨灭的贡献。2007 年 11 月，英国最有影响力的报纸之一的《独立报》评选出 101 件改变世界的小发明，中国的算盘独占鳌头。2013 年 12 月，中国的算盘被列入联合国"人类非物质文化遗产代表作名录"。

2. 机械计算机

人类利用机械代替脑力的想法始于文艺复兴末期。数据需要表示和存取，计算规则需要执行，由杠杆、齿轮等机械部件构成并执行计算规则的机械计算机应运而生。

1) 计算尺

苏格兰数学家约翰·耐普尔(John Napier，1550—1617)发明了对数，并于 1614 年创造了一种用于乘法计算的骨质拼条，称为耐普尔骨条，如图 1.8(a)所示。1621 年，英国数学家威廉·奥特雷德(William Oughtred，1575—1660)发明了机械计算工具——圆形计算尺，该装置由一个内环和一个可以相互滑动的外环组成，每个环上都刻着相同的对数刻度，如图 1.8(b)所示。圆形计算尺经过不断改进和完善，一直沿用到 20 世纪 70 年代，如图 1.8(c)所示。

20 世纪 50 年代到 70 年代，计算尺是工程师身份的象征。德国火箭专家沃纳·冯·布劳恩在二战后到美国从事航天计划工作时，随身携带两把老式计算尺，其一生没有使用过任何其他袖珍计算仪器。

 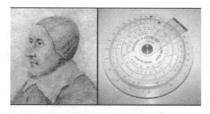 

(a) 耐普尔骨条　　　　(b) 奥特雷德与圆形计算尺　　　　(c) 改进和完善的计算尺

图1.8　计算尺

2) 帕斯卡加法器

1623 年，德国科学家威尔海姆·契克卡德(Wilhelm Schickard，1592—1635) 设计了人类史上第一台机械计算机。该机器不仅能进行 6 位数的加、减、乘、除运算，还能在数位溢出的时候以响铃的方式报错。契克卡德共制作了两台模型，但由于种种原因，这两台模型已下落不明。1960 年，根据契克卡德遗留下的设计示意图，人们重新制作了一台机械计算机，并印证了其强大的计算功能，如图 1.9 所示。

图1.9　契克卡德与复制的契克卡德计算机

1642 年，法国科学家布莱斯·帕斯卡(Blaise Pascal，1623—1662) 因为要帮助父亲解决税务上的计算问题，发明了帕斯卡加法器，如图 1.10 所示。帕斯卡加法器是一个由刻有 0~9 的数字的一组齿轮组成的，以发条为动力，通过齿轮的转动完成加法和减法运算的装置。为了实现"逢十进一"的进位功能，帕斯卡采用棘轮机构，当齿轮向 9 转动时，棘爪逐渐升高，一旦齿轮转到 0 时，棘爪跌落并推动齿轮前进一挡。帕斯卡加法器的发明表明可以用一种纯粹的机械来模拟人的思维活动，不仅能实现数字在计算过程中的自动存储，而且能用机械执行一些计算规则。目前我国的故宫博物院收藏了 6 台帕斯卡型加法器，据说是康熙年间来华的法国传教士与我国的数学家共同研制的。

图1.10　帕斯卡与帕斯卡加法器

1971 年，瑞士苏黎世联邦理工大学的尼克莱斯·沃尔斯(Niklaus Wirth)教授为了纪念帕

斯卡在计算机领域中做出的卓越贡献，将自己发明的计算机通用高级程序设计语言命名为
"Pascal 语言"。

3) 莱布尼茨计算器

1673 年，德国数学家戈特弗里德·威尔海姆·莱布尼茨(Gottfried Wilhelm Leibniz，
1646—1716)在帕斯卡加法器的基础上添加了"步进轮"装置，从而使重复的加、减运算转
变为乘、除运算，如图 1.11 所示。莱布尼茨对计算机的贡献不仅仅在于他利用机械装置实
现了加、减、乘、除四则运算，他还从中国的《易经》获得启发，将古老《易经》中的六
十四卦和二进制数码相对应，系统地提出了二进制的运算规则，并断言："二进制是具有世
界普遍性的、最完美的逻辑语言。"这为现代计算机科学奠定了理论基础。

图 1.11　莱布尼茨与莱布尼茨计算器

4) 自动提花编织机

提花编织机最早出现在中国，据史书记载，西汉时期的纺织工匠已熟练掌握提花机编
织技术，平均每 60 天可完成一匹花布的编织。《天工开物》一书中记载了一幅提花编织机
的示意图，如图 1.12 所示。提花编织机技术沿着丝绸之路传入欧洲，展示了中华文明，同
时也引发西方机械工程师思考，即如何让编织机按照设定的图案自动编织。

1725 年，法国纺织机械师布乔(B·Bouchon)提出了"穿孔纸带"概念。1801 年，法国
纺织机械师约瑟夫·雅卡尔(Joseph·Jacquard，1752—1834)根据"穿孔纸带"的概念，发
明了自动提花编织机，如图 1.13 所示。自动提花编织机的原理是将编织的内容用纸带穿孔
表示，在编织机编织的过程中，其执行步骤由纸带上的穿孔控制，从而实现不同的提花设
计。雅卡尔也因此被授予古罗马军团荣誉勋章。

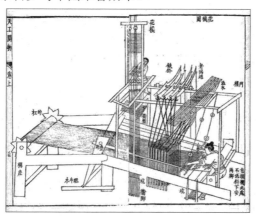

图 1.12　《天工开物》中记载的提花编织机

当自动提花编织机被人们广泛接受后，衍生出了打孔工人这一新兴职业，他们被认为是最早的"程序录入员"。自动提花编织机为程序控制提供了思想基础，为后来计算机的信息输入、输出和控制操作的研制起到了指导作用。

图 1.13　自动提花编织机

5) 巴贝奇差分机与分析机

1822 年，英国科学家查理斯·巴贝奇(Charles Babbage，1792—1871)依据自动提花编织机的工作原理，研制出第一台差分机，如图 1.14 所示。差分的含义是把函数表的复杂算式转换为差分运算，用简单的加法代替平方运算。例如，如图 1.15 所示的整数平方的计算，首先根据 $0^2=0$，$1^2=1$，$2^2=4$，$3^3=9$，…计算已知平方数之间的差值：$1^2 - 0^2 = 1$，$2^2 - 1^2 = 3$，$3^2 - 2^2 = 5$，…这些结果的差值都为 2($3 - 1 = 2$，$5 - 3 = 2$)。假设这个规律成立，那么($4^2 - 3^2$)和($3^2 - {}^2 2$)之间的差值也一定为 2，则 $4^2 - 3^2 = 7$，故 $4^2 = 3^2 + 7 = 16$。差分机的奇妙之处在于它可以按照设计者的意图自动完成一系列的运算，体现了计算机程序设计的思想。

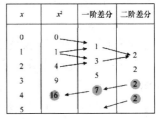

图 1.14　巴贝奇与差分机、分析机　　　　　　图 1.15　差分表

在此之后，巴贝奇致力于程序控制分析机的设计和研制，并划时代地提出了类似现代计算机的四大部件逻辑结构，即齿轮式的"存储仓库"、运算室("作坊"，Mill)、控制器以及在"存储仓库"和"作坊"之间不断往返运输数据的部件(即输入/输出部分)。

(1) 齿轮式的"存储仓库"。分析机由齿轮阵列组成，每个齿轮可存储 10 个数，齿轮组成的阵列总共能存储 1000 个 50 位十进制数。

(2) 运算室("作坊"，Mill)。运算室的基本原理与帕斯卡加法器的相似，即通过齿轮间的啮合、旋转、平移等方式进行加、减、乘、除四则运算，并在运算过程中根据运算结果的符号改变计算的过程，类似现在的条件转移指令。

(3) 控制器。控制器是由一些穿孔卡片组成的(巴贝奇实际上并没有对控制器进行具体命名)。控制器以穿孔卡片上的有孔和无孔来控制运算操作的顺序，并且某一步运算的中间结果也用有孔或无孔表示，以决定分析机的下一步操作。

(4) 输入/输出部分。分析机采用穿孔卡片作为程序输入设备，以打孔的方式进行数据输出。

巴贝奇历经多年的研究和实践，撰写了世界上第一部计算机专著——《分析机概论》。但遗憾的是，限于当时科技发展的水平，这台分析机直到巴贝奇去世也没有被制造出来，但巴贝奇对分析机的设想为现代计算机的设计思想奠定了重要的基础。图灵在《计算机器与智能》一文中指出"分析机实际上是一台万能数字计算机"。

值得一提的是，英国著名诗人拜伦的独生女艾达·奥古斯塔(Ada Augusta，1815—1852)被认为是世界计算机发展史中的第一位先驱式女性，是"第一位给计算机写程序的人"。在巴贝奇研制分析机的艰难岁月中，艾达致力于帮助巴贝奇研究分析机，她建议用二进制数代替原来的十进制数，并为分析机编写软件。在巴贝奇晚年，分析机的介绍材料主要由艾达完成。为了纪念艾达对现代计算机与软件工程所产生的重大影响，美国国防部将耗费巨资研制成功的高级程序语言命名为 Ada 语言。Ada 语言被公认为第四代计算机语言的主要代表。

3. 机电计算机

无论是帕斯卡的加法器、莱布尼茨的计算器，还是巴贝奇的差分机和分析机，它们都采用机械传动的工作原理。19 世纪中期到 20 世纪初，人类社会进入电气时代，用电气元件取代纯机械装置并将其应用于计算工具成为当时科学家们的研究重点，机电式计算机由此诞生。

1) 制表机

1886 年，素有"信息处理之父"之称的赫尔曼·霍列瑞斯(Herman Hollerith，1860—1929)借鉴雅卡尔自动编织机的穿孔卡原理，利用穿孔卡存储数据，制造了第一台可以自动完成四则运算、累计存档以及报表制作的制表机，如图 1.16 所示。这台制表机在美国 1890 年的人口普查工作中发挥了重要的作用，使原本预计需要 10 年才能完成的统计工作仅用了 19 个月就完成了，这也是人类历史上第一次利用制表机进行大规模数据处理。

图 1.16 制表机与赫尔曼·霍列瑞斯

1896 年，霍列瑞斯创办制表机公司。1911 年，弗林特(C.Flent)兼并该公司，更名为 CTR 公司(Computing Tabulating Recording Company)。1924 年，CTR 公司更名为 IBM 公司(International Business Machines Corporation)，并由马斯·约翰·沃森(Thomas John Watson，1874—1956)主持 IBM 的大局。1956 年，小托马斯·沃森(Thomas WatsonJr.，1914—1993)接替了父亲的职务，并使 IBM 成长为 IT 巨人。

2) Model-K 计算机

1937 年 11 月，美国 AT&T(American Telephone &Telegraph)贝尔实验室的乔治·斯蒂比兹(George R. Stibitz，1904—1995)运用继电器作为计算机的开关元件，设计制造了工业

通用的电磁式计算机"Model-K"。有趣的是 Model-K 计算机发明于厨房的餐桌。1939 年，斯蒂比兹将电传打字机用电话线连接上远在纽约的计算机，实现了异地操作复数计算，开创了计算机远程通信的先河。

3) Z 系列计算机

1938 年，年仅 28 岁的德国建筑工程师康拉德·楚泽(Konrad Zuse，1910—1995)成功研制了一台采用二进制计数法的计算机 Z-1。此后，楚泽继续研制 Z 系列计算机，如图 1.17 所示。楚泽分别于 1939 年和 1941 年使用继电器组装了 Z-2 计算机和 Z-3 计算机。Z-3 计算机是世界上第一台由通用程序控制的机电计算机，这台计算机全部采用继电器制造，并使用了浮点计数法、二进制运算以及带存储地址的指令形式。遗憾的是，Z-3 计算机毁于一次空袭中。1945 年，楚泽又创造了一台比 Z-3 计算机更为先进的 Z-4 计算机，因楚泽担心 Z-4 计算机再次被炸，将其藏在一个粮仓的地窖里，Z-4 因而被戏称为"地窖计算机"。

图 1.17　楚泽与 Z 系列计算机

楚泽的 Z 系列计算机的重要意义在于它是最先采用程序控制的计算机，同时，楚泽还预见记忆存储器件可同时存储指令和数据。1962 年，楚泽被确认为计算机发明人之一，并获得 8 个荣誉博士头衔以及德国大十字勋章。

4) Mark 系列计算机

1944 年，美国哈佛大学的霍华德·海德威·艾肯(Howard Hathaway Aiken，1900—1973)基于巴贝奇分析机的设计思想，成功研制了一台机电计算机(Automatic Sequence Controlled Calculator，ASCC) Mark-Ⅰ，如图 1.18 所示。这台计算机长约 15.5 m，高约 2.4 m，使用了大量的继电器作为开关元件，并采用穿孔纸带输入。Mark-Ⅰ计算机的计算速度慢、噪声大，执行一次加法操作约需 0.3 s。尽管 Mark-Ⅰ计算机的可靠性不高，但它仍然在哈佛大学被使用了 15 年。由于这台计算机获得了 IBM 公司的 100 万美元资助，IBM 公司也因此告别制表机行业，正式跨入计算机领域。

图 1.18　艾肯与 Mark-Ⅰ

1947 年，艾肯又成功研制了 Mark-Ⅱ机电式计算机，但此时人类社会已跨入电子时代。尽管如此，Mark-Ⅰ和 Mark-Ⅱ在计算机发展史上仍占据重要地位，它们为电子计算机的成功研制积累了宝贵的经验。

与巴贝奇类似，为 Mark 系列计算机编写程序的也是一位女性，她是就被后人称为"计算机软件之母"的格雷斯·霍波(Grace Hopper)，如图 1.19 所示。1946 年，霍波在发生故障的 Mark 计算机中找到一只飞蛾，它被夹扁在继电器的触点里而影响了计算机的运作。于是，霍波将这只小虫子保存在自己的工作笔记中，并把程序故障称为"臭虫(bug)"，这个称呼后来成为计算机程序故障的代名词，而 Debug 则成为调试程序、排除故障的专业术语。从 1949 年开始，霍波为第一台商用计算机 UNIVAC 编写软件。1952 年，霍波成功研制了第一个编译程序。1959 年，霍波又研制出商用编程语言 COBOL(Common Business-Oriented Language)。

图 1.19　霍波与 bug

机电式计算机的典型部件是继电器，继电器的开关时间是 0.01 s，这使得机电式计算机的运算速度受到限制，这也注定机电式计算机将被电子计算机所取代。

4．电子计算机

1) 理想计算机

1937 年，被誉为"计算机科学之父"和"人工智能之父"的英国数学家阿兰·图灵(Alan Turing，1912—1954) 发表了一篇具有划时代意义的论文——《论可计算数及其在判定问题中的应用》，他在该论文中提出了理想计算机。在这篇论文中，图灵探讨了什么问题是可计算的，如何设计一台通用的计算机，并让它自动完成计算，提出了一种抽象的计算模型——图灵机模型，该模型将人们使用纸笔进行数学运算的过程进行抽象。该论文首次阐明了现代计算机的原理，从理论上证明了现代计算机存在的可能性。图灵机模型成为计算机科学核心的理论之一，不仅为计算机设计指明了方向，也为算法分析和程序语言设计奠定了理论基础。1950 年 10 月，图灵发表了论文《计算机和智能——图灵测试》(Turing Test)。1954 年，42 岁的图灵英年早逝。

美国计算机学会(Association for Computing Machinery，ACM)于 1966 年设立图灵奖(Turing Award)，以奖励在计算机科学领域做出贡献的计算机科学家，如图 1.20 所示。该奖项是计算机界最崇高的荣誉，有计算机领域的诺贝尔奖之称。

图 1.20　图灵与图灵奖奖杯

值得一提的是，2000 年，中国科学家姚期智因对计算理论包括伪随机数生成、密码学与通信复杂度的突出贡献而荣获图灵奖，他是唯一获得该奖的华人学者(截至 2020 年)。2004 年，姚期智毅然放弃普林斯顿大学的终身教职，回到中国成为清华大学全职教授，他所从事的算法和复杂性领域研究填补了国内计算机学科的空白。2016 年，姚期智放弃美国国籍，成为中国公民，并正式转为中国科学院院士。2021 年 6 月，姚期智因在计算和通信方面的先驱研究贡献而荣获日本京都奖。

2) ABC 计算机

阿塔纳索夫-贝瑞计算机(Atanasoff-Berry Computer，ABC)是世界上第一台电子计算机。ABC 由美国科学家阿塔纳索夫(John Vincent Atanasoff，1903—1995)和他的研究生克利福特·贝瑞(Clifford Berry)于 1939 年 10 月研制成功，如图 1.21 所示。ABC 采用二进制电路进行运算，存储系统采用具有数据记忆功能的电容器，输入系统采用 IBM 公司的穿孔卡片，输出系统采用高压电弧烧孔卡片。通过 ABC 的设计，阿塔纳索夫提出了现代计算机设计的三个基本原则：

(1) 利用二进制实现数字运算和逻辑运算，保证运算精度。

(2) 利用电子技术实现控制和运算，保证运算速度。

(3) 采用计算功能与存储功能的分离结构，简化计算机设计。

1990 年，阿塔纳索夫获得美国最高科技奖——国家科技奖。

图 1.21　阿塔纳索夫与 ABC 复原模型

3) ENIAC

1946 年 2 月，在美国宾夕法尼亚大学莫尔学院，物理学家约翰·莫齐利(John W.Mauchly，1907—1980)和电气工程师布雷帕斯·艾克特(J. Presper Eckert，1919—1995)负责研制的用于炮弹弹道轨迹计算的电子数值积分和计算机(Electronic Numerical Integrator and Calculator，ENIAC)研制成功，如图 1.22 所示。ENIAC 占地面积约 170 m^2，总重量约 30 t，使用了 18 000 只电子管，6000 个开关，70 000 多只电阻，10 000 多只电容，1500 个继电器，耗电量约 150 kW·h，运算速度为 5000 次加法运算每秒。ENIAC 是世界上第一台通用电子计算机，被认为是迄今为止由科学和技术所创造的最具影响力的现代工具，人类也由此进入了一个全新的计算机时代。

图 1.22　莫齐利、艾克特与 ENIAC、UNIVAC

1951 年，莫齐利和艾克特再次联手，在 ENIAC 技术基础上设计了通用自动计算机 (Universal Automatic Computer，UNIVAC)，如图 1.22 所示。该计算机是计算机历史上第一台商用计算机，这不仅标志着第一代电子管计算机趋于成熟，也标志着计算机进入商业应用时代。

值得指出的是，由于当年美国艾奥瓦大学(又称爱荷华大学)没有为 ABC 申请专利，因而给电子计算机发明权问题带来旷日持久的法律纠纷。莫齐利在 1942 年 8 月提出 ENIAC 设想之前，曾经拜访过阿塔纳索夫，人们认为莫齐利受到阿塔纳索夫有关电子计算机设计思想的启发才成功设计出 ENIAC。于是，20 世纪 60 年代中期，一场涉及 ENIAC 的专利权的纠纷在美国发生。1973 年 10 月 19 日，明尼苏达一家地方法院经过 135 次开庭审理，宣判撤销 ENIAC 的专利权，判定莫齐利是 ENIAC 的总设计师而不拥有发明权。从客观角度说，第一台通用电子计算机 ENIAC 的设计者莫齐利借鉴阿塔纳索夫的思想，正如 ENIAC 在世界科技史上具有不可抹杀的重大意义一样，阿塔纳索夫提出的计算机三原则以及 ABC 对现代计算机产生的影响也是毋庸置疑的。

4) EDVAC

尽管 ENIAC 采用全电子管电路设计，但 ENIAC 采用十进制计算，且主要依靠开关设置和电子线路改接完成计算操作。针对 ENIAC 的程序和计算分离的缺陷，冯·诺依曼(1903—1957)根据图灵提出的存储程序式计算机的思想，提出了离散变量自动电子计算机 (Electronic Discrete Variable Automatic Calculator，EDVAC)方案，并和戈德斯坦、勃克斯于 1946 年联合发表了计算机史上著名的"101 页报告"。由于该报告明确提出计算机的 5 大部件以及存储程序的现代计算机设计原则(详细内容见第 6 章)，因此，该报告被认为是现代计算机科学发展里程碑式的文献，奠定了现代计算机设计的基础。正是由于冯·诺依曼对现代计算机技术的突出贡献，他被誉为"现代计算机之父"。

1946 年，英国剑桥大学莫里斯·威尔克斯教授(M. V. Wilkes，1913—2010)在宾夕法尼亚大学参加冯·诺依曼主持的培训班时，接受了冯·诺依曼存储程序的设计思想，并于 1949 年 5 月研制成功了一台以 3000 只电子管为主要部件的电子存储程序计算机 (Electronic Delay Storage Automatic Calculator，EDSAC)，威尔克斯教授由此获得 1967 年度的"图灵奖"。

1952 年 1 月，EDVAC 在美国宾夕法尼亚大学研制成功，EDVAC 占地面积为 45.5 m^2，共使用约 6000 个电子管和 12 000 个二极管，重达 7.85 t，功率为 56 kW，如图 1.23 所示。EDVAC 成为所有现代计算机的原型和范本。

图 1.23 冯·诺依曼与 EDVAC

可以说，EDVAC 方案是集体智慧的结晶，冯·诺依曼的伟大功绩在于他渊博的数理知识及卓越的分析能力和综合能力，在 EDVAC 的总体设计中起到了关键作用。因此，现代计算机的发明不是单凭一个杰出人物的努力能完成的，研制电子计算机需要数学家、逻辑学家、电子工程师以及组织管理人员等的密切合作与共同努力。

5. 电子计算机的发展

自 ENIAC 诞生以来，计算机的发展突飞猛进，主要电子器件相继使用了电子管，晶体管，中、小规模集成电路和大规模、超大规模集成电路，促进了计算机的更新换代。电子计算机发展历经四个阶段，如表 1.1 所示。

表 1.1　电子计算机的发展阶段

阶段	时间	主要元器件	存储器	语言及软件	应用	特点	代表机型
第一代	1946—1957 年	电子管	内存：汞延迟线 外存：磁鼓、磁带	机器语言、汇编语言	科学计算、军事研究	体积大，运算速度慢，功耗高，可靠性差	ENIAC、IBM700 系列
第二代	1958—1964 年	晶体管	内存：磁芯 外存：磁盘、磁带	高级语言、编译程序、子程序库、批处理管理程序	科学计算、数据处理、工业控制	体积缩小，能耗降低，可靠性提高，运算速度提高	IBM7000 系列
第三代	1965—1971 年	中、小规模集成电路	内存：半导体存储器 外存：磁盘、磁带	操作系统、编译程序、多道程序、应用程序	科学计算、系统模拟、系统设计	通用化、系列化、标准化、模块化	IBM360 系列
第四代	1972 年至今	大规模、超大规模集成电路	内存：半导体存储器 外存：磁盘、光盘	操作系统、数据库系统、网络软件、计算机应用软件	广泛应用于各个领域	运算速度快	IBM4300 系列、微机/笔记本

自进入第四代以后，计算机发展的速度是任何行业所无法比拟的。Intel 公司的创始人之一戈登·摩尔预言集成电路上可容纳的元器件数目每隔 18～24 个月便会增加一倍，性能也将提升一倍，价格同比下降一半，这就是著名的摩尔定律(Moore's Law)。这个定律从 20 世纪 70 年代到 21 世纪初，一直伴随着芯片行业的发展，使得芯片的处理性能越来越强。随着以硅为材料的大规模集成电路逐渐逼近硅本身的物理极限，有人认为当前摩尔定律越来越难以遵循(例如 10 nm 芯片、7 nm 芯片、5 nm 芯片的研制)，但作为一种追求科学的信仰，摩尔定律将激励着无数科学家不断地提升计算机的性能，从多个方面不断促进未来计算机的发展。

当前，计算机朝着巨型化、微型化、网络化、智能化以及多媒体化的方向发展。与此同时，许多国家正在开展新一代计算机的研究。新一代计算机将打破计算机现有的体系结构，将微电子技术、光学技术、超导技术、电子仿生技术等多学科融合，使得计算机能够具有像人那样的思维、推理和判断能力。未来计算机可能是超导计算机、量子计算机、生物计算机、纳米计算机或 DNA 计算机等新一代计算机。

1.2.3 中国计算机的发展历程

中国计算机的发展也经历了从基于电子管、晶体管的计算机，到基于中小规模集成电路的计算机，一直到基于超大规模集成电路的计算机的过程。中国计算机的研制起步于 20 世纪 50 年代中后期，与国外相比，起步晚了约 10 年。1952 年，华罗庚成立了第一个计算机科研小组。1956 年，周恩来总理在主持制定的《十二年科技发展远景规划》中，把计算机列为发展规划的重点之一，筹建了中国第一个计算技术研究所，自此中国的计算机事业踏上了自己的征程。尽管国内计算机研制起步较晚，但是经过科研人员坚持不懈的努力和忘我的付出，直至目前，中国计算机在很多方向上的研究走在了世界前沿，且部分研究已达到国际领先水平。

1. 第一代电子管计算机的研制(1958—1964 年)

我国电子计算机的研究始于 1953 年。1958 年 8 月 1 日，我国第一台通用数字电子计算机 103 计算机(DJS—1 型)研制成功，并可以进行短程序运行，如图 1.24 所示。1958 年 5 月，我国以苏联正在研制的 Б Э С М - Ⅱ 计算机为蓝本，开始了我国第一台大型通用电子计算机(104 计算机)的研制，并于 1959 年 9 月研制成功，如图 1.25 所示。103 计算机和 104 计算机的成功研制解决了我国经济、国防等领域大量数据无法计算的难题，填补了中国计算机技术的空白，这也成为中国计算机事业起步阶段的重要里程碑。

图 1.24　103 计算机　　　　　　　　　　　图 1.25　104 计算机

与此同时，中国计算机事业的奠基人之一、被誉为"中国计算机之母"的夏培肃院士领导的科研小组首次自行设计电子管计算机，并于 1960 年 4 月研制成功了一台小型通用电子计算机，即 107 计算机，同时编写了我国第一本电子计算机原理讲义。107 计算机除为教学服务外，还接受了潮汐预报计算、原子反应堆射线能量分布计算等任务。

1964 年，我国第一台自行设计的大型通用数字电子管计算机 119 计算机研制成功，如图 1.26 所示。该机承担了中国第一颗氢弹研制的计算任务、全国首次大油田实际资料动态预报的计算任务等。与此同时，在 119 计算机上还建立了中国自行设计的编译系统。中国第一代电子计算机的研制成功标志着中国在计算机国产化过程中掌握了重要的技术能力。

图 1.26   119 计算机

2. 第二代晶体管计算机的研制(1965—1972 年)

中国在研制第一代电子管计算机的同时，已开始研制第二代晶体管计算机。晶体管计算机研制的主要障碍是我国生产的晶体管工作寿命短、性能不稳定，不能满足计算机技术的要求。1962 年 5 月，中国人民解放军军事工程学院(简称哈军工)研制出了"隔离-阻塞振荡器"，解决了晶体管性能不稳定的问题，为当时晶体管计算机的研制提供了条件。1964 年 11 月，在国际环境非常困难的情况下，哈军工研制成功了 441—B 机，该机是中国第一台使用国产半导体元器件的晶体管通用电子计算机，其计算速度为 8000 次/s，样机连续工作 268 h 未发生任何故障。

1965 年 6 月，中国科学院研制成功了第一台大型晶体管通用数字计算机 109 乙机，如图 1.27 所示。该机运算速度达到定点运算 9 万次/s，浮点运算 6 万次/s，所用器材全部国产化。两年后，中科院计算所又研制成功了 109 丙机，这是一台具有分时、中断系统和管理程序的计算机。该机运行了 15 年，有效计算时间为 10 万小时以上，在我国两弹试验中发挥了重要作用，被用户誉为"功勋机"。

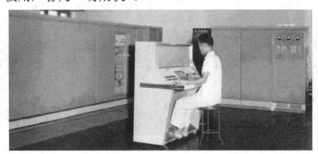

图 1.27   109 乙机

同时，华北计算所也先后成功研制了 108 机、108 乙机(DJS—6)、121 机(DJS—21)和 320 机(DJS—6)，并在 738 厂等 5 家工厂生产，其中 108 乙机参加了中国第一颗人造地球卫星的发射任务等。

在晶体管计算机研制时期，中国的计算机制造水平逐渐成熟，稳定性得到极大提高，器件损坏量和耗电量均大大降低，中国计算机研制进入高速追赶国际先进水平的阶段。

3. 第三代中、小规模集成电路计算机的研制(1973 年至 20 世纪 80 年代初)

1964 年 4 月 7 日，IBM 发布的 360 系统解决了计算机产业发展的一系列难题，即模块化、系列化、标准化、兼容性、扩展性和可升级性。根据中国关于广泛发展电子计算机应用的规划，1973 年 1 月，第四机械工业部在北京召开了"电子计算机首次专业会议"，即 7301 会议，这次会议促进了中国计算机工业的初步形成。

1973 年 8 月 26 日，中国成功研制了百万次电子数字计算机 DJS—11 机(即 150 机)，围绕该机，北京大学等单位配套研制了 BD200 语言及编译环境。1974 年 8 月，DJS—130 小型多功能计算机分别在北京、天津通过鉴定，中国 DJS—100 系列机由此诞生。这标志着中国计算机产品系列化逐步形成，使得中国计算机工业走上系列化批量生产的道路。

继 DJS—100 系列机之后，华北计算所等单位开始研制 180 系列小型机，先后研制生产了 DJS—183、DJS—184、DJS—185、DJS—186 和 DJS—1804 共 5 个机型。在研制成功了 DJS—180 系列小型机后，华北计算所又推出了 NCI—2780 超级小型机、TJ—2000 系列机及 AP 数组处理机等产品，其中 TJ—2000 系列机全部装备了中国航天测控领域所有地面测控系统。

1973 年，华北计算所、北京有线电厂、北京大学等 15 个单位联合设计 DJS—200 系列机，并强调了软件在系列机设计中的重要性。1975 年，南京大学研制了相应的 DJS—200 / XT1 操作系统，成为中国最早可以使用的操作系统。DJS—200 系列机操作系统的研制是中国软件从科研走向产品的转折点。

1976 年 11 月，中科院计算所成功研制了大型通用集成电路通用数字电子计算机 013 机。1977 年夏，性能上达到百万次运算速度的集成电路计算机 151—3 研制成功。1978 年 10 月，200 万次集成电路大型通用计算机系统 151—4 通过国家验收。1980 年，151 集成电路计算机安装在"远望"号测量船上，完成了中国首次洲际导弹飞行测量任务。

1983 年中科院计算所完成了大型向量机 757 机的研制，如图 1.28 所示，其计算速度达到 1000 万次/s。同年，国防科技大学研制成功了"银河—Ⅰ号"巨型计算机，如图 1.29 所示，其运算速度达 1 亿次/s。银河—Ⅰ巨型计算机是中国自行研制的第一台亿次计算机系统，该系统的成功研制填补了国内巨型机的空白，是中国高速计算机研制的一个重要里程碑，标志着我国进入了世界研制巨型计算机的行列，为 20 世纪 80 年代中国计算机工业写下了最为辉煌的一页，成为中国计算机工业的骄傲。

图 1.28　757 计算机　　　　　　　图 1.29　银河—Ⅰ巨型计算机

在中国研制大型机的同时，1977 年，中国研制开发了 DJS—050 和 DJS—060 系列微型计算机，这两个系列计算机的出现促进了中国微型计算机产业的发展。1977 年至 20 世纪 80 年代初，中国陆续研制成功了 DJS—051、DJS—052、DJS—053、DJS—054、DJS—055 微型机以及 DJS—060、DJS—062、DJS—063 微型机。

总体而言，这一阶段计算机研制的特点是通过应用促进计算机研制的发展，为大型应用系统工程配套实现了产用结合，推动了微型机的国产化。

4. 第四代大规模、超大规模集成电路计算机的研制(20 世纪 80 年代中期至今)

与国外一样，中国第四代计算机的研制也是从微机开始的。1983 年 12 月，电子部六所研制成功了微型计算机长城 100(DJS—0520 微机)，该机具备了个人电脑的主要使用特征。1985 年，中国成功研制出第一台具备完整中文信息处理功能的国产微机长城 0520CH，标志着中国微机产业进入飞速发展的时期。1985 年 11 月，中科院计算所成功研制了联想式汉字微型机 LX-PC 系统。该系统在 IBM-PC(包括 XT、AT 及其兼容机)微型计算机基础上，安装了自行设计的联想式汉卡和汉化操作系统。随着联想品牌的逐渐打响，以销售联想汉卡为主的计算所公司也因此改名为联想集团。在长城、联想的带动下，国内涌现出一大批电脑制造企业，如四通、方正、同创、实达等，成为带动中国计算机业发展的龙头。

1992 年，国防科技大学成功研制了银河—II 通用并行巨型机，其峰值速度达 4 亿次/s 浮点运算(相当于 10 亿次/s 基本运算操作)，总体上达到了 20 世纪 80 年代中后期国际先进水平。1997 年，国防科技大学研制成功了百亿次并行巨型计算机系统银河—III，该系统采用可扩展分布共享存储并行处理体系结构，由 130 多个处理结点组成，峰值性能为 130 亿次/s 浮点运算，系统的综合技术达到了 20 世纪 90 年代中期国际先进水平。

国家智能计算机研究开发中心与曙光公司于 1997—1999 年先后在市场上推出了具有机群结构的曙光 1000A、曙光 2000—I、曙光 2000—II 超级服务器，其峰值计算速度已突破 1000 亿次/s 浮点运算，机器规模已超 160 个处理机；2000 年推出了浮点运算速度为 3000 亿次/s 的曙光 3000 超级服务器；2011 年推出了浮点运算速度为 1271 万亿次/s 的曙光 6000 超级服务器。

2009 年，我国第一台国产千万亿次计算机"天河一号"问世，它使中国成为继美国之后世界上第二个研制成功了千万亿次超级计算机的国家。2010 年 11 月 17 日，国际超级计算机 TOP500 组织正式发布"天河一号"超级计算机系统，其以 2507 万亿次/s 的运算速度成为当时世界上最快的超级计算机。2011 年 6 月，日本超级计算机"京"以 8162 万亿次/s 的运算速度跻身榜首，中国的"天河一号"计算机排名降至第二，但中国进入榜单的超级计算机总数在全球仅次于美国。2013 年，"天河二号"计算机(见图 1.30)获得国际超级计算机 TOP500 榜首，中国的超级计算机技术发展水平取得了质的跨越。2018 年，超级计算机"天河三号"原型机完成部署并投入使用。"天河三号"原型机是世界首台运算速度超过百亿亿次每秒的"E 级超算"计算机。"天河三号"原型机采用全自主创新，如自主飞腾 CPU、自主天河高速互联通信、自主麒麟操作系统、全新的国产 Matrix 2000 加速器，其综合运算能力是"天河一号"计算机的 200 倍，存储规模是"天河一号"计算机的 100 倍。

2016 年 6 月，中国国家并行计算机工程技术研究中心研制的"神威·太湖之光"超级计算机横空出世，并在国际超级计算机 TOP500 组织发布的榜单中名列榜首。2016 年 11 月，"神威·太湖之光"超级计算机再次荣登榜首，其应用成果首次荣获"Gordon Bell"奖，实现我国高性能计算应用成果在该奖项上零的突破。2017 年 11 月，"神威·太湖之光"超级计算机以 9.3 亿亿次/s 的浮点运算速度在国际超级计算机 TOP500 的榜单中夺冠，如图 1.31 所示。到目前为止，中国是继美国、日本之后的第三大超级计算机的生产国。

图 1.30　"天河二号"计算机　　　图 1.31　"神威·太湖之光"超级计算机

综观中国计算机的研制历程，从 103 机、109 乙机、150 机、银河—Ⅰ、曙光 1000、曙光 2000、"天河一号"到"神威·太湖之光"，我国的计算机发展走过了一段不平凡的历程。面对发达国家对我国实施的技术封锁，靠着国家"集中力量办大事"的社会制度，广大科研人员进行了艰苦卓绝的奋斗，使中国的研制水平从比国外差整整一代到现在达到国际前沿水平，中国自主研发的计算机为国防和科研事业做出了重要贡献，推动了计算机产业的发展。

随着新兴技术的不断发展，我国在量子计算机上的研究走在了世界的前列。量子计算机是一种融合计算机科学和物理科学，利用原子所具有的量子特性，以量子态为记忆单元和信息存储形式，将量子动力学演化为信息传递的全新概念计算机。与传统计算机使用 0 或者 1 的比特来存储信息不同，量子计算机使用量子比特来存储信息，1 个量子比特可以存储 2 种状态的信息，也就是 0 和 1；2 个量子比特就可以存储 4 种状态的信息；3 个 8 种；4 个 16 种……量子计算机的性能随着"量子比特"的增加呈指数增长，这与传统计算机按"比特位"呈线性增长是不同的。量子计算机具有超快的并行计算能力，有望通过特定算法在一些具有重大社会和经济价值的领域，如密码破译、大数据优化、材料设计、药物分析等领域实现指数级别的加速。

2019 年 9 月，美国谷歌公司推出了 53 个量子比特的计算机"悬铃木"，该量子计算机仅花费 200 s 就完成一个数学算法的计算，而当时全球最快的超级计算机"顶峰"则需要用时 2 天，美国由此实现了"量子优越性"，当时被称作是"里程碑式的大新闻"。

2020 年 12 月 4 日，中国科技大学潘建伟研究团队与中科院上海微系统所、国家并行计算机工程技术研究中心合作，成功构建了 76 个光子、100 个模式的量子计算原型机"九章"，如图 1.32(a)所示。在求解具有 5000 万个样本的高斯玻色采样问题时，"九章"用时 200 s，而当时世界最快的超级计算机日本"富岳"则需要 6 亿年的时间。同时，"九章"的计算速度比"悬铃木"的快 100 亿倍，并弥补了"悬铃木"依赖样本数量的技术漏洞。

(a) 九章　　　　　　　　　　　　(b) 祖冲之号

图 1.32　中国研制的量子计算机

2021 年 5 月 7 日,我国又宣布研制出了 62 bit 可编程超导量子计算原型机"祖冲之号",再次超越 "悬铃木",如图 1.32(b)所示。"祖冲之号" 量子计算机为促进我国在超导量子系统上实现量子优越性奠定了关键的技术基础,被认为是后续实现商用量子计算必不可少的步骤。

2021 年 10 月,"祖冲之号"和"九章"的升级版——"祖冲之号二号"和"九章二号"构建成功。"祖冲之号二号"构建了 66 bit 可编程超导量子计算原型机,对量子随机线路取样问题的处理速度比超级计算机"富岳"快 1000 万倍以上,比"悬铃木"高出了一百万倍。"祖冲之号二号"的问世也标志着我国在超导量子计算体系中占据了领先位置。"九章二号"则由 76 个光子升级到了 113 个光子和 144 个模式,再次刷新了国际光量子操纵的技术水平,它处理高斯玻色取样问题比"富岳"快 1024 倍。"祖冲之二号"和"九章二号"的成功研制意味着我国已成为世界上唯一在超导量子和光量子两种体系下达到"量子优越性"里程碑的国家,这既体现了我国的综合国力,也展示了我国广大科技工作者奋发进取的精神。

当前,世界百年未有之大变局加速演进,新一轮科技革命和产业变革深入发展,国际力量对比格局调整,我国发展面临新的战略机遇。要坚持面向世界科技前沿、面向经济主战场、面向国家重大需求、面向人民生命健康,加快实现高水平科技自立自强,以国家战略需求为导向,集聚力量进行原创性、引领性科技攻关,坚决打赢关键核心技术攻坚战。

1.3　计算思维

1.3.1　计算思维的内涵与特征

1. 计算思维的形成

思维是人类借助人脑探索与发现客观事物本质属性和内部规律的间接或概括的反应过程,是人类认识过程的高级阶段。随着人类认识的不断深化,实验科学、理论科学和计算科学成为科学发展的三大支柱,并逐渐形成与之相适应的思维方式,即实验思维、理论思维和计算思维,三大思维统称为科学思维。

1) 实验科学

在最初的科学研究阶段,人类以实验为依据,描述和解决一些科学问题。例如,著名的比萨斜塔实验。1590 年,伽利略在比萨斜塔上做了"两个铁球同时落地"的实验,得出了重量不同的两个铁球同时落地的结论,从此推翻了亚里士多德"物体下落速度和重量成比例"的学说,纠正了这个持续千年之久的错误结论。

2) 理论科学

由于实验科学的研究受到实验条件的限制,难以完成对自然现象更精确的理解。随着科学的进步,人类开始采用数学、几何、物理等理论,构建问题模型并寻找解决方案。例如,牛顿三大定律构成了牛顿经典力学的体系,奠定了经典力学的基础。

3) 计算科学

1946 年，随着人类历史上第一台通用计算机 ENIAC 的诞生，人类社会步入计算机时代，科学研究也进入了一个以"计算"为中心的全新时期。人类的思维方式随着使用的工具的发展不断发生变化，人们利用计算机对各个科学问题进行计算机模拟和分析。计算科学综合人类思维与计算工具的能力，推动了人类社会的飞速发展。

2. 计算思维的内涵

随着计算技术的发展，出现了利用计算机求解问题的基本思维方法——计算思维。计算思维是数字化计算时代的产物，成为这个时代每个人都具备的一种基本能力。正如著名计算机科学家、1972 年图灵奖获得者艾兹格·迪科斯彻(Edsger Wybe Dijkstra)所说："我们使用的工具影响着我们的思维方式和思维习惯，从而也将深刻地影响着我们的思维能力。"

2006 年 3 月，美国卡内基·梅隆大学计算机系主任周以真(Jeannette M. Wing)教授在美国计算机权威杂志 *Communications of the ACM* 就计算思维(Computational Thinking)给出如下定义："计算思维运用计算机科学的基础概念求解问题、设计系统以及理解人类行为，它涵盖计算机科学领域的一系列思维活动。"因此，计算机科学不仅提供一种科技工具，更重要的是提供计算思维，提供如何有效地定义问题、分析问题和解决问题的思维方式。

计算思维与人们的工作与生活密切相关，已成为人类不可或缺的一种生存能力。例如，当你把工作所需要的东西放进背包，这就是"预置和缓存"；当你丢失物品时，你会沿着走过的路线去寻找，这就叫"回推"；当你决定租房还是买房时，这就是"在线算法"；当你在超市结账决定排哪个队时，这就是"多服务器系统"的性能模型；为什么停电时电话还可以使用，这就是"失败无关性"和"设计冗余性"。

3. 计算思维的特性

1) 计算思维是人的思维

人的思维充满着灵感和想象力，计算思维是人类运用人的思维，利用以计算设备为核心的技术工具求解问题的一种思维方式，从而实现"只有想不到，没有做不到"的任务。因此，计算思维是人的思维，不是计算设备的思维。

例如，地图在人们的生活中具有重要的作用，在绘制地图时，在相邻的不同区域涂上不同的颜色以示区别。但是无论一张地图上的行政区划有多么复杂，只要使用四种颜色着色，就可以保证将它们区分开来，即任何相邻的两个地区颜色不会重复，这就是著名的四色猜想，也称四色问题，是世界近代三大数学难题之一。

2) 计算思维是数学思维和工程思维的相互融合

计算机科学本质源于数学思维，但又受到计算设备的约束，这促使计算机科学家不能只是进行数学思考，必须进行工程思考，必须把抽象的数学思维与具体的工程思维有机结合起来。

3) 计算思维具有抽象和分解的特性

计算思维作为思维的一种方式，不等于计算机编程。计算思维表现为"抽象"和"分解"。"抽象"是对同类事物去除其现象的次要方面，抽取共同的主要方面，将待解决的问题进行符号标识或系统建模的一种思维过程。例如，算法就是抽象的典型表示。"分解"是将复杂问题合理分解为若干待解决的小问题，分别进行解决，进而解决整个问题的一种思维过程。

4) 计算思维具有可计算的特性

计算思维是一种使用工具高效解决问题的思想，是建立在计算过程的能力限制之上的。计算思维解决的最基本的问题是"什么是可计算的"。因此，计算思维具有计算机科学所特有的"可计算"特性。

1.3.2 计算思维的问题求解过程

计算思维是一个问题求解的过程，涉及问题分解、问题抽象、模型构建、算法设计等方面。

1. 问题分解

在解决复杂问题的过程中，常常将问题进行分解，即将一个复杂的问题拆分成若干个简单问题进行解决，从而使复杂问题得以解决，这种分而治之的思想在计算机科学技术中得到广泛的应用。例如，$99 \times 9 = (100 - 1) \times 9 = 900 - 9 = 891$，就是利用了一种简单的方式解决复杂的算术题，这就是分解。

2. 问题抽象

抽象是从众多的事物中抽取共同本质特征，而舍弃非本质特征的过程。通过问题抽象，各种各样的系统模型被获取，并成为解决问题的基础。

【例 1-1】哥尼斯堡七桥问题。18 世纪，欧洲有一座风景秀丽的小城哥尼斯堡(今俄罗斯加里宁格勒)。哥尼斯堡的普莱格尔河上有两座小岛，7 座桥把这两座岛与河岸连接起来，如图 1.33 所示。问题：一个人怎样才能一次走遍 7 座桥且每座桥只能走过一次，最后回到出发点？如何将该问题进行抽象？

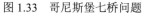

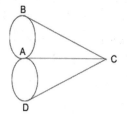

图 1.33　哥尼斯堡七桥问题　　　　图 1.34　哥尼斯堡七桥问题的抽象

1736 年，欧拉发表论文《关于位置几何问题的解法》，对哥尼斯堡七桥问题进行阐述，这是最早运用图论和拓扑学的典范。欧拉把问题中的桥、岸、岛等具体事物的具体形态去掉，将河两岸和两座小岛抽象为 4 个点 A、B、C、D，把桥抽象为连接两个点的一条线，这样，七桥问题就可以表示成图 1.34 所示的由点和线组成的简单图，解决哥尼斯堡七桥问题就等价于解决图中所画图形的一笔画问题，即从某一点出发，经过每条边一次且仅一次，最后回到原点。

欧拉这种只留下反映事物本质的要素的做法，就是计算思维中的抽象。通过对问题的抽象，人们的思维能够集中在要解决问题的核心上，而不被与问题无关的表象所迷惑。

3. 模型构建

模型是将研究对象通过抽象、归纳、演绎、类比等方法，以适当形式进行描述的方法。其中，数学模型是用数学语言描述问题，可以采用数学公式、一组代数方程、符号、图形、表格等形式，也可以是它们的某种组合。所有正确的数学模型均可以转化为基于计算机的算法和程序。

数学建模的本质是挖掘数据之间的关系和数据的变化规律，而这些"规律"往往隐藏在数据之中而难以被发现。建立数学模型不仅是利用计算机解决问题的关键一步，也是十分困难的一步。

【例 1-2】假设某商场销售的某种商品单价 25 元，每年可销售 3 万件。设该商品每件提价 1 元，则销售量减少 0.1 万件。如果要使总销售收入不少于 75 万元，求该商品的最高提价。

关于商品提价问题，商场经营者既要考虑商品的销售额、销售量，同时也要考虑如何获得最大利润。如果商品定价低，则商品销售量大但单件利润少；如果商品定价高，则单件利润大但销售量减少。因此，数学模型的建立方法如下：

(1) 分析。

已知条件：单价 25 元 × 销售 3 万件 = 销售收入 75 万元。

约束条件 1：每件商品提价 1 元，则销售量减少 0.1 万件。

约束条件 2：保持总销售收入不少于 75 万元。

(2) 建立数学模型。

设最高提价为 x 元，提价后的商品单价为 $(25+x)$ 元，提价后的销售量为 $(30\,000-1000x)$ 件，则 $(25+x) \times (30\,000-1000x) \geqslant 750\,000$。简化后数学模型为 $(25+x) \times (30-x) \geqslant 750$。

(3) 编程求解。

对以上问题编程求解得 $x \leqslant 5$，即提价最高不能超过 5 元。

4. 算法设计

算法是为解决某一类问题而制定的一系列有序步骤，并支持自动化的解决方案。

由此可见，计算思维的本质是抽象和自动化，为人们解决问题提供了理论指导和方法论的启发。

1.3.3 计算思维的表现形式

计算思维是解决客观世界问题的思维方式，它综合了数学思维(求解问题的方法)、工程思维(设计、评价大型复杂系统)和科学思维(理解可计算性、智能、心理和人类行为)，其具体表现形式如下。

1. 逻辑思维

逻辑思维是人类运用概念、判断、推理等形式反映事物的本质与规律的一种思维方式。逻辑思维属于抽象思维，其特点是以抽象的概念、判断和推理作为思维的基本形式，以分析、综合、比较、抽象、概括和具体化作为思维的过程，从而揭示事物的本质特征和规律性联系。为了足够精准地描述信息变换过程，必须用信息符号的方式定义并推导信息变换过程。

2. 数据思维

数据思维是一种利用数据来发现问题、洞察规律的思维模式。一方面，数据思维要求能理性地对数据进行处理和分析，通过数据能够知道发生了什么，为什么会这样发生，有什么样的规律。另一方面，人们能够将数据关联到业务和管理流程，并能创造性地提出不同的见解。

3. 算法思维

算法思维是一种思考使用算法来解决问题的方法，这也是学习编写计算机程序时需要的核心技术。例如，2016年3月，谷歌公司的围棋人工智能AlphaGo战胜李世石，总比分定格在4：1，这标志着此次人机围棋大战最终以机器的完胜结束。人类的世界正是建立在算法之上的，这使得我们的世界精彩纷呈。

4. 网络思维

网络思维强调网络构成的核心是对象之间的互动关系，不仅包括人机互动，如社交网络、自媒体等，也包括机器之间的互联，如因特网、物联网、云计算网络等。

5. 系统思维

系统思维是把研究对象作为系统，从系统与要素、要素与要素、系统与环境的相互关系、相互作用中综合地考察研究对象的一种思维方法，也就是说对事情全面思考，把想要达到的结果、实现该结果的过程、过程优化以及对未来的影响等一系列问题作为一个整体进行系统研究。例如，易经是最古老的系统思维方法，建立了最早的模型与演绎方法，成为中医学的整体观与器官机能整合的理论基础。

6. 工程思维

工程活动是社会中基础性的实践活动，当面对一个工程问题时，人们不仅要考虑人力、物力、时间、技术等方面的限制，还要考虑管理、制度、环境、法律等约束，许多时候需要考虑折中和取舍、效率、可靠性、安全性等。工程思维就是在工程的设计和研究中形成的一种筹划性思维，其核心是通过理论和客观环境的限制，提出可行的方案并评估可行性，择优而用。工程思维体现的是一种实践思想，它运用各种知识解决工程实践问题，满足社会生活需要，创造更大的价值。

小　　结

计算无所不在，计算文明的发展、计算工具的迭代、计算环境的演变、计算机的发展已成为社会发展的标志。每一次计算的进步都是为了满足人类的需求，每一次计算的进步也给人类的生活带来不可想象的变化。在当今信息化、网络化的时代，计算机已经深深地融入了人类社会的方方面面，人类运用计算工具不断影响、改变着人类社会形态、思维方式。计算思维的本质是抽象和自动化，这不仅是数字化时代实施自动计算的产物，也是这个时代的人们必备的信息素养和能力。

习　题

1. 计算机是 20 世纪最伟大的成就之一。请查阅相关资料，阐述其具体体现在哪些方面，可举例说明。

2. 人类不断发明和改进计算工具，计算机的形成与发展对你有何启示？

3. 从计算思维的角度来分析人的计算和机器计算之间有什么异同。

4. 列举具体事例，分析计算机的发展所带来的思维方式、思维习惯和思维能力的改变。

5. 举例说明计算思维对不同学科的影响，计算思维对不同专业的价值体现在哪里。

6. 你对未来计算机的发展有何设想？其依据是什么？

7. 查阅文献，列举出 5 位为我国计算机的发展做出重大贡献的科学家。

8. 查询相关资料，陈述你对摩尔定律的理解。

第2章　逻辑思维

　　计算机的世界是二进制的世界，所有的信息都是以二进制形式存储和表示的，所有的数据都是由 0 和 1 组成的。本章从逻辑思维的角度主要讲述计算机中数制之间的转换、数据存储、二进制的算术运算与逻辑运算、信息的二进制表示以及图灵机模型。

本章学习目标

　　(1) 掌握计算机常用的数制以及数制之间的转换方法。
　　(2) 理解和掌握计算机中的数据存储和二进制运算。
　　(3) 熟悉计算机中各种信息的二进制表示方法。
　　(4) 理解图灵机模型的实现。

2.1　逻辑思维下的实例

　　【实例 2.1】小白鼠验毒实验。有 1000 瓶水，其中有一个瓶子里的水是有毒的，小白鼠只要品尝有毒的水就会在 24 小时后死亡，那么至少需要多少只小白鼠才可在 24 小时后鉴别出哪个瓶子里的水有毒？

　　由于小白鼠在品尝有毒的水后不是立即死亡，而是要等到 24 小时之后才会死亡，通常，我们会想到用 1000 只小白鼠去鉴别瓶子里的水是否有毒，那么我们能否用 10 只小白鼠完成鉴别工作呢？1 只小白鼠通过品尝瓶子里的水 24 小时之后存在两种状态，即存活或者死亡，n 只小白鼠代表 2^n 种情况，可以对应这 1000 只瓶子，则 $2^n \geqslant 1000$，即 $n \geqslant 10$。因此，至少可以用 10 只小白鼠鉴别瓶子里的水是否有毒，极大地减少小白鼠验毒的数量。这 10 只小白鼠是如何鉴别这瓶有毒的水的呢？

　　(1) 对 1000 个瓶子进行 0～999 号的编码，并转化为 10 位的二进制数。例如，0 号瓶子转化为二进制数为 0000000000，1 号瓶转化为二进制数为 0000000001，以此类推。假设 997 号瓶子里的水有毒，其二进制数为 1111100101，如图 2.1 所示。

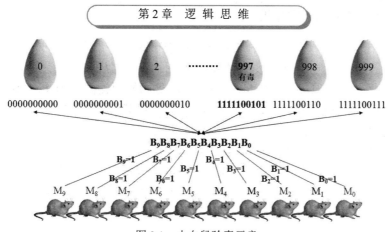

图 2.1　小白鼠验毒示意

(2) 对 10 只小白鼠也分别进行 $M_0 \sim M_9$ 的编号，并给每只小白鼠分别投喂 0~999 号瓶子里的水，静等 24 小时。

(3) 设存活的小白鼠为 1，死亡的小白鼠为 0，24 小时过后，我们发现 10 只小白鼠的状态为 $M_9M_8M_7M_6M_5M_4M_3M_2M_1M_0 = 1111100101$，而这个状态正好对应 997 号瓶子的二进制编号，因此可以得出 997 号瓶子里的水有毒。

【实例 2.2】司机的年龄。你是一名有一辆黑色汽车的司机，汽车用了 7 年，雨刮器需要修理了，水箱的水加满了，请问：司机的年龄有多大？

在这个实例中，请注意有这样一句话"你是一名有一辆黑色汽车的司机"，因此，无论汽车处于什么状态，司机的年龄就是"你"的年龄。

以上两个实例是在科学方面和日常生活方面很有代表性的例子。人们运用概念、判断、推理等形式获得解题的线索和事物的本质与规律，这就是逻辑思维。

人们对五彩缤纷的世界中的信息有绚丽多彩的表达方式，那么，这些绚丽多彩的信息在计算机中是如何存储的呢？在计算机上看到的以自然方式呈现出来的数据在计算机中是如何表达和呈现的？

2.2　数制及其转换

2.2.1　数制的基本概念

1. 二进制的特点

在原始社会，人们在从事野果采集、野兽猎取的过程中发现野果、野兽的数量存在差异性。为了有效地计算每天的收获，人们利用手指进行计数。由于手指在复杂计算方面的局限性，人们进而借助结绳、小木棍、小石子进行计数，十进制计数法随之产生，并在人们的日常生活中得到广泛使用。

除了十进制，其他进制在人们的生活和工作中也随处可见。在 IT 行业中，有一副对联：

上联：11111111

下联：00000000

横批：Hello，World

这副对联表明：在计算机中，所有数据都是由 0 和 1 组成的，所有的信息都是以二进制形式存储和表示的。"Hello，World"是指在计算机屏幕上输出"Hello，World"这行字符串的计算机程序。该程序由 Brian Kernighan 创作，以其简洁、实用而广泛流行，通常是人们学习编程的第一个程序。

在计算机中，二进制表示信息具有如下优势：

(1) 技术实现简单。二进制中只有"0"和"1"，物理器件容易实现。例如，电流的"通"与"断"、电压的"高"与"低"、晶体管的"导通"和"截止"等都可用"1"和"0"表示。而十进制中的 10 个符号需要用 10 种稳定状态与之相对应，而表示 10 种状态的电路十分复杂，实现非常困难。

(2) 逻辑性强。二进制的"1"和"0"正好对应逻辑运算对象的"真"和"假"或"是"与"否"。

(3) 运算规则简单。由于二进制只有两个数字符号 0 和 1，因此其加法只需要 4 个运算规则，即 0+0=0，0+1=1，1+0=1，1+1=10。而采用十进制需要 10 个数字符号 0～9，其加法运算则需要 100 个运算规则。

2. 数制的相关概念

(1) 数制：是指用一组固定的数码和一套统一的规则表示数值的方法。

(2) 数码：表示某数制的数字符号。例如，二进制数只有两个数码 0、1。

(3) 基数：简称基或底，即在某数制中所使用的数码个数。例如，十进制数制的基数 $R = 10$，表示十进制的数码个数为 10，分别为 0，1，2，3，…，9。

(4) 数位：是指数码在一个数中的位置，如个位、十位等。

(5) 位权：简称权，是指数码在不同位置上的权值，通常以基的数位次幂表示，即以基为底，以数位为指数表示。例如，十进制各位的权是以 10 为底的幂，即…，10^2，10^1，10^{-1}，10^{-2}，…。

(6) 进制：即进位方法。例如，对于任何一种 R 进制，表示某一位置上的数在运算时逢 R 进一位或借一当 R。

2.2.2 数制的表示

在数制中，数字所表示的值不仅与该数值的大小有关，还与该数值所在的位置有关。因此，根据位权展开式原则，即每一个数位上的数码所表示的数值大小等于该数码乘以对应位上的权值。因此，任意数制的数 N 表示为

$$(N)_R = a_{n-1} \times R^{n-1} + a_{n-2} \times R^{n-2} + \cdots + a_0 \times R^0 + a_{-1} \times R^{-1} + \cdots a_{-m} \times R^{-m}$$

$$= \sum_{i=-m}^{n-1} a_i \times R^i$$

其中：$(N)_R$ 表示 R 进制的数 N，R 表示基或底，a 表示 R 进制的数码，R^i 为位权。

【例 2-1】将十进制数 305.56D 按位权展开。

$$305.56D = 3 \times 10^2 + 0 \times 10^1 + 5 \times 10^0 + 5 \times 10^{-1} + 6 \times 10^{-2}$$

不同数制的表示方法有以下几种：

(1) 下标法：用小括号将所表示的数括起来，然后括号右下角下标数制的基。例如，$(1001.01)_2$、$(751)_8$、$(560)_{10}$、$(63AC)_{16}$ 分别表示二进制数、八进制数、十进制数和十六进制数。

(2) 字母法：在所表示的数的末尾写上相应数制字母，如表 2.1 所示。

表 2.1　进制与字母

进制	二进制	八进制	十进制	十六进制
数制字母	B (Binary)	O (Octonary)	D (Decimal)	H (Hexadecimal)

由于日常生活中常用的数制为十进制，因此，十进制数可以省略下标或字母。各数制的数码、基数、位权进位/借位原则以及表示方法如表 2.2 所示。

表 2.2　各种数制

内容	二进制	八进制	十进制	十六进制
数码	0，1	0~7	0~9	0~9，A~F
基数	2	8	10	16
位权	2^n	8^n	10^n	16^n
进位原则	逢 2 进 1	逢 8 进 1	逢 10 进 1	逢 16 进 1
借位原则	借 1 当 2	借 1 当 8	借 1 当 10	借 1 当 16
表示方法	$(101)_2$ 或 101B	$(17)_8$ 或 17O	$(45)_{10}$ 或 45D	$(1A)_{16}$ 或 1AH

2.2.3　数制之间的转换

1. R 进制数转换为十进制数

R 进制数转换为十进制数的转换方法为：先按照位权展开式求和，即相应位置的数码乘以对应位权，再将所有的乘积进行累加，得到对应的十进制数。

【例 2-2】将二进制数$(110111.01)_2$转换为十进制数。

$$(110111.01)_2 = (1 \times 2^5 + 1 \times 2^4 + 0 \times 2^3 + 1 \times 2^2 + 1 \times 2^1 + 1 \times 2^0 + 0 \times 2^{-1} + 1 \times 2^{-2})_{10}$$
$$= (32 + 16 + 4 + 2 + 1 + 0.25)_{10} = (55.25)_{10}$$

【例 2-3】将十六进制数$(9B.F)_{16}$转换为十进制数。

$$(9B.F)_{16} = (9 \times 16^1 + 11 \times 16^0 + 15 \times 16^{-1})_{10} = (144 + 11 + 0.9375)_{10} = (155.9375)_{10}$$

【例 2-4】将八进制数$(215.46)_8$转换为十进制数。

$$(215.46)_8 = (2 \times 8^2 + 1 \times 8^1 + 5 \times 8^0 + 4 \times 8^{-1} + 6 \times 8^{-2})_{10} = (128 + 8 + 5 + 0.5 + 0.093\,75)_{10}$$
$$= (141.593\,75)_{10}$$

2. 十进制数转换为 R 进制数

十进制数转换为 R 进制数时，首先将十进制数分为两部分，即整数部分和小数部分，然后分别对这两部分采用不同的方法进行转换,最后将转换后的整数部分和小数部分合并。

1) **整数转换方法**

整数转换方法采用"除基倒取余法",即将十进制整数反复除以要转换的进制数的基,取余数,直至商为 0 为止,然后按照先得到的余数为低位,后得到的余数为高位进行排列。

2) **小数转换方法**

小数转换方法采用"乘基取整法",即将十进制小数乘以要转换的进制数的基,取出乘积的整数后,对乘积的小数部分继续计算,如此反复,直至小数部分为 0 或达到所要求的精度为止,然后按照先得到的整数为高位,后得到的整数为低位进行排列。

【例 2-5】将十进制数$(0.625)_{10}$转换为二进制数。

因为

所以

$$(0.625)_{10}=(0.101)_2$$

【例 2-6】将十进制数$(26.25)_{10}$转换为二进制数。

因为

$$26=11010B \qquad 0.25=0.01B$$

所以

$$26.25=11010.01B$$

【例 2-7】将十进制数$(26.25)_{10}$转换为十六进制数。

因为

$$26 = 1AH \qquad 0.25 = 0.4H$$

所以

$$26.25 = 1A.4H$$

3. 二进制数、八进制数与十六进制数之间的转换

1) 二进制数与八进制数之间的转换方法

二进制数转换八进制数采用三位一并法，即 3 位二进制数组成 1 位八进制数；同理，八进制数转换二进制数则一分为三，即 1 位八进制数变成 3 位二进制数。

2) 二进制数与十六进制数之间的转换方法

二进制数转换十六进制数采用四位一并法，即 4 位二进制数组成 1 位十六进制数；同理，十六进制数转换二进制数则一分为四，即 1 位十六进制数变成 4 位二进制数。

对于二进制数转换八进制数或十六进制数，不足的位数用 0 补足，即以小数点为界限，对小数点前后的数分别进行处理，整数部分将 0 补在整数部分的最高位，小数部分将 0 补在小数部分的最低位。

【例 2-8】将二进制数 1011011100.1011B 转换为八进制数。

因为

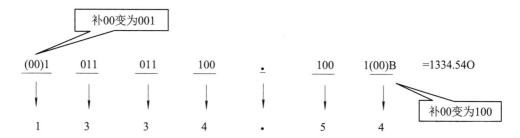

所以

$$1011011100.1011B = 1334.54O$$

【例 2-9】将二进制数 1101101110.110101 B 转换为十六进制数。

因为

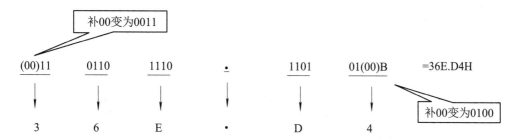

所以

$$1101101110.110101 B = 36E.D4H$$

【例 2-10】将八进制数 3216.42O 转换为二进制数。

因为

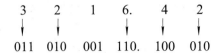

所以

$$3216.42O = 11010001110.100010B$$

【例 2-11】将十六进制数 3A.7CH 转换为二进制数。

因为

3	A	.	7	C
↓	↓		↓	↓
0011	1010	.	0111	1100

所以

$$3A.7CH = 111010.011111B$$

【例 2-12】将十六进制数 2A.5CH 转换成八进制数。

因为

2	A	.	5	C
↓	↓		↓	↓
0010	1010	.	0101	1100
101	010	.	010	111
↓	↓		↓	↓
5	2	.	2	7

所以

$$2A.5CH = 52.27O$$

不同进制数之间的转换方法如图 2.2 所示。值得注意的是，在不同进制之间进行转换的过程中，部分数值不能精确地表示出来，这时需要根据精度要求获取这些数值的近似值，必要时采用"0 舍 1 入"的规则。十进制数、二进制数、八进制数和十六进制数的对应关系如表 2.3 所示。

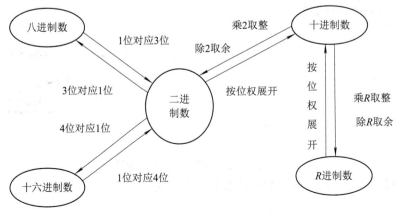

图 2.2　不同进制之间的转换关系

表 2.3　十进制数、二进制数、八进制数和十六进制数的对应关系

十进制数	二进制数	八进制数	十六进制数
0	0000	00	0
1	0001	01	1
2	0010	02	2
3	0011	03	3
4	0100	04	4
5	0101	05	5
6	0110	06	6
7	0111	07	7
8	1000	10	8
9	1001	11	9
10	1010	12	A
11	1011	13	B
12	1100	14	C
13	1101	15	D
14	1110	16	E
15	1111	17	F

2.3　数据存储与运算

2.3.1　数据存储

1. 数据存储单位

数据可以存储在计算机的物理存储介质上，计算机中数据的常用存储单位有位、字节和字。

(1) 位(bit)比特：表示二进制中的一位，每一位的状态只能是 1 或者 0。位是计算机存储设备的最小存储单位。

(2) 字节(Byte)：8 位二进制数为一个字节，即 1Byte = 8 bit。字节是计算机中用于描述存储容量和传输容量的一种基本计量单位，常用信息存储单位如表 2.4 所示。

表2.4　计算机存储容量的常用表示单位

中文单位	中文简称	英文单位	英文简称	换算关系
字节	字节	Byte	B	2^0
千字节	开	KiloByte	KB	$1\ KB = 1024\ B = 2^{10}$
兆字节	兆	MegaByte	MB	$1\ MB = 1024\ KB = 2^{20}$
吉字节	吉	GigaByte	GB	$1\ GB = 1024\ MB = 2^{30}$
太字节	太	TeraByte	TB	$1\ TB = 1024\ GB = 2^{40}$
拍字节	拍	PetaByte	PB	$1\ PB = 1024\ TB = 2^{50}$
艾字节	艾	ExaByte	EB	$1\ EB = 1024\ TB = 2^{60}$
泽字节	泽	ZettaByte	ZB	$1\ ZB = 1024\ EB = 2^{70}$
尧字节	尧	YottaByte	YB	$1\ YB = 1024\ ZB = 2^{80}$

(3) 字(Word)：计算机在同一时间内处理的一组二进制数称为"字"。字由若干字节构成，一个字的二进制位数称为字长(Word Size)。不同档次的计算机有不同的字长。例如，对于一台 16 位计算机，一个字由两个字节构成，字长为 16 bit；对于一台 32 位计算机，一个字由四个字节构成，字长为 32 bit 等。字长反映计算机的计算精度，一般由计算机本身性能决定。字长越长，同一时间内处理数据越多，计算机速度越快，计算精度越高。

位、字节与字长之间的关系如图 2.3 所示。

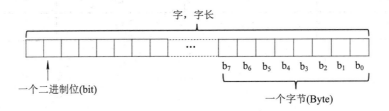

图 2.3　位、字节与字长的关系

2. 大端和小端存储

每个存储设备都由一系列的存储单元组成，通常存储单元的位排成一行，该行的左端称为高位端(High-order End)，右端称为低位端(Low-order End)，高位端的最左边的一位称为高位或最高有效位(Most Significant Bit)，低位端的最右边的一位称为低位或最低有效位(Least Significant Bit)。为了对存储设备进行有效的管理，需要对每个存储单元进行编号，这些都是由操作系统完成的。存储单元的编号称为地址。存储单元与地址一一对应，CPU 借助地址访问指定存储单元指令和数据。在计算机系统中，地址也是用二进制编码的，存储体结构与地址的表示如图 2.4 所示。为了便于识别和应用，地址通常也使用十六进制表示。

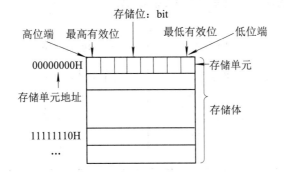

图 2.4　存储体结构与地址的表示

如果较高的有效字节存放在较低的存储器地址，较低的有效字节存放在较高的存储器地址，则称为大端存储；如果较高的有效字节存放在较高的存储器地址，较低的有效字节存放在较低的存储器地址，则称为小端存储。

例如，一个 int 型数据占用四个字节，赋值 int 型变量 a 为 0x11 22 33 44，即 int a = 0x11 22 33 44，这个值从 00000001H 地址处开始存储。如果按照大端存储，则先将 a 的高位字节的 11 存放在内存中的低地址部分，再按顺序将 22、33、44 存入内存，存储形式如图 2.5(a)；如果按照小端存储，则先将 a 的低位字节的数据 44 存在内存中的低地址部分，然后按顺序将 33、22、11 存入内存，存储形式如图 2.5(b)。

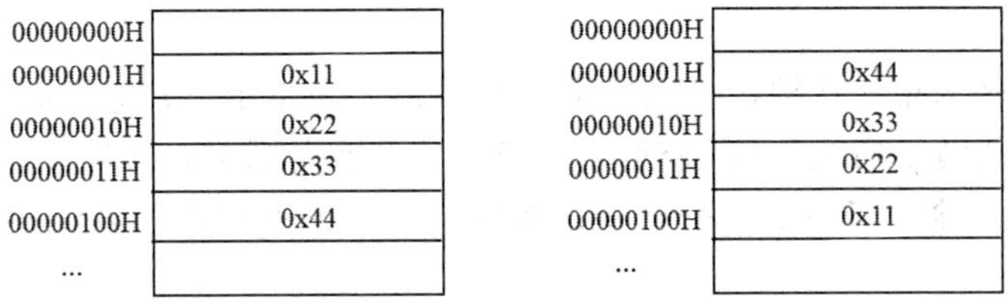

00000000H	
00000001H	0x11
00000010H	0x22
00000011H	0x33
00000100H	0x44
...	

00000000H	
00000001H	0x44
00000010H	0x33
00000011H	0x22
00000100H	0x11
...	

(a) 大端存储　　　　　　　　　　　(b) 小端存储

图 2.5　存储形式

2.3.2　算术运算

二进制数的算术运算同十进制数的算术运算类似，也包括加、减、乘、除四则运算。由于二进制数只有 0 和 1 两个数码，因此它的算术运算规则比十进制数的运算规则简单得多。二进制数的运算规则如表 2.5 所示。

表 2.5　二进制数的运算规则

加法规则	减法规则	乘法规则	除法规则
0+0=0	0−0=0	0×0=0	0÷0=0
0+1=1	1−0=1	0×1=0	0÷1=0
1+0=1	1−1=0	1×0=0	1÷0(无意义)
1+1=0(逢二进一，向高位进位1)	0−1=1(借一当二，向相邻的高位借1当2)	1×1=1	1÷1=1

【例 2-13】 二进制数与十进制数四则运算比较。

二进制计算	十进制计算	二进制计算	十进制计算
1001+10=1011	9+2=11	1110-1001=101	14-9=5

```
        1001            9              1110           14
   +      10       +    2          -   1001       -    9
 ───────────     ──────────        ──────────    ──────────
        1011           11               101            5
```

二进制计算	十进制计算	二进制计算	十进制计算
101×10=1010	5×2=10	1010÷10=101	10÷2=5

```
        101            5                    101               5
   ×     10       ×    2              10 ⟌ 1010          2 ⟌ 10
 ──────────     ─────────                  10                10
        000           10                   ────              ──
        101                                  10               0
 ──────────                                  10
       1010                                  ──
                                              0
```

2.3.3　逻辑运算

逻辑代数又称为布尔代数,由英国数学家乔治·布尔于 19 世纪创立。布尔在 1847 年发表的《逻辑的数学研究》和1854 年发表的《思维规律研究》著作中提出布尔代数的基本概念和性质,建立了一套符号系统,利用符号表示逻辑中的各种概念,实现逻辑判断符号化。

布尔代数中的逻辑变量只有两种逻辑状态,即 0 或 1。逻辑运算是按位进行的,最基本的逻辑运算有与运算、或运算、非运算和异或运算,这些基本运算可以组合成各种复杂的逻辑运算。布尔代数的二值逻辑为数字计算机开关电路设计奠定了重要的数学基础。

被誉为"信息论之父"的美国数学家克劳德·艾尔伍德·香农(Claude Elwood Shannon, 1916—2001)于 1938 年发表了论文《继电器开关电路的符号分析》。该论文首次提出用电子线路实现布尔代数的表达式,从理论到技术改变数字电路的设计。自从香农通过继电器开关电路实现布尔代数运算之后,人们开始采用布尔代数分析和设计逻辑电路,逻辑门是用布尔函数的硬件抽象的。如今,计算机的芯片都是由数以万计的微小逻辑部件组成的。1948 年和1949 年,香农分别发表了论文《通信的数学基础》和《保密系统的通信理论》,创立了香农定理,解决了数字通信中的许多问题,这两篇文章在数字计算机发展史上具有划时代意义。1956 年,香农率先把人工智能运用于计算机下棋,并发明了一个能自动穿越迷宫的电子老鼠,验证了计算机通过学习是可以提高智能的。

1. 与运算

与运算相当于逻辑乘,运算符号为"·""∧""∩""&"或"AND",与运算的逻辑表达式为

$$Y=A\cdot B$$

与运算的真值表、电路示例与符号如表 2.6 所示。表 2.6 表明：只有当所有输入都为 1 时，输出才为 1。在数字电路中，实现与运算的电路称为与门。

表 2.6 与运算的真值表、电路示例与符号

输入		输出	与运算电路示例	与门逻辑符号	
A	B	$Y=A\cdot B$		IEEE	国家标准
0	0	0			
0	1	0			
1	0	0			
1	1	1			

【例 2-14】求 10011100B 与 00111001B 进行与运算的值。

$$\begin{array}{r} 10011100 \\ \text{AND} \quad 00111001 \\ \hline 00011000 \end{array}$$

2. 或运算

或运算又称为逻辑加，运算符号为"＋""∨""∪"或"OR"，或运算的逻辑表达式为

$$Y = A + B$$

或运算的真值表、电路示例与符号如表 2.7 所示。表 2.7 表明：当输入有一个不为 0 时，输出为 1。在数字电路中，实现或运算的电路称为或门。

表 2.7 或运算的真值表、电路示例与符号

输入		输出	或运算电路示例	或门逻辑符号	
A	B	$Y=A+B$		IEEE	国家标准
0	0	0			
0	1	1			
1	0	1			
1	1	1			

【例 2-15】求 10011100B 与 00111001B 进行或运算的值。

$$\begin{array}{r} 10011100 \\ \text{OR} \quad 00111001 \\ \hline 10111101 \end{array}$$

3. 非运算

非运算又称为反相运算或逻辑否，其运算符号可以为"NOT""¬"或"‾"，非运算的逻辑表达式为

$$Y = \overline{A}$$

非运算的真值表、电路示例与符号如表2.8所示，表2.8表明当输入为1时，输出为0；当输入为0时，输出为1。在数字电路中，实现非运算的电路称为非门。

表2.8　非运算的真值表、电路示例与符号

输入	输出	或运算电路示例	与门逻辑符号	
A	$Y = \overline{A}$		IEEE	国家标准
0	1			
1	0			

【例2-16】求10111001B进行非运算的值。

10111001B的非运算是将1变为0，将0变为1，故其非运算的值为01000110B。

4. 异或运算

异或关系的运算符号为"XOR"或"⊕"，异或运算的逻辑表达式为

$$Y = A\overline{B} + \overline{A}B = A \oplus B$$

异或运算的真值表、电路示例与符号如表2.9所示，表2.9表明当输入的两个信号相异时，输出为1；当输入的两个信号相同时，输出为0。在数字电路中，实现异或运算的电路称为异或门。

表2.9　异或运算的真值表、电路示例与符号

输入		输出	异或运算电路示例	异或门逻辑符号	
A	B	$Y = A\overline{B} + \overline{A}B = A \oplus B$		IEEE	国家标准
0	0	0			
0	1	1			
1	0	1			
1	1	0			

【例2-17】求11110010 B与 00000001B进行异或运算的值。

```
      1 1 1 1 0 0 1 0
XOR   0 0 0 0 0 0 0 1
      1 1 1 1 0 0 1 1
```

因此，逻辑代数的性质如表 2.10 所示。

表 2.10　逻辑代数的性质

性质	表　达　式
0-1 律	$x \vee 0 = x, x \vee 1 = 1, x \wedge 0 = 0, x \wedge 1 = x$
互补律	$x \vee \neg x = 1, x \wedge \neg x = 0$
交换律	$x \wedge y = y \wedge x, x \vee y = y \vee x$
结合律	$(x \wedge y) \wedge z = x \wedge (y \wedge z)$ $(x \vee y) \vee z = x \vee (y \vee z)$
分配律	$(x \wedge y) \vee z = (x \vee z) \wedge (y \vee z)$ $(x \vee y) \wedge z = (x \wedge z) \vee (y \wedge z)$
De Morgan 律	$\neg(x \vee y) = \neg x \wedge \neg y$ $\neg(x \wedge y) = \neg x \vee \neg y$

【例 2-18】举重比赛时有 A、B、C 三个裁判，在两名或两名以上裁判判决成功时，才能最终判决运动员举重成功。请分析判决结果 Y 与三名裁判 A、B、C 的判断之间的逻辑关系。

解　(1) 根据裁判判决与最终结果的关系，设裁判判决成功为 1，不成功为 0；最终结果成立为 1，不成立为 0，写出真值表，如表 2.11 所示。

表 2.11　真　值　表

输入(裁判意见)			输出(判决结果)
A	B	C	Y
0	0	0	0
0	0	1	0
0	1	0	0
0	1	1	1
1	0	0	0
1	0	1	1
1	1	0	1
1	1	1	1

(2) 根据上面的真值表写出布尔表达式。

由真值表写出布尔表达式，先选定输出结果为 1 的项，顺序写出输入变量，如果对应为 1 则为原变量，对应为 0 则为反变量，再将这些项做或运算，其布尔表达式如下：

$$Y = \overline{A}BC + A\overline{B}C + AB\overline{C} + ABC$$

【例 2-19】已知逻辑电路图如图 2.6 所示，请用真值表描述该逻辑电路的逻辑关系，并写出布尔表达式。

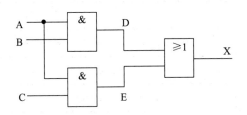

图 2.6　逻辑电路图

(1) 列出真值表。逻辑电路是由各种门组合而成的，一个门的输出作为另一个门的输入，就可以把门组合成逻辑电路。图 2.6 所示的逻辑电路图包含两个与门和一个或门，两个与门的输出 D、E 作为或门的输入，图中的黑点表示连接点，表明两条线是相连的，即 A 同时是两个与门的输入。由于图 2.6 所示的逻辑电路图有 3 个输入，因此需要 8 行描述所有可能的输入组合。图 2.6 所示的逻辑电路图的真值表如表 2.12 所示。

表 2.12　逻辑电路图的真值表

A	B	C	D	E	X
0	0	0	0	0	0
0	0	1	0	0	0
0	1	0	0	0	0
0	1	1	0	0	0
1	0	0	0	0	0
1	0	1	0	1	1
1	1	0	1	0	1
1	1	1	1	1	1

(2) 写出布尔表达式。每个与门的输出是或门的输入，故布尔表达式为

$$X = AB + AC$$

5. 触发器

触发器(Flip-flop)是一种可以存储电路状态的电子元件，是计算机存储器的基本单元，它产生 0 或 1 输出值，且值保持不变，直到有脉冲使其发生变换。也就是说，让输出在外界刺激的控制下"记住"0 或者 1。例如，在图 2.7 中，设置触发器输出为 1，如果上输入为 1，而下输入为 0(如图 2.7(a)所示)，则输出为 1(如图 2.7(b)所示)；如果电路的两个输入都设为 0，则输出为 1(如图 2.7(c)所示)。由此可见，下输入为 0，上输入无论是 0 还是 1，输出不发生变化。因此，触发器成为现代计算机中存储二进制位的一种方法。

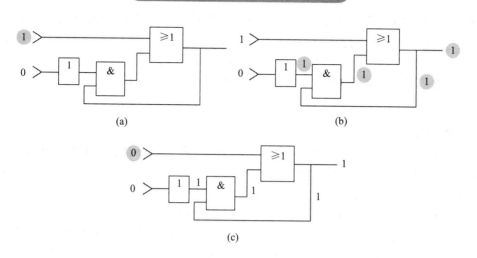

图 2.7　将触发器的输出值设置为 1

事实上，构建触发器的方法有很多，尽管不同触发器的内部结构不同，但其外部特性与图 2.7 所示的是一样的。因此，计算机工程师不必知晓触发器是通过哪种电路实现的，只需了解触发器的外部特性并将其作为一个抽象工具使用即可。众所周知的超大规模集成 (Very Large-Scale Integration，VLSI)技术支持将数百万个电子元件构造在一个称为芯片 (Chip)的半导体晶片上，用于创建包含数百万个触发器及其控制电路。

2.4　数 据 表 示

2.4.1　数值的表示

在计算机中，表示一个数值型数据一般包含确定数值的范围、数值的符号以及小数点的表示这三个因素。

1. 数值的范围

数值的范围通常由硬件确定。一位二进制数保存在一个有记忆功能的触发器中，n 位二进制数占用 n 个触发器，将这些触发器排列组合在一起就构成了寄存器。一台计算机的"字长"是固定的，取决于寄存器的位数。常用的寄存器有 8 位、16 位、32 位、64 位等。

在计算机计算过程中，如果运算结果超出数值表示范围，则称为"溢出"。例如，当使用 8 位寄存器时，字长为 8 位，则一个无符号整数的最大值为 11111111B = (2^8-1)D = 255D，当 8 位无符号整数运算结果大于 255 时，就会产生"溢出"问题。解决溢出问题最简单的方法是增加存储长度，存储字节越长，数值表示的范围越大，发生溢出的概率越小。

如果小于 255 的无符号整数采用 1 字节存储，大于 255 的无符号整数采用多字节存储，则这种变长存储会使存储和计算复杂化。解决数据不同存储长度的方法是建立不同的数据类型，程序设计时首先会声明数据类型，计算机就会对同一类型的数据采用统一的存储长度。例如，int 型数据的存储长度为 4 个字节。尽管小数字会浪费一定的存储空间，但等长存储有利于提高整体运算速度，这是一种"以空间换时间"的计算机思维方式。例如，无符号$(22)_{10}=(10110)_2$ 在计算机中用一个字节存储的存储形式为 00010110，用 2 个字节存储的存储形式为 00000000 00010110，用三个字节存储的存储形式为 00000000 00000000 00010110。

2. 数值的符号

在日常生活中，人们用"＋""－"来表示数值的符号，这样表示的数值称为真值。由于数值在计算机中以二进制形式存放，因此带"＋""－"符号的数值在计算机中的表示必须明确指明符号的表示方法。

在计算机中，数值的符号用"0"和"1"表示数值的"＋"与"－"符号，并置于数值的最左边。因此，表示一个数值的符号要占用一位二进制数位。这种将符号数字化的数值称为机器数，机器数是数值在计算机中的二进制表示形式。例如$(-108)_{10}$ 在计算机中的表示如图 2.8 所示。

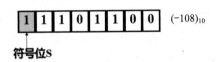

符号位 S

图 2.8　$(-108)_{10}$ 在计算机中的表示

3. 机器数的三种表示方式

为了有效解决二进制数值在计算机中的减法运算，二进制数值有原码、反码以及补码三种表示方式，其相关规则和表示如表 2.13 所示。

表 2.13　数值在计算机中的表示方法

表示方法	编码规则	示　例
原码	① 最高位为符号位，正数为 0，负数为 1，其余位表示数值的大小 ② 0 有两种表示：＋0 和-0	127 的原码：0111 1111 -127 的原码：1111 1111 0 有两种原码表示： 　00000000 　10000000
反码	① 正数的反码与原码一致 ② 负数的反码是对原码的数值部分按位取反，符号位保持不变 ③ 0 有两种表示：＋0 和-0	127 的反码：0111 1111 -127 的反码：1000 0000 0 有两种反码表示： 　00000000 　11111111
补码	① 正数的补码与原码相同 ② 负数的补码是对原码的数值部分逐位取反，在最末位加 1，符号位保持不变 ③ 0 只有一种表示	127 的补码：0111 1111 -127 的补码：1000 0001 0 补码表示： 　00000000

【例 2-20】 设 A = −5D，B = 4D，求 A+B=？

(1) 求 A 的补码：A=−5D = $(10000101B)_{原}$ = $(11111010B)_{反}$ = $(11111011B)_{补}$。

(2) 求 B 的补码：B=4D = $(00000100B)_{原}$ = $(00000100B)_{反}$ = $(00000100B)_{补}$。

(3) 求 A+B，将 A 的补码和 B 的补码相加：

$$
\begin{array}{r}
11111011 \\
+\ 00000100 \\
\hline
11111111
\end{array}
$$

(4) 将结果看成原码，将原码求补：

[−5＋4] = $(11111111B)_{原}$＝$(10000000B)_{反}$＝$(10000001B)_{补}$ = −1D

例 2-20 在计算机中的运算过程如图 2.9 所示。

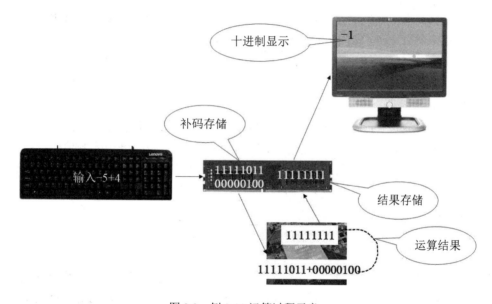

图 2.9　例 2-20 运算过程示意

　　由此可见，设计补码的目的一是符号位能与有效值一起参与运算，从而简化运算规则；二是将减法运算转换为加法运算，简化计算机中运算器的电路。在实际设计 CPU 中，CPU 内部只有加法器，没有减法器，所有减法都采用补码加法进行。同时，为了提高计算机效率，乘法器和除法器采用位移运算和加法运算。程序编译时，编译器将数值进行补码处理，并保存在计算机存储器中。补码运算完成后，计算机将运行结果转换为原码或十进制数据输出给用户。

4. 小数点位置的确定

　　在计算机中，小数点的位置是隐含的，其位置可以是固定的，也可以是浮动的，因此，计算机中带小数点的数值有定点和浮点两种表示方式。

1) 定点数

　　定点数是指计算机在运算过程中，数值中小数点的位置是固定的。定点数一般分为纯小数和纯整数两种表现形式。纯小数的小数点在符号位与数值位最高位之间，如图 2.10(a) 所示。纯整数的小数点固定在数值位最低位之后，如图 2.10(b)所示。图中所标示的小数点

"．"，在实际机器中是不会出现的，而是事先约定在固定的位置。

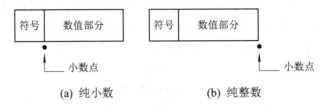

(a) 纯小数　　　　　　　(b) 纯整数

图 2.10　定点数表示

由于小数点始终有固定的位置，因此计算机在进行运算时不必对位，计算简单、方便。但对于既有整数又有小数的原始数值，则需要设定比例因子，计算数值按其缩小成定点小数或扩大成定点整数后再参与运算，这就增加了额外的计算量。

【例 2-21】设计算机的定点数长度为 2 个字节，用定点小数表示-0.8125D。

解　-0.8125D = -0.110100000000000B，则该数在计算机内表示形式为

1	1	1	0	1	0	0	0	0	0	0	0	0	0	0	0

2) 浮点数

定点数表示法的缺点在于其形式过于僵硬，固定的小数点位置决定了固定位数的整数部分和小数部分，从而限定了数值的表示范围，故人们设计浮点数表示数值。

浮点数是指小数点位置是可变的数，其思想源于数学中的指数表示形式。例如，$123.45 = 0.123\ 45 \times 10^3 = 12.345 \times 10^1$，小数点的位置发生变化了。同理，一个二进制数 N 可表示为

$$N = \pm M \times 2^{\pm E}$$

式中，N、M、E 均为二进制数，M 是 N 的尾数，尾数是定点纯小数，尾数的位数决定数值的精度；M 前的 ± 号为尾数的符号，称为尾符；E 为 N 的阶码，阶码是定点纯整数，阶码的位数决定数值的范围；E 前的 ± 号为阶码的符号，称为阶符。

由此浮点数的一般格式如图 2.11 所示。

阶符	阶码 E	尾符	尾数 M
	(定点整数)		(定点小数)

图 2.11　浮点数的一般格式

在计算机中，浮点数弥补了定点数数值范围大小的限制以及数值表示不够精确的缺陷。因此，在科学计算和数据处理中，浮点数适宜处理和计算非常大或非常小的数值。

【例 2-22】用二进制表示一个浮点数$(38)_{10}$，其中阶符和尾符各占一位，阶码占一个字节，尾数占 3 个字节。

解　$(38)_{10} = (100110)_2 = (0.1001100) \times 2^{+110}$，则$(38)_{10}$的浮点表示为

0	00000110	0	10011000 00000000 00000000

5. 规格化浮点数的表示和存储

计算机中的实数采用浮点数存储和运算，但浮点数并不完全按图 2.11 的形式进行表示和存储，而是遵循 IEEE 754 标准，IEEE 754 标准中的单精度和双精度浮点数的规格和存储规格如图 2.12 所示。目前，几乎所有的计算机都支持 IEEE 754 标准，从而改善了应用程序的可移植性。

浮点数规格	码长/b	尾符	阶码	尾数
单精度	32	1	8	23
双精度	64	1	11	52

(a) 单精度和双精度浮点数规格

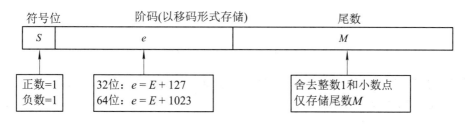

(b) 存储规格

图 2.12　IEEE 754 规格化浮点数存储格式

IEEE 754 标准规定小数点左侧整数必须为 1(如 1.××××××××)，这样做的目的是在存储尾数 M 时，就可以省略小数点和整数 1，从而尾数域可以多表达一位尾数，即使尾数遭遇类似截断操作，仍然可以保持尽可能高的精度。

整数部分的 1 舍去后，会不会造成两个不同数值的混淆呢？例如，A=1.010 011 中的整数部分 1 在存储时被舍去了，那么会不会造成 A=0.010 011(整数 1 已舍去)与 B=0.010 011 的混淆呢？其实不会，因为数值 B 不是规格化浮点数，数值 B 可以改写成 1.0011×2^{-2} 的规格化形式。所以省略小数点前的 1 不会造成任何两个浮点数的混淆。但在进行浮点数运算时，省略的整数 1 需要被还原来参与浮点数相关运算。

原始指数 E 有正数或负数之分，但是 IEEE 754 标准没有定义指数 E 的符号位，这是因为指数为负数会增加运算的复杂性。因此，IEEE 754 标准规定指数部分用阶码 e 表示，采用移码形式存储，即阶码 e 的移码值等于原始指数 E 加上一个偏移值，32 位浮点数(float)的偏移值为 127，64 位浮点数(double)的偏移值为 1023。经过移码变换后，阶码 e 变成了正数，可以用无符号数存储。之所以这样规定是便于浮点数之间比较大小，且浮点运算的硬件容易实现。

由于阶码 e 为 0 和 255 有特殊用途，即阶码 e 为 0 时，表示浮点数为 0；阶码 e 为 255 时，若尾数为全 0 表示无穷大，否则表示无效数字，故阶码 e 的表示范围为 1～254。

【例 2-23】 将十进制实数 26.0D 转换为 32 位 IEEE 规格化二进制浮点数。

解　$26.0D = 11010B = 1.1010 \times 2^4$，规格化浮点数的转换方法如图 2.13 所示。

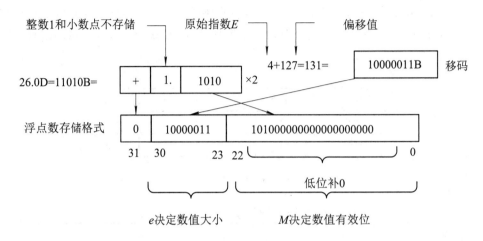

图 2.13　32 位 IEEE 规格化二进制浮点数转换方法和存储格式

【例 2-24】 将浮点数 11000001110010010000000000000B 转换成十进制。

解　(1) 将浮点数 11000001110010010000000000000B 分割成三个部分，获取尾符、阶码和尾数。

(2) 还原原始指数：$E = e - 127 = 10000011B - 01111111B = 100B = 4D$。

(3) 还原尾数为规格化形式：$M = 1.1001001B \times 2^4$(1.源于隐含位)。

(4) 还原非规格化形式：$N = 1\ 1.1001001B \times 2^4$(最左边的 1 为符号位，表示负数)。

(5) 还原十进制数形式：$N = 1\ 1.1001001B \times 2^4 = 1\ 11001.001B = -25D$。

6. BCD 编码

计算机内部处理的是二进制数，但人们习惯使用十进制数，因此，在计算机输入十进制数时，必须将其转换为二进制数，而在计算机输出二进制数时，应将其转换为十进制数。十进制数和二进制数在转换过程中，由于需要多次做乘法和除法运算，这就增加了数制转换的复杂性。同时，小数转化也需要进行浮点运算，而浮点数的存储和计算也比较复杂，从而导致运算效率较低。因此，十进制数和二进制数的转换常采用 8421BCD 码(Binary Coded Decimal)、余 3 码、格雷码等十进制编码方法。

8421BCD 码是一种二-十进制编码，又称有权码，它用 4 位二进制数表示 1 位十进制数的数码，8、4、2、1 分别是 4 位二进制数的位权，这既具有二进制数的形式，又具有十进制数的特点。8421BCD 码不仅简单，也容易理解和记忆。8421BCD 码与十进制数、十六进制数、二进制数之间的关系如表 2.14 所示。

表 2.14　8421BCD 码与十进制数、十六进制数、二进制数之间的关系

十进制数	十六进制数	二进制数	8421BCD 编码
0	0	0000	0000
1	1	0001	0001
2	2	0010	0010
3	3	0011	0011
4	4	0100	0100
5	5	0101	0101
6	6	0110	0110
7	7	0111	0111
8	8	1000	1000
9	9	1001	1001
10	A	1010	0001 0000
11	B	1011	0001 0001
12	C	1100	0001 0010
13	D	1101	0001 0011
14	E	1110	0001 0100
15	F	1111	0001 0101

【例 2-25】将十进制数$(578.43)_{10}$转换为 8421BCD 码。

十进制数转换为 8421BCD 码是将每 1 位十进制数用 4 位二进制数表示，故

$$(578.43)_{10} = (0101\ 0111\ 1000.\ 0100\ 0011)_{BCD}$$

【例 2-26】将 8421BCD 码 1001 1001 0111.0011 0110 转换为十进制数。

8421BCD 码转换为十进制数就是将每 4 位二进制数用 1 位十进制数表示，故

$$(1001\ 1001\ 0111.\ 0011\ 0110)_{BCD} = (997.36)_{10}$$

【例 2-27】将二进制数 111101.101B 转换为 8421BCD 码。

二进制数不能直接转换为 8421BCD 码，否则会出现非法 8421BCD 码。首先将二进制数 111101.101B 转换为十进制数，再转换为 8421BCD 码，即

$$(111101.101)_2 = (61.625)_{10}$$

$$(61.625)_{10} = (0110\ 0001.\ 0110\ 0010\ 0101)_{BCD}$$

2.4.2　字符的表示

1. ASCII 码

在计算机中，文字和符号亦采用二进制编码。目前，通用的西文字符编码方法为美国标准信息交换码(American Standard Code for Information Interchange)，即 ASCII 码。该编码方法已被国际标准化组织(ISO)批准为国际标准，称为 ISO 646 标准。

ASCII 码分为常规 ASCII 码和扩展 ASCII 码两种。常规 ASCII 码为 8 位二进制数，其编码结构如图 2.14 所示。

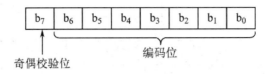

图 2.14　常规 ASCII 码的编码格式

其中，最高位(从左边数第一位)用作奇偶校验，这是由于 ASCII 码在初期主要用于远距离的有线或无线通信，为了及时发现数据在传输过程中因电磁干扰引起的代码错误；其他 7 位组合表示 128 种符号和字母，其中包括 10 个数字、26 个小写字母、26 个大写字母以及各种运算符号、标点符号等，如表 2.15 所示。例如，数字 3 用常规 ASCII 码表示为 $(00110011)_2$ 或 $(51)_{10}$。扩展 ASCII 码将 8 位二进制数全部用于表示 256 种符号和字母，其中前 128 种与常规 ASCII 码相同。

表 2.15　常规 ASCII 码

二进制	十进制	十六进制	控制字符	解释	二进制	十进制	十六进制	控制字符
00000000	0	00	NUL	空字符	01000101	69	45	E
00000001	1	01	SOH	标题开始	01000110	70	46	F
00000010	2	02	STX	正文开始	01000111	71	47	G
00000011	3	03	ETX	正文结束	01001000	72	48	H
00000100	4	04	EOT	传输结束	01001001	73	49	I
00000101	5	05	ENQ	请求	01001010	74	4A	J
00000110	6	06	ACK	回应	01001011	75	4B	K
00000111	7	07	BEL	响铃	01001100	76	4C	L
00001000	8	08	BS	退格	01001101	77	4D	M
00001001	9	09	HT	水平制表符	01001110	78	4E	N
00001010	10	0A	LF	换行键	01001111	79	4F	O
00001011	11	0B	VT	垂直制表符	01010000	80	50	P
00001100	12	0C	FF	换页键	01010001	81	51	Q
00001101	13	0D	CR	回车键	01010010	82	52	R
00001110	14	0E	SO	移位输出	01010011	83	53	S
00001111	15	0F	SI	移位输入	01010100	84	54	T
00010000	16	10	DLE	空格	01010101	85	55	U
00010001	17	11	DC1	设备控制 1	01010110	86	56	V
00010010	18	12	DC2	设备控制 2	01010111	87	57	W

二进制	十进制	十六进制	控制字符	解释	二进制	十进制	十六进制	控制字符
00010011	19	13	DC3	设备控制 3	01011000	88	58	X
00010100	20	14	DC4	设备控制 4	01011001	89	59	Y
00010101	21	15	NAK	否定	01011010	90	5A	Z
00010110	22	16	SYN	同步空闲	01011011	91	5B	[
00010111	23	17	ETB	传输块结束	01011100	92	5C	\
00011000	24	18	CAN	取消	01011101	93	5D	]
00011001	25	19	EM	介质已满	01011110	94	5E	^
00011010	26	1A	SUB	替换	01011111	95	5F	_
00011011	27	1B	ESC	取消	01100000	96	60	`
00011100	28	1C	FS	文件分割符	01100001	97	61	a
00011101	29	1D	GS	组分隔符	01100010	98	62	b
00011110	30	1E	RS	记录分离符	01100011	99	63	c
00011111	31	1F	US	单元分隔符	01100100	100	64	d
00100000	32	20	(Space)	空格	01100101	101	65	e
00100001	33	21	!		01100110	102	66	f
00100010	34	22	"		01100111	103	67	g
00100011	35	23	#		01101000	104	68	h
00100100	36	24	$		01101001	105	69	i
00100101	37	25	%		01101010	106	6A	j
00100110	38	26	&		01101011	107	6B	k
00100111	39	27	'		01101100	108	6C	l
00101000	40	28	(		01101101	109	6D	m
00101001	41	29	)		01101110	110	6E	n
00101010	42	2A	*		01101111	111	6F	o
00101011	43	2B	+		01110000	112	70	p
00101100	44	2C	,		01110001	113	71	q
00101101	45	2D	-		01110010	114	72	r
00101110	46	2E	.		01110011	115	73	s
00101111	47	2F	/		01110100	116	74	t
00110000	48	30	0		01110101	117	75	u

二进制	十进制	十六进制	控制字符	解释	二进制	十进制	十六进制	控制字符
00110001	49	31	1		01110110	118	76	v
00110010	50	32	2		01110111	119	77	w
00110011	51	33	3		01111000	120	78	x
00110100	52	34	4		01111001	121	79	y
00110101	53	35	5		01111010	122	7A	z
00110110	54	36	6		01111011	123	7B	{
00110111	55	37	7		01111100	124	7C		
00111000	56	38	8		01111101	125	7D	}
00111001	57	39	9		01111110	126	7E	~
00111010	58	3A	:		01111111	127	7F	DEL
00111011	59	3B	;					
00111100	60	3C	<					
00111101	61	3D	=					
00111110	62	3E	>					
00111111	63	3F	?					
01000000	64	40	@					
01000001	65	41	A					
01000010	66	42	B					
01000011	67	43	C					
01000100	68	44	D					

【例 2-28】分别用二进制和十六进制写出 good!的 ASCII 码。

good!的二进制表示为 01100111 01101111 01101111 01100100 00100001B。

good!的十六进制表示为 67 6F 6F 64 21 H。

2. Unicode 码

扩展 ASCII 码在支持全世界多语通信方面取得了巨大进展，即当编码值低于 128 时，采用标准 ASCII 码，编码值高于 128 时，采用所在国家语言符号的编码。例如，以早期双字节字符集为例，1 个字节最高位为 0 时，表示标准 ASCII，字节最高位为 1 时，用 2 个字节表示字符，这虽然缓解亚洲语言码字或一些东欧语言的字母表不足的问题，但也带来如下新的问题：

(1) 一个字符串的存储长度不能由其字符数决定，必须检查每个字符以确定其是双字节字符还是单字节字符。

(2) 丢失一个双字节字符中的高位字节，后继字符会产生乱码现象。

互联网的出现让字符串在计算机之间的传输变得非常普遍，所有的混乱集中爆发。因此，为了弥补不足，一些主要软硬件厂商于 1990 年开始合作研发 Unicode 码，并于 1994 年正式公布。Unicode 字符集的编码有 UTF-8、UTF-16 以及 UTF-32，UTF-8 用 1～6 个字节表示一个字符，UTF-16 用 2 个或 4 个字节表示一个字符，UTF-32 统一用 4 个字节表示一个字符。

Unicode-32 采用 32 位编码空间，如图 2.15 所示，为全世界每种语言的每个字符设定一个唯一的二进制编码，并为中文、日文等都分配了相应的码段(码值连续的区间)，以满足跨语言、跨平台进行文本转换、处理的要求，实现各种文字的国际交流。

图 2.15　Unicode-32 集的编码空间

2.4.3　汉字的表示

汉字的字数繁多，字形复杂，读音多变，为适应计算机处理汉字的需要，需为每个汉字设计一个编码。汉字处理系统的工作过程如图 2.16 所示。

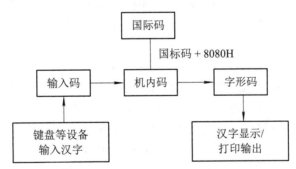

图 2.16　汉字编码

1. 输入码

输入码亦称外码，是指用户从键盘上输入代表汉字的编码。常用输入码可分为以下几种：

(1) 音码：利用汉语拼音和数字进行汉字编码，如全拼和双拼。音码是目前使用最为普遍的编码之一，其优点是容易掌握，缺点是重音字较多。

(2) 字形码：利用汉字的字形结构和笔画进行汉字编码，如五笔字型。字形码的优点是重码率低，缺点是记忆量较大。

(3) 音形码：以汉语拼音为主，字形、字义为辅的汉字编码，如自然码输入法。

(4) 数字码：用数字串代表汉字输入，如电报码和区位码。数字码的优点是无重码，与机内码转换方便，缺点是代码难以记忆。

国内的计算机都支持汉字输入，用户可选择任何一种输入方法输入汉字。

2. 国标码

汉字的输入码、字形码和机内码都不是唯一的，不利于不同计算机系统之间的汉字信息交换。因此，为了统一国家信息交换用汉字编码，我国于 1981 年发布实施了国家标准 GB 2312—1980《信息交换用汉字编码字符集 基本集》，简称国标码。

国标码规定采用两个字节表示一个汉字，每个字节值使用低 7 位，字节最高位为 0，共收录 6763 个简体汉字和 682 个非汉字图形字符，共计 7445 个，其中一级汉字 3755 个，以拼音排序，二级汉字 3008 个，以偏旁排序。国标码以 94 个可显示的 ASCII 码字符为基础集，构成一个 94 行×94 列的表，表中的行号称为区号，列号称为位号，每一个汉字或符号在码表中都唯一对应一个区号和位号。区号在左，位号在右，区号和位号合在一起构成 4 位十进制数码，称为该字的区位码。

为了与 ASCII 码兼容，每个汉字区位码的区号和位号上必须加上 32(十进制数，其对应的十六进制数为 20H)。国标码采用十六进制，它与区位码的转换关系是：

$$国标码高位字节 = 区位码区号 + 20H$$
$$国标码低位字节 = 区位码位号 + 20H$$

【例 2-29】汉字"中"的区位码为 5448，"国"字的区位码为 2590，"中"和"国"的国标码分别是什么？

"中"的区位码为 5448，其中 54 为区号，48 为位号，其十六进制数为 3630H，故"中"字的国标码为

$$3630H + 2020H = 5650H$$

"国"字的区位码为 2590，其中 25 为区号，90 为位号，其十六进制数为 195AH，故"国"字的国标码为

$$195AH + 2020H = 397AH$$

除了 GB 2312—1980，GB 7589—1987 和 GB 7590—1987 两个辅助集对不常用的汉字做出规定，三者定义汉字共 21039 个。另外，2000 年 3 月 17 日，新的汉字编码国家标准 GB 18030—2000《信息交换用汉字编码字符集 基本集的扩充》发布，并规定 2001 年 8 月 31 日后在中国市场上发布的软件必须符合该标准。GB 18030 字符集标准解决了汉字、日文假名、朝鲜语和中国少数民族文字组成的大字符集计算机编码问题。该标准采用单字节、双字节和四字节三种编码方式，字符总编码空间超过 150 万个编码位，覆盖中文、日文、朝鲜语和中国少数民族文字。GB 18030—2005 收录 128 个字符、70 244 个汉字。

3. 机内码

由于存储 ASCII 基本字符的字节最高位是 0，为了保证中英文的兼容，将国标码的两个字节的最高位由 0 改 1，其余 7 位不变，即将国标码的每个字节都加上 128(十六进制数为 80H)，处理后的汉字编码称为汉字机内码。汉字机内码解决了在计算机内部用二进制存储和处理汉字的问题。

汉字机内码与国标码的转换关系是：

$$机内码高位字节 = 国标码高位字节 + 80H$$
$$机内码低位字节 = 国标码低位字节 + 80H$$

例如，"中"字的国标码为 5650H，其二进制数为 $(\underline{0}1010110\ \underline{0}1010000)_2$，则机内码为

5650H + 8080H = D6D0H，其二进制数为(11010110 11010000)₂。

4. 字形码

将计算机内经过处理的汉字内码恢复成方块字形式，并在计算机外部设备上进行显示或打印，称为汉字输出。汉字是一种象形文字，可以将汉字看成是一个特殊的图形，将字形信息有组织地存放起来就形成汉字字形库，简称字库。描述汉字字形信息的编码称为字形码。在汉字输出时，根据汉字机内码找到相应的字形码，再由字形码的 1、0 信息控制输出设备在相应位置的输出。构造汉字字形有点阵法和矢量法两种方式。

1) 点阵法

点阵法是将汉字分解成由若干个"点"组成的点阵，将点阵字形置于网状方格上，每一个小方格对应点阵中的一个"点"。每一个"点"可以有黑、白两色，分别用 1 和 0 表示，即笔画经过的格子记为"1"，否则记为"0"。16×16 的"中"字的点阵字形如图 2.17 所示。

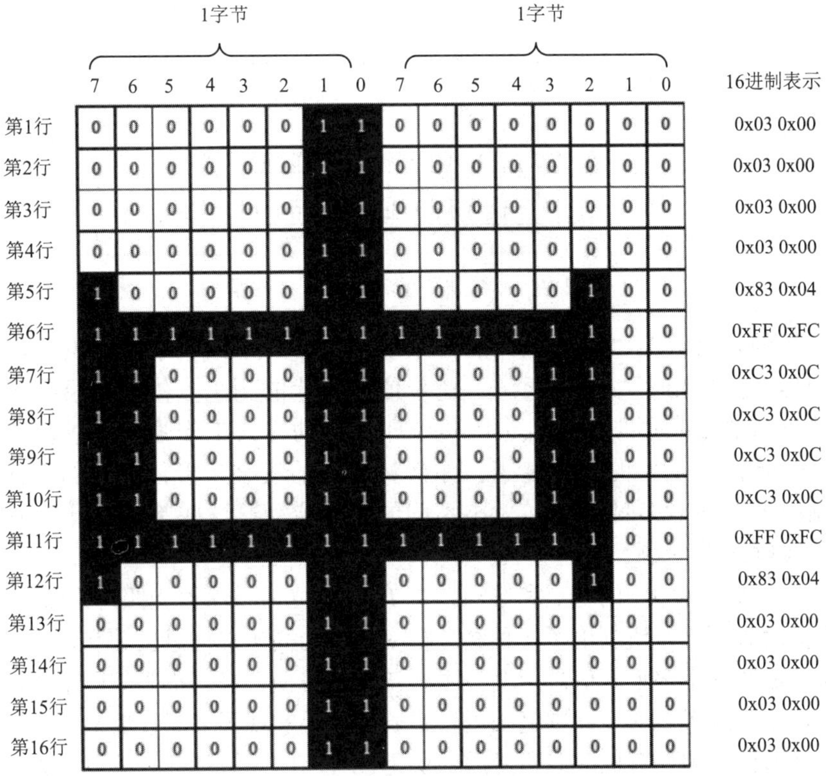

图 2.17　汉字字形点阵码

通用汉字字形分为简易型(16×16 点阵)、普通型(24×24 点阵)、提高型(32×32 点阵)。点阵数越大，字形质量越好。点阵字形的优点是编码、存储方式简单，无须转换直接输出，显示速度快，其缺点是放大后文字边缘呈锯齿状，占用的存储空间大。

【例 2-30】存储 400 个 24×24 点阵汉字字形需要多少千字节？

解

24×24×400/8/1024 = 28.125 KB

2) 矢量法

矢量字形则是将汉字每个笔画的形状特征信息用数学函数进行描述，在输出时依据这些信息经过运算恢复原来的字形。矢量字形缩放和变换不失真，适于显示和打印各种字号的汉字，效果美观。矢量汉字的缺点是编码、存储方式复杂，每次缩放、显示或输出需要占用较多的运算时间。例如，Windows 中使用的 TrueType 就是一种矢量字形。

在实际汉字系统中一般需要多种字体，如黑体、仿宋体、宋体、楷体等，对应每种字体都需要一个字库。一般在"C:\Windows\Fonts"文件夹中包含本机所安装的字库集合，其中扩展名为.fon 的是点阵字形，扩展名为.ttf 的是矢量字形。

以"中国"为例，从键盘输入中国的拼音 zhongguo，"中"为 16 点阵宋体字，"国"为 16 点阵隶书，计算机的处理过程如图 2.18 所示。

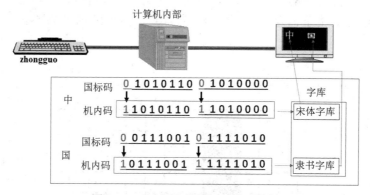

图 2.18　"中国"的输入与显示过程

值得一提的是被称为"汉字激光照排系统之父"的中国科学院院士王选在计算机文字信息处理方面做出了卓越的贡献。随着信息时代的到来，传统的铅字印刷不仅严重影响书籍资料的出版周期，并且也因传统印刷劳动方式工作强度大以及环境污染严重等问题，影响排字工人的身体健康。如何将庞大的汉字字形信息存储进计算机中，特别是印刷中还要面对多种字体和大小不同的字号变化，这些都是在计算机中建立汉字字库时需要解决的问题。

王选院士针对汉字印刷的特点和难点，自 1975 年主持汉字激光照排系统的研制以来，带领团队成员潜心研究，研制出了一种高分辨率字形的高倍率信息压缩和快速复原技术，即轮廓加参数描述汉字字形的信息压缩技术。该技术将横、竖、折等规则笔画用一系列参数精确表示，将曲线形式的不规则笔画用轮廓表示，并实现了失真程度最小的字形变倍和变形。汉字字形信息的计算机存储和复原的世界性难题的突破打开了计算机处理汉字信息的大门，从而最终促进发明了汉字激光照排系统。

王选院士的这项发明引发我国出版印刷业"告别铅与火、迎来电与光"的技术革命，为汉字告别铅字印刷开辟了道路，推动了我国报业和印刷出版业的发展。1987 年和 1995 年，王选发明的汉字激光照排系统两次获得国家科技进步一等奖，两次被评为中国十大科技成就。1991 年，汉字激光照排系统获国家重大技术装备成果特等奖。王选院士本人也于1987 年荣获中国印刷业最高荣誉奖"毕昇奖及森泽信夫奖"，1990 年获得陈嘉庚科学奖，1995 年获得联合国教科文组织科学单项奖，2018 年被授予"改革先锋"称号，并获评"科技体制改革的实践探索者",2019 年被授予"最美奋斗者"称号。

王选常说这样一句话:"能为人类做出贡献,人生才有价值。"王选深刻认识到人生的真正价值在于对社会的责任和贡献,他不仅是这样说的,也确确实实是这样做的。他开拓进取的自主创新精神、乐于奉献的崇高品德以及深厚的爱国情怀值得我们敬佩和学习。

2.4.4　音频的表示

1. 音频数字化

随着多媒体技术的发展,音频数据在计算机中的处理和存储成为现实。模拟音频信号是一种时间上连续的数据,把模拟声音变成数字声音,需经过采样、量化和编码三个环节,如图 2.19 所示。

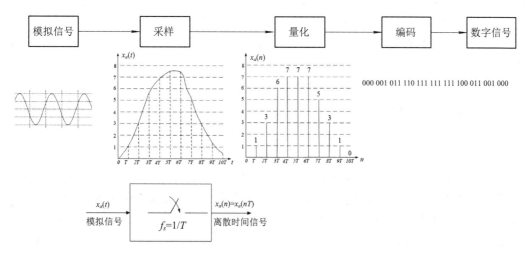

图 2.19　声音信息数字化的过程

(1) 采样。采样是将时间上连续的模拟信号转换为时间上的离散信号,即每隔一个时间间隔对音频信号幅度进行测量。该时间间隔为采样周期 T,其倒数为采样频率 f。

(2) 量化。量化是把模拟信号在幅度轴上的连续值转变为离散值,即是把经过采样得到的瞬时幅度值离散化。把时间和幅度都用离散数字表示的信号称为数字信号。

(3) 编码。编码是指将采样和量化之后所得到的信号数据以二进制记录下来。编码的方式很多,常用的编码方式是脉冲编码调制(Pulse Code Modulation,PCM),其主要优点是抗干扰能力强、失真小、传输特性稳定。

2. 数字音频技术指标

数字音频的主要技术指标如下:

(1) 采样频率:每秒对声波的采样次数。采样频率越高,声音保真度越好。奈奎斯特采样定理指出:模拟信号的采样频率高于信号最高频率的 2 倍时,就可以从采样信号中不失真地复原原始信号。人类的听力范围为 20 Hz~20 kHz,声音采样频率达到 40 kHz 才可以保证采集的信号不失真。当前,声音的标准采样频率有 44.1 kHz、22.05 kHz 和 11.025 kHz,它们分别与高保真立体声、调幅广播以及电话语音相对应。

(2) 量化位数(精度)：存放采样点振幅值的二进制位数。通常量化位数有 8 位、16 位，分别表示有 2^8、2^{16} 个精度等级，即对于每个采样点的音频信号的幅度精度位数分别为最大振幅的 1/256 和 1/65 536。量化位数越多，还原的音质越细腻。目前声卡大多为 24 位和 32 位量化精度。

(3) 声道数：声音通道的个数。声道越多，数据量越大，空间感越强。常用立体声为双声道。

计算每秒钟存储声音容量的公式为

$$存储容量(字节/秒)=采样频率 \times 采样精度 \times 声道数/8$$

【例 2-31】用 44.10 kHz 的采样频率，16 位的精度存储，则录制 1 s 的立体声节目，其 WAV 文件所需的存储量为多少 B？

$$44\ 100 \times 16 \times 2/8 = 176\ 400B$$

【例 2-32】有一个数字化语音系统，将声音分为 128 个量化级，用一位进行差错控制，采样速率为 8000 次/s，则一路语音的数据传输速率是多少？

(1) 声音分为 128 个量化级，表示的二进制位数为 7 位，加一位差错控制，则每个采样值用 8 位二进制数表示。

(2) 数据传输速率：8000 次/s × 8bit=64 kb/s。

3. 声音文件存储格式

在计算机中，常用的声音格式文件如下。

1) wave 格式文件(.wav)

以.wav 为扩展名的文件格式称为波形文件格式(Wave File Format)。波形文件由许多不同类型的文件构造块组成，其中最主要的两个文件构造块为 Format Chunk(格式块)和 Sound Data Chunk(声音数据块)，其中格式块包含描述波形的重要参数，如采样频率、样本精度等；声音数据块则包含实际的波形声音数据。由于 wave 格式文件记录了真实声音的二进制采样数据，因此通常文件较大。

2) MIDI 格式文件(.MID)

与波形文件不同，MIDI 文件不对音乐进行抽样，而是将音乐的每个音符记录为一个数字，因此与波形文件相比，其文件要小得多。

3) MP3 音频文件

MP3 的全称是 MPEG-1 Audio Layer 3 音频文件，是 MPEG-1 标准中的声音部分，也称 MPEG 音频层。音频文件根据压缩质量和编码复杂程度划分为三层，即 Layer1、Layer2、Layer3，分别对应 MP1、MP2、MP3 这三种声音文件。根据用途不同，可使用不同层次的 MPEG 音频编码，层次越高，则编码器越复杂，压缩率也越高。MP1 和 MP2 的压缩率分别为 4：1 和 6：1~8：1，而 MP3 的压缩率则高达 10：1~12：1。

2.4.5　图像的表示

1. 图像数字化

与音频信号相似，一个以自然形式存在的图像也需进行采样、量化、编码，从而形成数字化图像，如图 2.20 所示。

图 2.20　图像数字化过程

1) 采样

图像的采样是将二维空间上连续的图像在水平和垂直方向上等间距分割成若干个微小方格，这些微小方格称为像素(Pixel)点。一幅图像的尺寸可用像素点的数目，即水平像素点数×垂直像素点数进行衡量，一幅图像的像素越多，图像的精度越高。因此，像素总量是衡量采样结果质量的手段之一。

2) 量化

量化是在图像离散化后，将表示图像色彩浓淡的连续变化值化为整数值的过程。量化的色彩值(或亮度值)所需的二进制位数称为量化字长，一般可用 8 位、16 位、24 位或更高的量化字长表示图像的颜色，量化字长越大，越能真实反映原有图像的颜色，但数字图像的容量也增大。

3) 编码

将量化的二进制图像信息通过编码压缩其数据量，以方便图像存储和传输。

2. 数字图像的影响因素

影响数字图像的因素包含以下几点：

(1) 图像分辨率。图像分辨率是指单位尺寸内包含像素点的数量，单位为 dpi(点/英寸)，即每英寸多少像素，用"列数×行数"表示。分辨率越高，组成一幅图的像素越多，图像越清晰，存储量也越大，如图 2.21 所示。

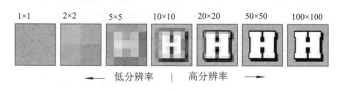

图 2.21　图像分辨率

(2) 颜色深度。量化时图像色彩浓淡所对应的离散值的个数称为量化级数，也称为颜色深度或位深。颜色深度决定图像的每个像素可能拥有的颜色数量或灰度级数量。按照颜色深度，图像可分为黑白图像、灰度图像以及彩色图像三种基本类型。

① 黑白图像。黑白图像亦称二值图像，由 0、1 两个值表示纯黑、纯白两种情况，其颜色深度为 1。二值图像通常用于文字、线条图的扫描识别(Optical Character Recognition，OCR)和图像掩模(Image Masking)的存储。

② 灰度图像。如果一幅图像不是由纯黑、纯白像素组成，可增加二进制的位数表示灰度。如果每个像素点占一个字节，其颜色深度为 8，灰度值级数为 256 级，每个像素可以是 0～255 之间的任何一个值，通常"0"表示纯黑色，"255"表示纯白色，中间的数字从小到大表示由黑到白的过渡色，因此，通过调整黑白两色的程度，即颜色灰度来有效地显示灰度图像，如图 2.22 所示。

③ 彩色图像。在 RGB 编码中，R、G、B 三个字母分别代表了红色(Red)、绿色(Green)、蓝色(Blue)三个基色。当显示彩色图像时，由红、绿、蓝三基色通过不同的强度混合而成。例如，RGB 24 位真彩色，其颜色深度为 24，每个像素点占 3 个字节 24 位，就构成了 2^{24} = 16 777 216 种颜色的"真彩色"图像，如图 2.23 所示。

图 2.22　灰度图像

红色: R=255,G=0,B=0
绿色: R=0,G=255,B=0
蓝色: R=0,G=0,B=255
白色: R=255,G=255,B=255
黑色: R=0,G=0,B=0

图 2.23　"真彩色"图像

一个像素的位数越多，颜色深度越深，表达的颜色数目就越多，所占用的存储空间越大。相反，如果颜色深度太小，图像让人觉得粗糙和很不自然。图 2.24 表示不同颜色深度的差异，当颜色深度越高，图像的明暗过渡得更自然。

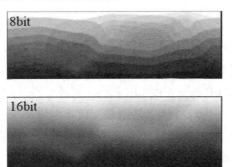

(a) 灰度图不同颜色深度表示　　　　　(b) 彩色图不同颜色深度表示

图 2.24　不同颜色深度的差异

图像的分辨率和颜色深度决定了图像文件的大小，计算公式为

$$列数 \times 行数 \times 颜色深度 \div 8 = 图像字节数$$

【例 2-33】表示一个分辨率为 1920×1280 的"24 位真彩色"图像需要多少 MB？

解

$1920 \times 1280 \times 24 \div 8 \div 1024 \div 1024 \approx 8$ MB

由此可见，数字化后的图像数据量巨大，必须采用相应的编码技术压缩信息，这成为图像传输与存储的关键。

3. 位图与矢量图

随着信息技术的发展，越来越多的图形图像信息要求用计算机进行存储和处理。计算机中图形图像有位图编码和矢量编码两种编码方式，如图 2.25 所示。虽然两种生成图像的方法不同，但在显示器上显示的结果几乎是一样的。

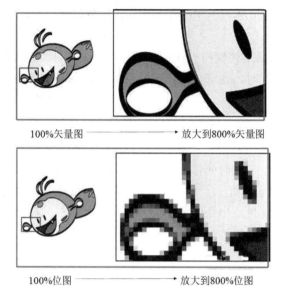

100%矢量图 —————————→ 放大到800%矢量图

100%位图 —————————→ 放大到800%位图

图 2.25　图形编码方式

1）位图

位图由多个像素点组成，每个像素用若干个二进制位来指定该像素的颜色、亮度和属性。因此，一幅图由许多描述每个像素的数据组成。位图文件占据的存储器空间比较大。影响位图文件大小的因素主要有两个，即前面介绍的图像分辨率和像素深度。像素深度越深，表达单个像素的颜色和亮度的位数越多，图像文件就越大，但过度放大图像会使图像变得模糊。

2）矢量图

矢量图是用直线或曲线描述图形，矢量图以几何图形居多。这种方法实际上是用数学方法，即若干个数学表达式描述一幅图，将矢量图放大时，不会失真。矢量图大小主要取决于图的复杂程度。然而，当图像变得很复杂时，计算机需要花费很长时间执行绘图指令。此外，对于一幅复杂的彩色照片，很难用数学方法描述时，采用位图法表示更便捷。

4. 图像格式文件

图像格式文件主要包括以下四种。

1）BMP 格式文件

BMP 格式文件在 Windows 系统下使用且与设备无关的位图格式文件。BMP 格式文件由文件头、位图信息数据块和图像数据组成，并采用行程长度编码的无损压缩方式，对图像质量不会产生影响。

2）GIF 格式文件

GIF 格式文件是在 Internet 上使用的重要文件格式之一，文件最大不超过 64 KB，图像色彩限定在 256 色以内，压缩度比较高。

3) JPEG 格式文件(.JPG)

JPEG 格式文件是印刷和网络媒体上应用最广的压缩文件格式，由于文件格式采用了有损压缩方法，故 JPEG 格式会损失一些有关原图的数据。

4) PNG 格式文件

PNG 格式文件是为网络传输而设计的一种位图格式文件，该格式文件采用无损压缩方式，在保留清晰细节的同时，也高效地压缩实色区域，并且支持透明背景和消除锯齿边缘的功能。

2.4.6　视频的表示

人眼具有"视觉暂留"的时间特性，当影像显示结束后，人眼对光像的主观感觉会持续 0.1~0.4 s。利用"视觉暂留"这一现象，将一幅幅独立图像组成的序列按照一定的速率连续播放，则在人的眼前呈现出连续运动的效果。因此，视频在某种程度上可看作是一组连续随时间变化的图像。

1. 相关概念

1) 帧

视频中的每幅图像称为帧(Frame)，相当于电影胶片上的每一格镜头。帧是影像动画中最小的单位，连续的帧就形成动画。

2) 帧率

每秒出现的帧数称为帧率(Frame Rate)，以 fps(Frames Per Second)为单位度量。帧率越高，每秒用来显示系列图像的帧数就越多，图像运动更流畅。在电视制式中，PAL(Phase Alteration Line)制式的帧率为 25 帧/s，NTSC(National Television Standards Committee)制式的帧率为 30 帧/s。

3) 分辨率

分辨率是用来反映视频中每一帧图像的像素密度，是视频质量的重要指标之一。例如，分辨率为 1920 × 1080，图像的水平方向上每行有 1920 个像素，垂直方向上每列有 1080 个像素。分辨率越高，构成图像的像素越多，包含的图像信息越丰富，图像越清晰。

视频容量大小计算公式为

$$容量(字节) = 列数 \times 行数 \times 像素的颜色深度/8 \times 帧/s$$

2. 视频格式文件

视频格式文件主要有以下几种：

(1) AVI(Audio-Video Interleaved)文件。AVI 文件将视频与音频信息交错地保存在一个文件中，较好地解决了音频与视频的同步问题。AVI 文件已成为 Windows 视频标准格式文件，其图像质量好，可以跨平台使用。

(2) MPEG 文件。MPEG 文件格式是运动图像压缩算法的国际标准，它采用了有损压缩方法减少运动图像中的冗余信息。目前 MPEG 格式有三个压缩标准，分别是 MPEG-1、MPEG-2 和 MPEG-4，其中 MPEG-4 是为了播放流式媒体的高质量视频而专门设计的，它可利用很窄的带度，通过帧重建技术，压缩和传输数据，以求使用最少的数据获得最佳的图像质量。

(3) FLV 文件。FLV 是当前视频文件的主流格式，目前在线视频网站均采用该格式。

(4) WMV 文件。WMV 文件是微软推出的一种采用独立编码方式并且可以直接在网上实时观看视频节目的流媒体格式。

2.5 图灵机模型

2.5.1 数学危机

1. 第一次数学危机

公元前 500 年，毕达哥拉斯学派认为数是万物的本源。万物之所以能和谐存在，源于万物的性质是按照一定的数量比例构成的，故一切数均可表示成整数或整数之比(整数和分数)。在这个完美的信仰之下，毕达哥拉斯证明毕达哥拉斯定理，即勾股定理。但是，毕达哥拉斯在证明的过程中，也发现"某些直角三角形的三边之比不能用整数表达"。例如，当一个正方形的边长是 1 的时候，其对角线 "$\sqrt{2}$" 是整数还是分数？由于当时没有无理数的概念，毕达哥拉斯和他的门徒费了九牛二虎之力，也不知道这个表示对角线长度的数究竟是什么数。由于种种原因，毕达哥拉斯没有公布所发现的问题。

毕达哥拉斯的学生希帕索斯(Hippasus)也发现了这个问题，并将这个发现公之于众，称为"希帕索斯悖论"。希帕索斯因此被认为背叛了老师，背叛了自己的学派，毕达哥拉斯学派按照规矩要活埋希帕索斯，希帕索斯听到风声逃跑了。希帕索斯在国外流浪几年后，由于思念家乡，他偷偷地返回希腊。不幸的是，毕达哥拉斯的忠实门徒在地中海的一条海船上发现了希帕索斯，他们残忍地将希帕索斯扔进地中海。然而，数学危机由此开始。

二百年后，欧多克索斯借助几何学的方法，建立了一套完整的比例论，巧妙避开了无理数，使得数学危机得以缓解。19 世纪下半叶，实数理论的建立彻底搞清无理数的本质，并确定其合法地位。第一次数学危机得以圆满解决。

2. 第二次数学危机

17 世纪，牛顿和莱布尼兹先后独立发现微积分。微积分的问世使得解决许多疑难问题变得易如反掌。但是，微积分理论的创立还不严格，对无穷小量的理解和运用也是混乱不清的。因此，微积分从诞生时起就遭到了一些人的反对，贝克莱就是反对者之一。例如，计算 x^2 的导数，用微积分的方法必须先为 x 设置一个不为 0 的增量 Δx，由 $(x + \Delta x)^2 - x^2$ 得到 $2x\Delta x + (\Delta x^2)$，然后再被 Δx 除，得到 $2x + \Delta x$，最后令 $\Delta x = 0$，于是求得导数为 $2x$，x^2 的求导过程如图 2.26 所示。

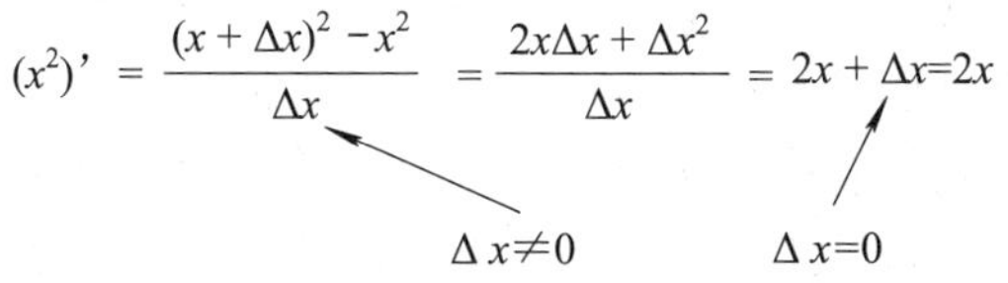

$$(x^2)' = \frac{(x + \Delta x)^2 - x^2}{\Delta x} = \frac{2x\Delta x + \Delta x^2}{\Delta x} = 2x + \Delta x = 2x$$

$$\Delta x \neq 0 \qquad \Delta x = 0$$

图 2.26 x^2 的求导过程

从图 2.26 看到，Δx 在作为分母时不为零，但是在最后的公式中又等于零。正因为无穷小量在最初的微积分理论中一会说是 0，一会说不是 0，所以贝克莱嘲笑无穷小量是"已死量的幽灵"，依靠双重错误得到了不科学但却正确的结果，"无穷小量是否为 0"在数学史上称之为"贝克莱悖论"。

微积分一方面在实际应用中大获全胜，另一方面却又存在着逻辑矛盾。数学家们曾经试图完善理论来解决这个逻辑矛盾，不仅没有获得成功，还引发了当时数学界的混乱。直到微积分发明 100 多年后，法国数学家柯西用极限定义了无穷小量，才彻底解决了这个问题。

3. 第三次数学危机

数学家总有一个梦想：试图建立一些基本的公理，利用严格的数理逻辑，推导和证明数学的所有定理，这导致集合论的诞生。19 世纪下半叶，康托尔创立著名的集合论。正如法国数学家庞加莱在国际数学家大会上谈到"借助集合论概念，我们可以建造整个数学大厦，今天，我们可以说绝对的严格性已经达到了"。

然而，伯特兰·罗素(Bertrand Russell，1872—1970)于 1901 年提出一个悖论，这就是著名的"罗素悖论"。"罗素悖论"指出 S 由一切不是自身元素的集合所组成，那么 S 是否属于 S？"罗素悖论"可以用一个理发师问题进行描述，有一位理发师说："他只给所有不给自己理发的人理发，不给那些给自己理发的人理发。"那么他要不要给自己理发？如果他给自己理发，那么他就属于那些给自己理发的人，因此他不能给自己理发。如果他不给自己理发，那么他就属于那些不给自己理发的人，因此他就应该给自己理发。

数学家们辛辛苦苦建立的数学大厦，最后发现基础居然存在缺陷。德国数学家弗雷格由此谈道：一位科学家不会碰到比这更难堪的事情了，在他的工作即将结束时，其基础崩溃。罗素先生的一封信正好把我置于这个境地。"罗素悖论"引发第三次数学危机，促使数学家们纷纷提出自己的解决方案，直到 1908 年，第一个公理化集合论体系的建立，才弥补了集合论的缺陷。

虽然三次数学危机都已经得到解决，但是对数学史的影响是非常深刻的，数学家试图建立严格的数学系统，但是无论多么小心，都会存在缺陷。

4. 哥德尔不完备性定理

1931 年，哥德尔(Kurt Godel)成功证明：任何一个数学系统，只要它是从有限的公理和基本概念中推导出来的，并且从中能推证出自然数系统，就可以在其中找到一个命题，对于它，我们既没有办法证明，又没有办法推翻。

定理一　任意一个包含初等数论的数学系统，都不可能同时拥有完备性和一致性，即存在一个命题，它在这个系统中不能被证明为真，也不能被证明为假。

定理二　任意一个包含初等数论的数学系统，如果它是一致的(不矛盾的)，则它的一致性不可能在系统内证明。也就是说初等数论是否存在悖论，不能仅依靠这一体系进行解决。

哥德尔不完备性定理表明真与可证是两个不同的事情，可证的断言一定是真的，但真的断言不一定可证；悖论是固有的，想要保证一个系统中没有悖论，仅在系统内部是解决不了的。哥德尔不完备性定理结束了关于数学基础的争论，宣告了把数学彻底形式化的愿望是不可能实现的。

2.5.2 图灵机

三次数学危机到哥德尔不完备性定理,产生了可计算与不可计算的边界问题,即哪些问题可以被证明(计算)。对于可计算问题,设函数 f 的定义域是 D,值域是 R,如果存在一种算法,对 D 中的任意给定 x,都能计算出 $f(x)$ 的值,则称函数 f 是可计算的,也就是说在可以预先确定的时间和步骤之内能够具体进行的计算。数学家为此给出了研究思路:为计算建立数学模型,称为计算模型,然后证明凡是这个计算模型能够完成的任务,就是可计算的任务。这里的计算模型并不是指在其静态或动态数学描述的基础上建立求解某一问题的计算方法,而是指具有状态转移特征,能够对所处理对象的数据或信息进行表示、加工、变换、输出的数学机器。图灵针对这个问题提出了一个计算模型,这个模型就是图灵机(Turing Machine),图灵机实物模型如图 2.27(a)所示。

(a) 图灵机实物模型

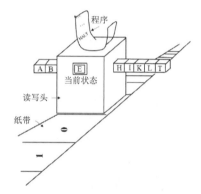

(b) 图灵机构成

图 2.27 图灵机

1. 图灵机构成

图灵机不是一台具体的机器,而是一种理论模型,是一台抽象的机器,被用来模拟人类用纸笔进行数学计算的过程。该机器由四个部分组成,如图 2.27(b)所示。

(1) 一条无限长的纸带(Tape),亦称存储带。纸带被划分为若干小格子,每个格子存储一个数字或符号。尽管纸带无限长,但存储在纸带方格里的符号是一个有穷的符号表。

(2) 一个读写头(Head)。读写头在纸带上左右移动,能对所指定的格子上的符号或数字进行读取或修改。

(3) 一套控制规则(Table),亦称控制程序指令。程序控制指令根据当前状态以及当前读写头所指的格子上的符号来确定读写头下一步的动作(左移还是右移),并改变状态寄存器的值,令机器进入一个新的状态或保持状态不变。

(4) 一个状态寄存器。该寄存器可以记录图灵机的当前状态,并且有一种特殊状态为停机状态。

2. 图灵机的运行机制

首先,图灵机将存储带上的符号初始化,状态寄存器设置好自身当前状态,读写头置于起始位置,准备好一套控制规则。

例如,在无限长的纸带上由符号 $\{1, b\}$ 组成,其中 b 代表空格。控制器状态集合为 $\{q_1,$

q_2，q_3}。{R，L，H}表示读写头移动的方向，其中 R 表示左移，L 表示右移，H 表示停止不动。一套控制规则含有 6 条程序语句，格式是一致的，例如{q_1 1 1 R q_1}，第一个元素表示读写头的当前状态，第二个元素表示当前读入的符号，第三个元素表示当前应写入的符号，第四个元素 R 表示读写头的动作，第五个元素表示机器应转入的状态，其初始状态如图 2.28 所示。

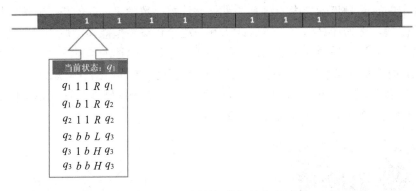

图 2.28　图灵机的初始状态

然后，启动图灵机，反复执行如下步骤，直至停机。

(1) 读写头读出存储带上当前方格中的字母/数字。

(2) 根据图灵机自身当前状态和所读到的字符，找到相应的程序语句。

(3) 根据相应程序语句，做三个动作：

① 在当前存储带方格上写入一个相应的字母/数字。

② 变更自身状态至新状态。

③ 读写头向左或向右移一步。

根据上述执行步骤，图 2.28 所示的初始状态转变为图 2.29 所示的状态。此时，当前存储带上保留计算结果。因此，对于一个问题的输入 A，如果能找到一个图灵机，得到对应符号序列 B，则 A 到 B 是可计算的，否则问题是不可计算的。

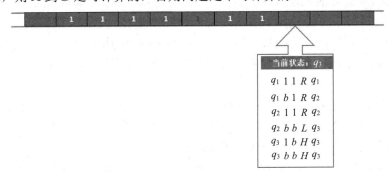

图 2.29　图灵机的运行结果

图灵机把人在计算时所做的工作分解成简单的动作，把人的工作机械化，并用形式化方法成功表述计算的本质，证明任意复杂的计算机都能通过一个个简单的操作完成。图灵机的出现为现代计算机的诞生奠定了理论基础。实践证明，图灵机不能解决的计算问题，实际计算机也不能解决；图灵机能够解决的计算问题，实际计算机才有可能解决。

小 结

在现代计算机中，数值信息和非数值信息都可以用 0 和 1 表示，并采用二进制进行算术运算、逻辑运算和存储。逻辑运算可以通过逻辑电路(以加法器为例)来实现。图灵机通过机器模拟人们用纸笔进行运算的过程，证明计算理论上的可行性。

逻辑思维是以布尔逻辑和图灵机为基础，对问题建模，或者说对解决该问题的计算过程建模，定义并验证求解方法的正确性。

习 题

1. 将二进制数 1101.011B 转换为十进制数。

2. 将十进制数 13.25D 转换为二进制数。

3. 将十六进制数 1AH 转换为十进制数。

4. 将二进制数 10111011.0110001011B 转换为八进制数。

5. 将八进制数 135.361O 转换为二进制数。

6. 将十六进制数 586H 转换为二进制数。

7. 将八进制数 351.74O 转换为十六进制数。

8. 设机器的定点数长度为两个字节，用定点数表示 313D。

9. 若用 8 位表示一个二进制数，其中最高位为符号位，其余 7 位为数值位，则 $(+15)_{10}$ 的原码、反码和补码如何表示？$(-18)_{10}$ 的原码、反码和补码如何表示？

10. 将十进制数 10.89D 转换为 8421BCD 码。

11. 将 8421BCD 码 $(0111\ 0110.\ 1000\ 0001)_{BCD}$ 转换为十进制数。

12. 下面的消息是使用 ASCII 编码的，每个字符 1 字节，并用十六进制记数法表示出来，则这条消息的内容是什么？

0x49006C6F7665004368696E612E

13. 下面是用 ASCII 编码的消息，则这条消息的内容是什么？

01010111　01100101　01100001　01110010　01100101　01000011　01101000　01101001
01101110 01100101 01110011 01100101

14. 存储 16×16 的汉字点阵需要多少字节？

15. 假设一个数码相机的存储容量是 256 MB。如果一张照片每行每列都有 1024 像素，而且每个像素需要 3 字节的存储空间，那么这个数码相机可以存储多少张这样的照片？

16. 如果用 ASCII 码存储一本 400 页、每页 3500 个字符的小说，则需要多少字节的存储空间？

17. 图 2.30 所示电路分别做的是什么布尔运算？

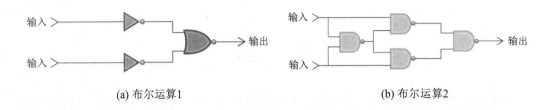

(a) 布尔运算1　　　　　　　　　　　　　　(b) 布尔运算2

图 2.30　逻辑电路图

18. A、B 两人商量同去旅游之事。要使她们同去，必须两人都同意。这显然是一个与逻辑关系。假定 A、B 两人同意去旅游为 1，不同意去旅游为 0；一起去旅游的结果 Y 为 1，未能一起成行的结果 Y 为 0，则可用逻辑关系式 Y = A·B 表示，如果 A 是一个旅游爱好者写出这个关系式的化简式。

19. 在图灵机中，令 b 表示空格，q_1 表示机器的初始状态，q_4 表示机器的结束状态，设带子上的输入信息是 10100010，读入头对准最右边第一个为 0 的方格，状态为初始状态 q_1。写出执行以下规则后的计算结果，并给出计算过程。

规则如下(规则输入从第一列开始)：

$$q_1\,0\,1\,L\,q_2 \qquad q_1\,1\,0\,L\,q_3 \qquad q_1\,b\,b\,N\,q_4$$
$$q_2\,0\,0\,L\,q_2 \qquad q_2\,1\,1\,L\,q_2 \qquad q_2\,b\,b\,N\,q_4$$
$$q_3\,0\,1\,L\,q_2 \qquad q_3\,1\,0\,L\,q_3 \qquad q_3\,b\,b\,N\,q_4$$

20. 在图灵机中，令 b 表示空格，q_1 表示机器的初始状态，q_4 表示机器的结束状态，如果带子上的输入信息是 10011001，读入头对准最右边第一个为 1 的方格，状态为初始状态 q_1。请写出执行以下规则后的计算结果(用二进制表示)，并给出计算过程。

规则如下(规则输入从第一列开始)：

$$q_1\,0\,1\,L\,q_2 \qquad q_1\,1\,1\,L\,q_3 \qquad q_1\,b\,b\,N\,q_4$$
$$q_2\,0\,1\,L\,q_2 \qquad q_2\,1\,1\,L\,q_3 \qquad q_2\,b\,b\,N\,q_4$$
$$q_3\,0\,1\,L\,q_2 \qquad q_3\,1\,1\,L\,q_3 \qquad q_3\,b\,b\,N\,q_4$$

21. 如何判定十进制的整数是 2 或 3 的倍数？二进制数又如何判定？

22. 假定下面位串是用二进制补码表示的，执行下面这些加法运算。指出哪一个加法的答案由于溢出而不正确。

　　　　a. 00101 + 01000　　　b. 11111 + 00001
　　　　c. 01111 + 00001　　　d. 10111 + 11010
　　　　e. 11111 + 11111　　　f. 00111 + 01100

23. 某公司想为每个员工分配一个唯一的二进制位 ID 以便计算机管理。如果有 500 位员工，则最少需要多少位来表示？如果又增加了 200 名员工，则是否需要调整位数？如果需要调整，则应该调整到多少位合适？解释你的答案。

24. 将本章 2.1 节实例 2.1 修改为小白鼠喝了有毒的水后 6 小时就会死亡，则需要多少只小白鼠？

25. 汉字编码需要输入码、机内码和字形码，英文字符编码也需要输入码和字形码吗？

第3章 数据思维

随着信息化社会的发展，数据存储、使用及管理的方法和技术手段也不断发展进步，数据越来越受到重视，人们不断研究数据，挖掘数据背后所蕴含的价值，人们的思维也在不断发生变化。数据思维成为一种重要的思维方式。本章主要从数据思维的角度介绍数据的组织结构、数据的管理以及数据的价值等内容。

本章学习目标

(1) 理解数据以及数据结构的内涵。
(2) 理解和掌握数据的逻辑结构和存储结构。
(2) 熟悉数据库系统的基本组成。
(3) 理解和掌握数据模型。
(4) 了解数据的价值。

3.1 数据思维下的实例

【实例 3.1】啤酒与尿布。在沃尔玛的超市中，啤酒与尿布这两种风马牛不相及的商品赫然摆在一起，在当时有人认为这是超市的一种错误的举动，会降低啤酒的销量。然而，令人意想不到的是啤酒与尿布的销量都大幅增加。

原来沃尔玛的工作人员在统计产品的销售信息时，发现一个奇怪的现象，即和尿布同时购买最多的商品是啤酒。为了搞清楚其中的原因，沃尔玛对此进行了调查和走访。沃尔玛了解到，在美国有孩子的家庭中，妻子会经常嘱咐丈夫下班后去超市给孩子买尿布，而丈夫们在购买尿布的同时，会顺手购买自己喜欢喝的啤酒。沃尔玛了解其背后的原因后，打破常规，尝试将啤酒和尿布摆在一起，进而导致啤酒和尿布的销量双双激增，为公司带来了巨大的利润。

【实例 3.2】打通政府数据，让群众最多跑一次。近年来，政府通过数据整合、开放共享，为群众提供个性化、高效便捷的服务。"让数据多跑路"、群众"最多跑一次"的理念很好地诠释了政府在数字化转型过程中如何为群众提供优质的服务。

例如，浙江省在加快推进"互联网+政务服务"实践过程中较好地践行了这一理念。在为社会参保单位办理参保登记时，以前办理参保要提交6份材料，现在只需交单位社会保险登记表这1份材料，其他的材料则通过数据共享获得。正因为数据共享，缩短了参保登记的办理时间，办理时间从原来的按天计算到现在的按分钟计算。在外省就读学生学籍转入方面，浙江省打通教育部门数据跟公安部的人口库数据，按秒核验学生身份信息以及所有学籍信息，缩减了转学时间，避免了学生家长在转出地和转入地之间来回奔波。

由此可见，人类研究和解决问题的思维方式正在朝着"以数据为中心"的方式转变。那么，数据在计算中是如何组织和存储的？

3.2　数据的组织

3.2.1　数据结构

1. 数据的内涵

数据和信息是两个不同的概念。数据是描述客观事物状态特征的可识别的符号，其本身不具备任何意义。信息是指对现实世界事物的存在方式或运动状态的反映，或者说是对客观事物的反映。信息是数据的内涵，是数据的语义解释。数据是信息的载体，是信息的量化表示。数据可以采用多种形式表达同一信息，如声音数据、图形数据、视频数据等。

例如，某大学计算机系入学新生张三的基本信息如图3.1所示。张三的身高、体重、性别、入学总分和学号都是与张三相关的个人数据。注意，虽然数据经常以数字的形式呈现，但并不能简单地将数据理解成数字。

身高:163cm
体重:**50kg**
性别: 0(0表示女，1表示男)
入学总分: 620
学号: 20190605003

图3.1　大学入学新生张三个人信息

如果把张三的个人数据堆放在一起，形成一串很长的数字而没有结构约束，那么这串数字是无法让人理解的，如图3.2(a)所示。但如果按照身高、体重、性别、入学总分和学号的顺序对这串数字进行结构划分，这串数字的意义就很容易被理解了，如图3.2(b)所示。

163500620020190605003	163|50|0|620|20190605003
(a) 没有结构的数据	(b) 有结构的数据

图3.2　没有结构的数据和有结构的数据

　　由此可见，数据是构成信息的基本单位，但一堆杂乱无章的数据是无法被理解和使用的，几乎没有任何实用价值。只有对数据定义出适当的结构，才能方便人们理解和使用。因此，数据是由数据元素构成的，在计算机中数据元素通常作为整体处理。数据元素是由若干数据项构成的，如上例中张三的身高、体重、性别、入学总分和学号就是数据项。

　　通常，具有规范结构的数据被称为"结构化数据"。类似图片、视频、声音文件所包含的没有规范结构的数据被称为"非结构化数据"。类似网页文件(如 HTML 文件)这种具有一定结构但又不是完全规范化的数据，被称为"半结构化数据"。结构化数据、非结构化数据和半结构化数据的关系如表 3.1 所示。

表 3.1　结构化数据、非结构化数据和半结构化数据的比较

比较内容	定　　义	结构与内容的关系	示　　例
结构化数据	具有规范结构的数据	先有结构，再有数据	各类表格
非结构化数据	没有规范结构的数据	只有数据，无结构	图片、视频、声音文件
半结构化数据	有一定结构但又不是完全规范化的数据	先有数据，再有结构	HTML 文件

2. 数据的逻辑结构

　　在任何问题中，数据元素之间不是孤立的，它们之间存在相互关系，即数据元素依据某种逻辑联系组织起来，对数据元素间逻辑关系的描述称为数据的逻辑结构。数据的逻辑结构描述了数据元素之间概念性的、抽象化的关联，是对要处理的现实世界事物对象的本质刻画。数据的逻辑结构如图 3.3 所示。

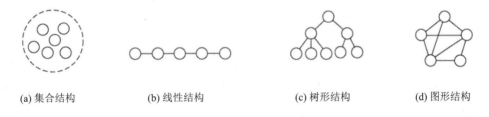

　　(a) 集合结构　　　　　(b) 线性结构　　　　　(c) 树形结构　　　　　(d) 图形结构

图 3.3　数据的逻辑结构

　　(1) 集合结构。在集合结构中，数据元素之间的关系是"属于同一个集合"。例如，一个班级里身高超过 170 cm 的同学构成一个集合。

　　(2) 线性结构。在线性结构中，数据元素间存在一对一的关系。例如，在食堂排队买饭的同学队列。

　　(3) 树形结构。在树形结构中，数据元素间存在一对多的关系。例如，公司的人事组织架构关系。

　　(4) 图形结构。在图形结构中，数据元素间存在多对多的关系。例如，社交网络中的好友关系等。

　　因此，数据的逻辑结构可以看作是从具体问题抽象出来的数学模型，独立于计算机，且与数据的存储无关。

3. 数据的存储结构

当计算机操作和使用数据时，数据需要按照合理的方式被组织和存储到计算机的内存中。内存中放置数据的最基本单位为存储单元。为了便于管理，存储单元都会被标记一个唯一的编号，即存储单元的地址。存储单元的编号(地址)的取值范围称为地址空间。

数据的存储结构是指数据的逻辑结构在计算机中的存储形式，是逻辑结构的存储映像。根据计算机内存地址结构的特点，数据在内存中有两种存放形态：一是存放数据的内存单元地址是相邻的，二是存放数据的内存单元地址不相邻。因此，当数据元素存放在地址连续的存储单元中，其数据之间的逻辑关系和存储关系是一致的，这样的存储结构称为顺序存储结构。当数据元素存放在任意的存储单元中，这组存储单元可以是连续的或不连续的，数据元素的存储关系并不能反映其逻辑关系，通常使用地址指针来表示数据与数据之间的关系，这种存储结构称为链式存储结构。此外，数据的存储结构还有索引存储结构和散列(Hash)存储结构，这两种存储结构并不是一种"全新"的存储结构，而是在前两种存储结构的基础上扩展定义出的存储结构。

4. 数据结构的定义

数据是计算机处理符号的总称，数据是由数据元素构成的，数据元素之间存在关系，需要根据内存的特点选择适当的方式进行数据的存储，由此，数据结构 DS 可用一个三元组描述为

$$DS = (E, R, M)$$

其中，E 表示数据元素的集合，R 表示数据元素之间关系的集合，M 表示存储数据元素的存储单元的集合。

数据结构反映了数据的逻辑结构和数据的存储结构。数据结构主要研究数据的逻辑结构、数据的存储结构以及对数据的操作(或算法)三个方面的内容。

3.2.2　线性结构

线性结构描述的数据元素之间是一对一的关系，其基本特点是除第一个元素没有直接前驱，最后一个元素没有直接后继之外，其他每个数据元素都有一个直接前驱和一个直接后继。线性结构包括线性表、栈、队列等，其中线性表是最基本的线性结构。

1. 线性表

1) 线性表的定义

线性表(Linear List)是由 $n(n \geq 0)$ 个相同类型的数据元素构成的有限序列，其逻辑结构记为

$$L = (a_1, a_2, \cdots, a_{i-1}, a_i, a_{i+1}, \cdots, a_n)$$

其中：L 是线性表的名称；a_i 表示组成该线性表中的第 i 个数据元素，a_{i-1} 称为 a_i 的直接前趋，a_{i+1} 称为 a_i 的直接后继；第一个元素 a_1 称为表头元素，它没有直接前趋；最后一个元素 a_n 称为表尾元素，它没有直接后继；n 表示线性表中数据元素的个数，称为线性表的长度，当 $n=0$ 时，线性表的数据元素个数为 0，称为空表。

由线性表的定义可知，线性表中的数据元素可以是基本数据类型，如 int、char 等，也

可以是复杂结构类型，但每个线性表中的数据元素类型必须相同。线性表中数据元素之间的关系是线性关系，体现在表中相邻元素之间的顺序关系上。

2) 线性表的顺序存储

线性表的顺序存储结构是指用一组地址连续的内存单元依次存储线性表中的各个数据元素，数据元素之间逻辑上的相邻关系通过物理存储的连续性体现，用这种存储形式存储的线性表亦称为顺序表(Sequence List)。

例如，对于线性表 $L = (a_1, a_2, \cdots, a_{i-1}, a_i, a_{i+1}, \cdots, a_n)$，由于所有数据元素 a_i 的类型相同，因此每个元素占用的存储空间的大小是相同的。假设每个数据元素占 d 个存储单元，第一个数据元素的存放地址(基地址)是 s，则该线性表的顺序存储结构如图 3.4 所示。由此可见，便于处理顺序表的有效方法是利用数组存放数据元素，不用为表示数据元素间的逻辑关系而增加额外的存储开销，并可按序号随机存取顺序表中的数据元素。但是，这也意味着必须为可能用到的最大数组保留足够的空间，势必会造成空间浪费。同时，线性表在执行插入、删除操作时，需要通过移动数据元素来实现，运行效率受到影响。

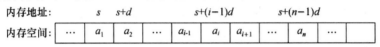

图 3.4　线性表的顺序存储结构

【例 3-1】设顺序表为 $(a_1, a_2, \cdots, a_{i-1}, a_i, a_{i+1}, \cdots, a_n)$，在第 i 个位置插入数据元素 x 后，顺序表变为表长为 $n+1$ 的线性表 $(a_1, a_2, \cdots, a_{i-1}, x, a_i, a_{i+1}, \cdots, a_n)$，请写出对应的算法。

解　由于顺序表中数据元素之间的逻辑顺序和物理顺序一致，为保证插入数据元素后的相对关系，必须先将位置为 $i, i+1, \cdots, n$ 的元素依次后移一个位置，如图 3.5 所示。

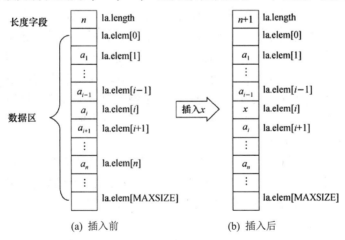

(a) 插入前　　　　　　　　　(b) 插入后

图 3.5　线性表插入操作在内存空间的表示

插入操作具体的描述如下：

(1) 检查插入位置是否合法，如果合法，则继续，否则退出。

(2) 判断表是否已占满，因为可能存在所分配存储空间全部被使用的情况，此时也不能实现插入。

(3) 若前述检查通过，则数据元素依次向后移动一个位置；为避免覆盖原数据，应从最后一个数据元素依次移动。

(4) 新数据元素放到恰当位置。

(5) 表长加 1。

3) 线性表的链式存储

线性表的链式存储是指用一组任意的存储单元连续或不连续存储线性表中的数据元素。数据元素在存储空间中表示时通常称为节点。

由于逻辑上相邻的两个数据元素在物理上可能不相邻，其逻辑关系是通过"链"建立起来的，即每个节点不仅要存放数据元素本身，还需要存放指向其他元素的指针。因此，对线性表的插入、删除等操作不需要通过移动数据元素来实现，只需要修改"链"即可。通常，采用链式存储结构的线性表称为链表。根据节点中指针数量的多少，链表可分为单链表、双向链表和多重链表。本书重点介绍单链表和双向链表，多重链表请参阅相关参考资料。

(1) 单链表。单链表中每个节点由两部分组成：数据域和指针域。数据域用于存放数据元素，指针域通常存放直接后继的地址，表示数据元素之间的关系，如图 3.6(a)所示。由于每个节点中只有一个指向直接后继的指针，因此称其为单链表。

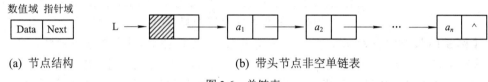

(a) 节点结构　　　　　　　　　(b) 带头节点非空单链表

图 3.6　单链表

非空单链表(a_1, a_2, …, a_n)如图 3.6(b)所示，图中"→"仅仅表示节点之间的逻辑顺序，并不是实际的存储位置。最后一个节点无后继节点，用"^"表示空。为了操作方便，可以在单链表的第一个节点之前附设一个头节点。头节点的数据域可以存储关于线性表长度的附加信息，也可以什么都不存储，头节点的指针域存储第一个节点的地址(或位置)，此时头指针就不再指向表中第一个节点而指向头节点。链表增加头节点的作用一是头指针始终指向头节点，便于空表和非空表的统一处理；二是便于第一个节点的处理。因为增加头节点后，第一节点的地址保存在头节点的指针域中，使得链表的第一个节点的操作与其他节点的操作相同，无须特殊处理。

例如，对于线性表("a""b""c""d""e""f""g")，假设每个字符占用 2 个字节，每个指针占用 2 个字节，存储器按照字节编址，则该单链表在计算机存储器中的一种可能情况如图 3.7 所示。节点在存储空间中的地址可以相邻，如节点 6 和节点 7；也可以不相邻，如其他节点。

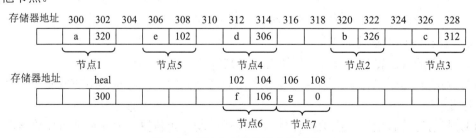

图 3.7　单链表在存储器中的映像

用 C 语言描述单链表类型如下：

```
typedef struce Node{
    ElementType data;
    struct Node *next;
}Node, *LinkList;   /*LinkList 为结构指针类型*/
```

【例 3-2】 采用单链表的方式在表(a_1, a_2, $\cdots$, a_{i-1}, a_i, a_{i+1}, $\cdots$, a_n)的第 i 个位置插入数据元素 x 后，使表变为(a_1, a_2, $\cdots$, a_{i-1}, x, a_i, a_{i+1}, $\cdots$, a_n)。

解 在单链表的第 i 个位置插入节点的基本思路为：在单链表中查找第 i 个节点的前驱第 i-1 个节点，并将指针 p 指向第 i-1 个节点，若第 i 个节点的前驱存在，则申请空间生成一个节点，然后将该节点插入；否则，操作结束。

在单链表的第 i 个位置插入值为 x 的节点的过程如图 3.8 所示。

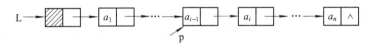

(a) 寻找第i-1个结点并由指针p指向它

(b) 申请新结点空间并赋值

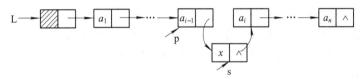

(c) 在单链表第i个结点入前插入一个节点

图 3.8 在单链表的第 i 个位置插入值为 x 的节点的过程

(2) 双向链表。在双向链表存储结构中，每个结点都有两个指针域：prior 和 next，其中 prior 指向其直接前驱，next 指向其直接后继，如图 3.9(a)所示。若线性表为空表，则 prior 和 next 为空，如图 3.9(b)所示。双向链表 L = (a_1, a_2, $\cdots$, a_n)的逻辑结构如图 3.9(c)所示。

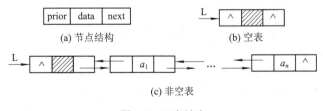

图 3.9 双向链表

2. 栈和队列

栈和队列的逻辑结构与线性表的相同，但栈和队列都是一种特殊的运算受限线性表。栈只能在栈顶进行数据的插入和删除操作，具有"后进先出"的特点，如图 3.10(a)所示。队列只能在队尾插入数据，在队头删除数据，具有"先进先出"的特点，如图 3.10(b)所示。

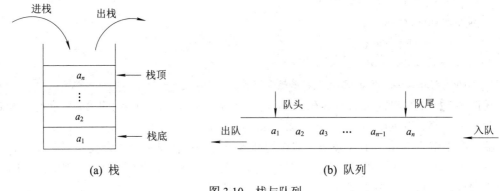

图 3.10　栈与队列

3.2.3　树形结构

客观世界中许多事物存在树形关系，如人类社会家谱、社会组织结构、磁盘文件管理等。树形结构是一对多的关系，即一个节点可以有多个后继节点。

1. 树的定义

树是指 $n(n\geqslant 0)$ 个节点构成的有限集合 T，当 $n=0$ 时，称为空树；当 $n>0$ 时，称为非空树，且满足如下条件：

(1) 树有一个称为根(Root)的节点，即根节点，该节点没有直接前驱，但有零个或多个直接后继。

(2) 除根节点之外的其余 $n-1$ 个节点可以划分成 $m(m\geqslant 0)$ 个互不相交的有限集 T_1，T_2，T_3，...，T_m，其中子集 T_i 又是一棵树，称为根节点的子树。

2. 树形结构常用术语

树形结构有以下常用术语。

(1) 度。一个节点的子树个数称为此节点的度，树中所有节点的度的最大值称为树的度。

(2) 树的高度。树中的节点有层次之分，从根节点开始定义，根节点的层次为 1，根的直接后继的层次为 2，依次类推，树中所有节点的层次的最大值称为树的高度，亦称深度。

(3) 叶子节点和分支节点。根据节点的度，树中的节点可以分为两类，一类是度为 0 的节点，称为叶子节点或终端节点；一类是度不为 0 的节点，称为分支节点或非终端节点。

(4) 双亲节点、孩子节点和兄弟节点。一个节点的直接前驱称为该节点的双亲节点。一个节点的直接后继称为该节点的孩子节点。同一双亲节点的孩子节点之间互为兄弟节点。

(5) 祖先节点和子孙节点。从根节点到某一个节点的路径上的所有节点称为该节点的祖先节点，以某节点为根的子树中的任一节点都称为该节点的子孙节点。

【例 3-3】列出图 3.11 所示的树形结构中的根节点以及根节点的度、树的度以及高度。哪些是叶子节点？哪些是分支节点？哪个节点是节点 B 的双亲节点以及孩子节点？哪些节点是兄弟节点？节点 L 的祖先节点包含哪些节点？节点 D 的子孙节点包含哪些节点？

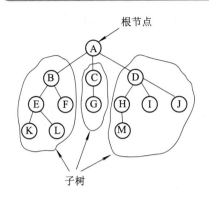

图 3.11　树形结构

解　(1) 图 3.11 所示的树形结构中的根节点为节点 A。由于节点 A 有三棵子树，故节点 A 的度为 3。

(2) 根据树的度和高度的定义，树的度为 3，树的高度为 4。

(3) 叶子节点：节点 K、L、F、G、M、I、J。

(4) 分支节点：节点 A、B、C、D、E、H。

(5) 节点 B 的双亲节点为 A，节点 B 的孩子节点为 E、F。

(6) 节点 B、C、D 互为兄弟节点，节点 H、I、J 互为兄弟节点，节点 E、F 互为兄弟节点，节点 K、L 互为兄弟节点。

(7) 节点 L 的祖先节点包括节点 A、B、E，节点 D 的子孙节点包括节点 H、M、I、J。

3. 二叉树

1) 二叉树的定义

在一棵树中，如果各子树之间是有先后次序的，则称其为有序树，否则称其为无序树。二叉树(Binary Tree)是一棵除叶子节点外，每个节点至多只有两棵子树的有序树，即节点的度都不大于 2。与此同时，二叉树的这两棵子树有左右之分，其次序不能任意颠倒，位于左边的子树称为左子树，位于右边的子树称为右子树。二叉树的基本形态如图 3.12 所示。

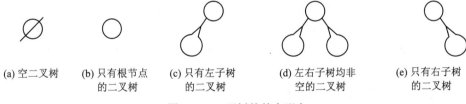

(a) 空二叉树　　(b) 只有根节点　　(c) 只有左子树　　(d) 左右子树均非　　(e) 只有右子树
　　　　　　　　　的二叉树　　　　　的二叉树　　　　　空的二叉树　　　　　的二叉树

图 3.12　二叉树的基本形态

如果一棵二叉树的每个分支节点都有左右两棵子树，则称这棵树为满二叉树，如图 3.13(a)所示。该树的深度为 4，共有 15 个节点，除了第 4 层的节点为叶子节点，其他 3 层的分支节点均有两棵子树。在满二叉树中，一般从根开始，按照从上到下、同一层从左到右的顺序对节点逐层进行编号(1，2，…，n)。

如果有一棵深度为 k、节点数为 n 的二叉树，按照从上到下、同一层从左到右的顺序对节点逐层进行编号，其节点 1~n 的位置序号分别与满二叉树的节点 1~n 的位置序号一一对应，则称该二叉树为完全二叉树，如图 3.13(b)所示。

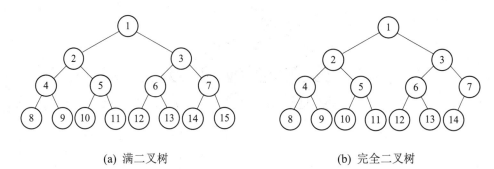

(a) 满二叉树   (b) 完全二叉树

图 3.13   二叉树

2) 二叉树的性质

二叉树具有以下 5 个重要性质：

性质 1：二叉树的第 i 层上至多有 2^{i-1} 个节点($i\geqslant1$)。

性质 2：深度为 k 的二叉树至多有 2^k-1 个节点($k\geqslant1$)。

性质 3：对任意一棵二叉树 T，若终端节点数为 n_0，而其度为 2 的节点数为 n_2，则 $n_0 = n_2+1$。

性质 4：具有 n 个节点的完全二叉树的深度为 $\lfloor \text{lb}_2 n \rfloor +1$。

性质 5：对于具有 n 个节点的完全二叉树，如果按照从上到下和从左到右的顺序对二叉树中的所有节点从 1 开始顺序编号，则对于任意的序号为 i 的节点有：

(1) 如果 $i=1$，则序号为 i 的节点是根节点，无双亲节点；如果 $i>1$，则序号为 i 的节点的双亲节点序号为 $\lfloor i/2 \rfloor$。

(2) 如果 $2\times i>n$，则序号为 i 的节点无左孩子节点；如果 $2\times i\leqslant n$，则序号为 i 的节点的左孩子节点的序号为 $2\times i$。

(3) 如果 $2\times i+1>n$，则序号为 i 的节点无右孩子节点；如果 $2\times i+1\leqslant n$，则序号为 i 的节点的右孩子节点的序号为 $2\times i+1$。

3) 二叉树的存储

二叉树可以采用顺序存储和链式存储两种存储结构。

(1) 顺序存储结构。如图 3.14(a)所示的二叉树 T，由于节点的存储位置与其编号对应，即下标，因此节点之间可以通过下标确定关系。利用二叉树的性质 5，把任意一棵二叉树想象成完全二叉树，用一组地址连续的存储单元，依次自上而下、自左至右存储完全二叉树上的节点元素，如图 3.14(b)、3.14(c)所示。

顺序存储结构对于完全二叉树很方便，但是对于非完全二叉树在存储时会造成空间的浪费。可见这是一种以空间换取性能的计算思维方式。

(2) 链式存储结构。在链式存储结构中，每个节点包括三个域：数据域、左孩子域和右孩子域，其中数据域用于存储节点的数据元素，左孩子域用于存放本节点左孩子指针，简称左指针，右孩子域用于存放本节点右孩子指针，简称右指针。每个二叉链表有个指向根节点的指针，称为根指针。根指针具有标识二叉树链表的作用，对二叉树链表的访问从根指针开始。二叉树的链式存储结构如图 3.14(d)所示。

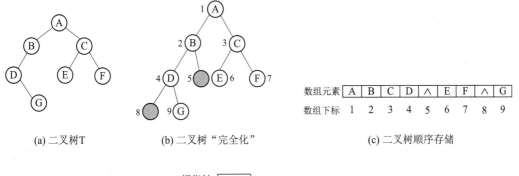

(a) 二叉树T   (b) 二叉树"完全化"   (c) 二叉树顺序存储

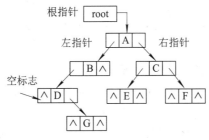

(d) 二叉树的链式存储

图 3.14 二叉树的存储方式

4) 二叉树的遍历

树的遍历是指沿着某条搜索线路,依次访问树中的每一个节点,且仅访问一次。根据二叉树的定义,任何一棵二叉树都包括根节点 D、左子树 L、右子树 R。二叉树的遍历意味着对这三部分依次访问,其遍历方法有先序遍历、中序遍历和后序遍历。

(1) 先序遍历(DLR)。若二叉树为空,则空操作,否则依次执行 3 个操作:先访问根节点,再遍历左子树,最后遍历右子树。

(2) 中序遍历(LDR)。若二叉树为空,则空操作,否则依次执行 3 个操作:先遍历左子树,再访问根节点,最后遍历右子树。

(3) 后序遍历(LRD)。若二叉树为空,则空操作,否则依次执行 3 个操作:先遍历左子树,再遍历右子树,最后访问根节点。

【例 3-4】写出如图 3.15 所示的树结构的先序遍历、中序遍历、后序遍历的路径。

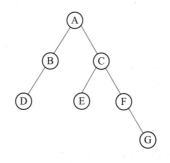

图 3.15 树结构

解 先序遍历：A—B—D—C—E—F—G

中序遍历：D—B—A—E—C—F—G

后序遍历：D—B—E—G—F—C—A

由上述方法可以得知，三种遍历方法均为递归的操作思想。

3.2.4 图形结构

1. 图的定义

图是一种复杂的数据结构，数据之间具有多对多的关系，任意一个顶点可以有多个前驱、多个后继。在工程、数学、物理、生物、化学、计算机等科学领域，图都有着广泛的应用，例如，在电路图中，每个元器件构成图中的顶点，连接元器件之间的线路构成图中的边。

图由顶点和顶点之间的边的集合组成，设 V 为图 G 顶点的非空有限集合，图 G 中每一条边的两个顶点互为邻接点，E 是图 G 边的有限集合，则图 G 可形式化地描述为

$$G = <V, E>$$

若图中的每条边没有方向，则称该图为无向图，无向图中的边均为顶点的无序对。若图中的每条边是有方向的，则称该图是有向图，有向图中的边也称为弧，是由两个顶点构成的有序对，如图 3.16 所示。

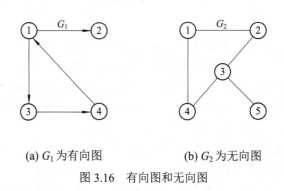

(a) G_1 为有向图　　　　(b) G_2 为无向图

图 3.16　有向图和无向图

在无向图中，顶点 V 的度等于与 V 相关联的边的数目，而在有向图中，以 V 为起点的有向边数称为顶点 V 的出度，以 V 为终点的有向边数称为顶点 V 的入度，此时顶点 V 的度等于出度与入度之和。例如，图 3.16 中有向图 G_1 的顶点 1 的度为 3，无向图 G_2 的顶点 1 的度为 2。

如果一个无向图中任意两顶点间都有边，则称该图为无向完全图。在一个含有 n 个顶点的无向完全图中，有 $n(n-1)/2$ 条边。如果一个有向图中任意两顶点之间都有方向，且两顶点由互为相反方向的两条弧相连接，则称该图为有向完全图。在一个含有 n 个顶点的有向完全图中，有 $n(n-1)$ 条弧。

2. 图的存储结构

在进行图的存储时需要正确保存两类信息，即顶点的数据信息及顶点间的关系。图的存储方法主要有邻接矩阵和邻接表。

1) 邻接矩阵

图的邻接矩阵法(Adjacency Matrix)也称为数组表示法。它采用两个数组存储图的元素：一个是用于存储顶点信息的一维数组；另一个是用于存储图中顶点之间关联关系的二维数组，这个关联关系数组被称为邻接矩阵。图 3.16 中的 G_1 和 G_2 的邻接矩阵 A_1、A_2 分别表示如下：

$$A_1 = \begin{bmatrix} 0 & 1 & 1 & 0 \\ 0 & 0 & 0 & 0 \\ 0 & 0 & 0 & 1 \\ 1 & 0 & 0 & 0 \end{bmatrix} \qquad A_2 = \begin{bmatrix} 0 & 1 & 0 & 1 & 0 \\ 1 & 0 & 1 & 0 & 1 \\ 0 & 1 & 0 & 1 & 1 \\ 1 & 0 & 1 & 0 & 0 \\ 0 & 1 & 1 & 0 & 0 \end{bmatrix}$$

采用邻接矩阵表示法，根据 $A[i, j] = 0$ 或 1 可以很容易地判断图中任意两个顶点之间是否有边相连。对于无向图而言，其邻接矩阵第 i 行元素之和就是图中第 i 个顶点的度；对于有向图而言，其邻接矩阵第 i 行元素之和就是图中第 i 个顶点的出度；第 i 列元素之和就是图中第 i 个顶点的入度，出度+入度即为第 i 个顶点的度。

图的邻接矩阵虽然有其自身的优点，但对于顶点和边数较少的图而言，邻接矩阵中很多位置值为 0，有效值 1 较少，会造成存储空间的浪费。

2) 邻接表

邻接表(Adjacency List)实际上是图的一种链式存储结构，其基本思想是只存储有关联的信息。在邻接表中，每个顶点的所有邻接节点构成一个线性表，即边链表。每个边链表的头节点又构成一个表头节点表，如图 3.17 所示。

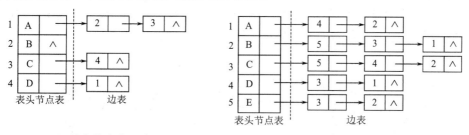

(a) G_1 的邻接表表示法   (b) G_2 的邻接表表示法

图 3.17 有向图和无向图的邻接表法

3. 图的遍历

图的遍历是指从图中某一顶点出发访问图中每一个顶点，且每个顶点仅被访问一次。图有两种遍历方法，即深度优先遍历和广度优先遍历。

1) 深度优先遍历

深度优先遍历(Depth-First Search，DFS)是指按照深度方向搜索，其基本步骤如下：

(1) 从图中某个顶点 v 出发，首先访问 v。

(2) 从 v 的未被访问的邻接点出发，访问该顶点，并以该顶点为新顶点，重复本步骤，直到当前的顶点没有未被访问的邻接点为止。

(3) 返回前一个访问过的且仍有未被访问的邻接点的顶点，找出并访问该顶点的下一个未被访问的邻接点，然后执行步骤(2)。

若访问的是非连通图，则此时图中还有顶点未被访问，另选图中一个未被访问的顶点作为起始点，重复上述深度优先搜索过程，直至图中所有顶点均被访问过为止。

2) 广度优先遍历

广度优先遍历(Breadth-First Search，BFS)是指按照广度方向搜索，其基本步骤如下：

(1) 从图中某个顶点 v 出发，首先访问 v。

(2) 依次访问 v 的各个未被访问的邻接点。

(3) 分别从这些邻接点出发，依次访问它们的各个未被访问的邻接点。访问时应保证：如果顶点 v_i 在 v_k 之前被访问，则 v_i 的所有未被访问的邻接点应在 v_k 的所有未被访问的邻接点之前访问。重复步骤(3)，直到所有节点均被访问为止。

3.3　数 据 的 管 理

计算机系统中的很多数据都是以文件形式存在的，文件是由文件系统负责管理的。计算机系统中另一种管理形式是数据库，数据库是一种主流的数据存储和管理技术，在管理领域发挥着重要的作用。

3.3.1　数据库系统

数据库系统(DataBase System，DBS)是指在计算机系统中引入数据库后构成的系统，是存储介质、处理对象和管理系统的集合体，一般由数据库、数据库管理系统、数据库管理员、数据库应用程序以及计算机软硬件等组成的，如图 3.18 所示。

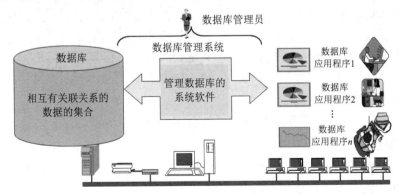

图 3.18　数据库系统构成

1. 数据库

数据库(DataBase，DB)是指相互关联的数据按照一定的数据模型描述并存储在一起，与用户应用程序彼此独立，能被多个用户共享的数据集合。

2. 数据库管理系统

数据库管理系统(DataBase Management System，DBMS)是指对数据库进行统一管理和维护的系统软件，主要负责数据库中数据的组织、维护以及数据库中数据的各种操作。用户一般通过应用程序并借助 DBMS 访问数据库，DBMS 支持多个应用程序同时对一个数据库进行操作。

3. 数据库管理员

数据库管理员(DataBase Administrator，DBA)是指主要负责数据库的建立、使用和维护的专业人员。通常，在大型的系统中，由于数据库具有共享性，要想成功地运转数据库，需要配备 DBA 维护和管理数据库，使之处于最佳状态。

3.3.2 数据模型

1. 数据模型的概念

计算机信息管理的对象是现实世界中的客观事物，但这些事物是无法直接被送入计算机的，必须经过抽象、加工、整理成数据信息。人们把客观存在的事物以数据的形式存储到计算机的过程中，经历了从现实世界到信息世界，再到数据世界的转换，如图 3.19 所示。

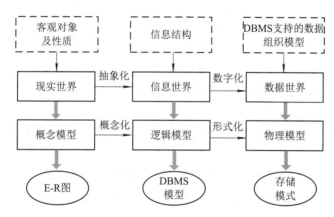

图 3.19 现实世界的抽象过程以及与数据模型的对应关系

(1) 现实世界。人们所管理的对象存在于现实世界中，现实世界的事物与事物之间存在一定的联系，这种联系是客观存在的，是由事物本身的性质所决定的。例如，图书管理的对象是图书和读者的借阅关系。

(2) 信息世界。信息世界是现实世界在人们头脑中的反映，是对客观事物及其联系的一种抽象描述。

(3) 数据世界。数据世界亦称机器世界，它在信息世界的基础上对客观事物及其联系进行数据描述。

数据模型是一组严格定义的概念集合，是对现实世界中的事物特征、联系和行为的抽象。数据模型精确地描述了系统的数据结构、数据操作和数据完整性约束条件。

(1) 数据结构。数据结构是研究对象类型的集合，主要描述数据的类型、内容、性质、数据间的联系等，数据结构是数据模型的基础。

(2) 数据操作。数据操作是指对数据库中各种数据对象允许执行的操作集合。

(3) 数据完整性约束条件。数据完整性约束条件是一组数据及其联系应具有的制约和依赖规则的集合，以保证数据的正确、有效和相容。

数据模型按照不同的应用层次分为概念数据模型、逻辑数据模型和物理数据模型。

2. 概念数据模型

概念数据模型简称概念模型，是对现实世界的第一层抽象，是用户和数据库设计人员之间进行交流的工具。概念模型是整个数据模型的基础，侧重于对客观世界复杂事物的结构及它们内在联系的描述，与具体的计算机平台和数据库管理系统无关。目前常用的概念模型是实体-联系模型(Entity-Relationship Model，E-R 模型)。

1) E-R 模型的要素

E-R 模型包括以下要素：

(1) 实体(Entity)：指客观存在并可互相区别的事物。现实世界的事物可以抽象成实体，实体可以是具体的人、事、物，也可以是抽象的概念或联系。例如，一个职工、一个学生、一个部门、一门课、老师与系的工作关系(即某位老师在某系工作)等都是实体。

(2) 实体属性(Attribute)：指实体所具有的某一特性。一个实体可以由若干个属性来刻画。例如，学生实体可以由学号、姓名、性别、出生年份、系、入学时间等属性组成。

(3) 码(Key)：又称键，唯一标识实体的属性或属性集。例如，学号是学生实体的码。

(4) 域(Domain)：属性的取值范围。例如，学号的域为 8 位整数，姓名的域为字符串集合，性别的域为(男，女)。

(5) 实体型(Entity Type)：是指具有相同属性的实体必然具有共同的特征和性质，用实体名及其属性名集合来抽象和刻画同类实体。例如，学生(学号，姓名，性别，出生年份，系，入学时间)就是一个实体型。

(6) 实体集(Entity Set)：指同型实体的集合。例如，全体学生可以用上面的学生实体型表示学生实体集。

(7) 实体联系(Relationship)：指在信息世界中反映为实体集内部的联系和实体集之间的联系。多个实体之间的联系可分为以下三类，如图 3.20 所示。

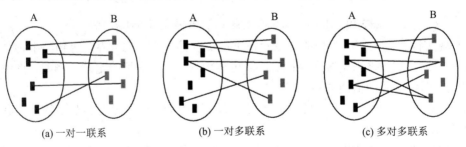

(a) 一对一联系　　　　　(b) 一对多联系　　　　　(c) 多对多联系

图 3.20　不同类型的联系

① 一对一联系(1:1)。如果实体 A 中的每个实例在实体 B 中至多有一个(也可以没有)实例与之关联，反之亦然，则称实体 A 与实体 B 具有一对一联系，记作 1:1。例如，一个部门只有一个经理，而一个经理只在一个部门中任职，则部门与经理之间具有一对一联系，如图 3.21(a)所示。

② 一对多联系(1:N)。如果实体 A 中的每个实例在实体 B 中有 n 个实例与之关联，而实体 B 中的每个实例在实体 A 中最多只有一个实例与之关联，则称实体 A 与实体 B 是一对多联系，记作 1:N。例如，一个部门聘用多名职工，而一名职工只在一个部门中工作，

则部门与职工之间具有一对多联系，如图 3.21(b)所示。

③ 多对多联系(M:N)。如果实体 A 中的每个实例在实体 B 中有 n 个实例与之关联，而实体 B 中的每个实例在实体 A 中也有 m 个实例与之关联，则称实体 A 与实体 B 是多对多联系，记为 M:N。例如，学生和课程，一个学生可以选修多门课程，一门课程也可以被多个学生选修，因此学生和课程之间是多对多联系，如图 3.21(c)所示。

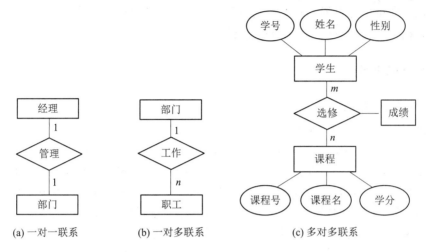

图 3.21　实体联系示例

2) E-R 模型的表示方法

E-R 模型一般用图形的方式表示，E-R 图提供了表示实体型、属性和联系的方法。

(1) 实体型(集)：用矩形表示，矩形框内写明实体型(集)名。

(2) 属性：用椭圆形表示，实体相应的属性名均记入椭圆形框内，并用直线将其与相应的实体型(集)连接起来。

(3) 联系：用菱形表示，菱形框内写明联系名，并用直线分别与有关实体连接起来，并且在直线旁标注联系的类型(1:1、1:N 或 M:N)。

【例 3-5】一个简单的学生选课数据库包括学生、课程、教师三个实体型，分别具有下列属性：学生的属性有学号、姓名、性别、年龄；课程的属性有课程号、课程名、课时数；教师的属性有职工号、姓名、性别、职称。一名教师可以教授多门课程，一门课程只能由一名教师教授，一个学生可以选修多门课程，一门课程可供多个学生选择，请绘制 E-R 图。

学生选课数据库 E-R 图如图 3.22 所示。

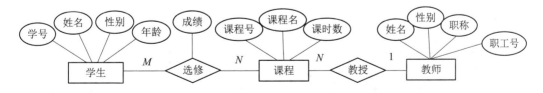

图 3.22　学生选课数据库 E-R 图

3. 逻辑数据模型

逻辑数据模型简称逻辑模型，是由客观世界的抽象描述到信息世界的转换。逻辑模型直接与 DBMS 有关，概念模型只有在转换成逻辑模型后才能在数据库中得以表示。目前成熟的逻辑模型有层次模型(Hierarchical Model)、网状模型(Network Model)、关系模型(Relational Model)以及面向对象模型(Object Oriented Model)。

4. 物理数据模型

物理数据模型简称物理模型，是面向计算机物理表示的模型，是信息世界模型在机器世界的实现，即将信息世界的实体及其联系抽象为便于计算机存储的二进制格式。物理模型给出了数据模型在计算机上真正的物理结构的表示。

3.3.3　关系数据库

1. 关系数据库概述

自美国 IBM 公司于 1968 年推出基于层次模型的第一个大型商用数据库管理系统 IMS 以来，数据库经历了层次数据库、网状数据库、关系数据库、NoSQL 数据库等多个发展阶段。关系数据库仍然是目前数据库的主流，大多数商业应用系统都构建在关系数据库基础之上，目前市场上常见的关系数据库产品包括 Oracle、SQL Server、MySQL、DB2 等。

关系数据库按照结构化的方法存储数据，每个数据表的结构都事先定义好(比如表的名称、字段名称、字段类型、约束等)，然后根据表的结构，以行和列的方式进行数据存储、读取和查询都十分方便，可靠性和稳定性都比较高，如图 3.23 所示。关系数据库的不足之处是数据模型不够灵活，一旦存入数据后，如果需要修改数据表的结构，就会十分困难。

图 3.23　关系数据库

2. 关系数据模型

1) 关系数据模型结构

关系数据模型是最重要的一种模型。对用户而言，一个关系数据模型的逻辑结构是一张二维表格，它由行和列组成。例如，图 3.24 所示的学生人事记录表就是一个关系数据模型。

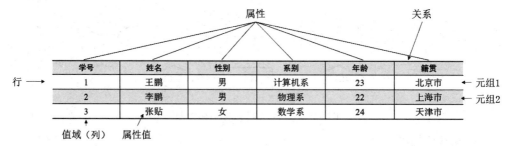

图 3.24　学生人事记录表结构及说明

(1) 关系(Relation)：对应通常所说的二维表，如图 3.24 所示的学生人事记录表。

(2) 元组(Tuple)：二维表中的一行即为一个元组。例如，图 3.24 有三行，也就有三个元组。在数据表中，一个元组对应一条记录。一个关系就是若干个元组的集合。

(3) 属性(Attribute)：二维表中的一列即为一个属性。例如，图 3.24 有六列，对应六个属性(学号、姓名、性别、系别、年龄和籍贯)。在数据表中，一个属性对应一个字段，属性名即字段名。

(4) 主键(Primary Key)：又称主码，能唯一确定一个元组的表中的某个属性或某些属性集合。例如，图 3.24 中的学号可以唯一标识一条学生记录，该字段成为本关系的主键。

(5) 值域(Domain)：属性的取值范围。例如，图 3.24 性别的值域是(男，女)。

(6) 外键(Foreign Key)：表中的一个属性或属性组在其他表中作为主键存在，即一个表中外键被认为是另一个表中的主键。例如，学生表包含学号、姓名、性别、出生日期、入学时间、专业编号、照片、简历等属性，其中学号是学生表的主键；专业表包含专业编号、专业名称、所属院系等属性，其中专业编号是专业表的主键，专业编号在学生表中则是外键。

2) 关系数据模型的数据完整性约束

关系数据模型中的数据完整性约束是指对关系数据提出的制约和依存规则，是关系数据模型的重要组成部分之一。数据完整性约束主要包括三大类：实体完整性、参照完整性和用户定义的完整性。

(1) 实体完整性。实体完整性指的是关系数据库中所有的表都必须有主键，而且表中不允许存在无主键值的记录以及与主键值相同的记录。例如，一个学号唯一地确定了一个学生，如果表中存在没有学号的学生记录，则此学生一定不属于正常管理的学生。

(2) 参照完整性。参照完整性亦称引用完整性，即一个表中某列的取值受另一个表的某列的取值范围约束。例如，学生选课信息表所描述的学生信息必须受限于学生基本信息表中已有的学生信息，也就是说学生选课表中"学号"的取值必须在学生基本信息表中"学号"的取值范围内。通常，在关系数据库中可用外键来实现参照完整性。

(3) 用户定义的完整性。用户定义的完整性亦称域完整性或语义完整性，主要是指针对某一具体应用领域定义的数据约束条件。例如，限制关系中属性的取值类型及取值范围等。

3) 关系的基本运算

关系代数是一种抽象的语言，是以关系为运算对象的一组运算的集合。关系代数运算分为集合运算和关系运算，如表 3.2 所示。限于篇幅，具体的运算方法请参阅相关资料。

表 3.2　关系运算类型

运算类型	运算符	含义	运算类型	运算符	含义
集合运算	∪	并	关系运算	σ	选择
	−	差		∏	投影
	∩	交		∞	连接
	×	广义笛卡尔积		÷	除

4) 关系数据模型的数据操作

关系数据模型的操作对象是集合(即关系)，而不是行。关系数据模型的数据操作主要包括四种：查询、插入、删除和修改数据。最典型的结构化查询语言为 SQL。

3.3.4 NoSQL 数据库

随着 Web 2.0 的迅速发展以及大数据时代的来临，非结构化数据迅速增加，其占比高达 90%以上。关系数据库因其数据模型不灵活、横向扩展能力较差等局限性，已经无法满足非结构化数据的大规模存储需求，故而支持非结构化数据管理的 NoSQL 数据库应运而生。

NoSQL 数据库采用一种不同于关系数据库的数据库管理系统设计方式，没有固定的表结构，通常不存在连接操作，也没有严格遵守 ACID 约束，即原子性(Atomicity)、一致性(Consistency)、独立性(Isolation)以及持久性(Durability)约束，因此，与关系数据库相比，NoSQL 具有灵活的水平可扩展性，可以支持海量数据存储，能较好地应用于大数据时代的各种数据管理。

典型的 NoSQL 数据库通常包括键值数据库、列族数据库、文档数据库和图数据库，如图 3.25 所示。例如，MongoDB 是一种文档数据库。

(a) 键值数据库

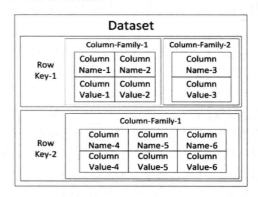

(b) 列族数据库

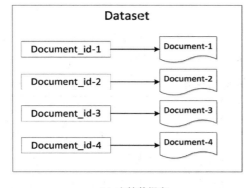

(c) 文档数据库

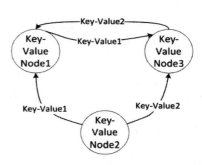

(d) 图数据库

图 3.25 不同类型的 NoSQL 数据库

3.4　数据的价值

3.4.1　大数据

1. 信息化浪潮

人类进入信息社会以后，所产生的数据量开始呈现"井喷式"增长，特别是随着以"用户原创内容"为特征的 Web 2.0 和移动互联网的快速发展，人们可以随时随地通过微信、抖音、微博、知乎等发布各种信息。与此同时，随着移动通信 5G 时代的全面开启，物联网将得到全面的发展，各种设备联入物联网，并每时每刻自动生成大量数据。如果把印刷在纸上的文字和图形看作数据，那么人类历史上第一次数据爆炸发生在造纸术和印刷术普及的时期。当前，人类社会正经历第二次数据爆炸，各种数据产生速度之快，数量之大，远远超出人类的预期，"数据爆炸"成为大数据时代的鲜明特征。

IBM 公司前首席执行官郭士纳认为，IT 领域每隔 15 年就会迎来一次重大变革，如表3.3 所示。1980 年前后，个人计算机(PC)开始普及，计算机逐渐走入企业和千家万户，极大地提高了社会生产力，人类迎来了第一次信息化浪潮。1995 年前后，互联网的普及把世界变成"地球村"，人类迎来了第二次信息化浪潮。2010 年前后，云计算、大数据、物联网的快速发展，拉开了第三次信息化浪潮的大幕，也标志着大数据时代全面到来。

表 3.3　三次信息化浪潮

信息化浪潮	时间	标　志	解决问题	代表企业
第一次	1980 年前后	个人计算机	信息处理	Intel、IBM、AMD、苹果、微软、联想、戴尔、惠普等
第二次	1995 年前后	互联网和移动通信网	信息传输	雅虎、谷歌、百度、阿里巴巴、腾讯、华为、中兴等
第三次	2010 年前后	物联网、云计算和大数据	信息获取信息爆炸	谷歌、亚马逊、VMware 等

进入大数据时代，被称为"未来的石油"的数据将成为每个企业乃至国家获取核心竞争力的关键要素。数据资源已经和物质资源、人力资源一样，成为国家的重要战略资源，影响着国家和社会的安全、稳定与发展。因此，世界各国都非常重视大数据发展，积极捍卫本国数据主权。在中国，大数据发展受到高度重视。2015 年 8 月，国务院印发了《促进大数据发展行动纲要》，将大数据上升为国家战略，明确提出"大数据是信息化发展的新阶段"，为我国发展大数据开启了新的篇章。2022 年，国务院发布的《"十四五"数字经济发

展规划》指出以数据为关键要素，以数字技术与实体经济深度融合为主线，加强数字基础设施建设，完善数字经济治理体系，协同推进数字产业化和产业数字化，赋能传统产业转型升级，培育新产业、新业态和新模式，不断做强、做优、做大我国数字经济，为构建数字中国提供有力支撑。

2. 大数据的概念

大数据由巨型数据集组成，这些数据集的大小经常超出人们在可接受时间内的收集、应用、管理和处理数据的能力。大数据具有数据量大(Volume)、数据类型多样(Variety)、处理速度快(Velocity)和价值密度低(Value)的特点。

1) 数据量大

大数据泛指无法在可接受的时间内用传统信息技术和软、硬件工具对其进行获取、管理和处理的巨量数据集合。大数据的数据量的计量单位是 PB(1000 TB)、EB(100 万 TB)或 ZB(10 亿 TB)。人类社会产生的数据在以每年 50%的速度增长，也就是说，大约每两年就增加一倍，这被称为"大数据摩尔定律"。

2) 数据类型多样

大数据通常包含结构化数据和非结构化数据，其中，结构化数据占 10%左右，主要是指存储在关系数据库中的数据；非结构化数据占 90%左右，包括诸如网络日志、图片、视频、音频、地理位置信息等类型繁多的异构数据。传统数据主要存储在关系数据库中，但是，在类似 Web 2.0 等应用领域中，越来越多的数据开始被存储在 NoSQL 数据库中。

3) 处理速度快

大数据时代的数据产生速度非常快。例如，在 Web 2.0 应用领域，在 1 min 内，新浪可以产生 2 万条微博，淘宝上可以卖出 6 万件商品，百度可以产生 90 万次搜索查询的数据。因此，基于快速生成的数据，数据处理和分析的速度要达到秒级甚至毫秒级响应，时效性要求高。

4) 价值密度低

在大数据时代，许多有价值的信息都是分散在海量数据中的。例如，小区利用摄像头进行监控，如果没有意外事件发生，连续不断产生的数据是没有任何价值的，当发生盗窃等意外情况时，也只有记录了事件过程的那一小段视频有价值。但是，为了能够获得这一段有价值的视频，人们不得不投入大量资金购买监控设备、网络设备、存储设备，耗费大量的电能和存储空间来保存摄像头连续不断产生的监控数据。如何通过强大的机器算法更迅速地完成数据的价值"提纯"，是大数据时代亟待解决的难题。

3. 大数据处理过程

从学科角度来说，大数据知识体系涵盖了计算机、数学、统计学等多个学科，结合了诸多领域中的理论和技术，包括应用数学、统计学、模式识别、机器学习、人工智能、深度学习、数据可视化、数据挖掘、数据仓库、分布式计算、云计算、系统架构设计等。从大数据分析角度来说，典型的大数据分析过程包括数据采集与预处理、数据存储与管理、数据处理与分析、数据可视化等，具体处理流程如图 3.26 所示。

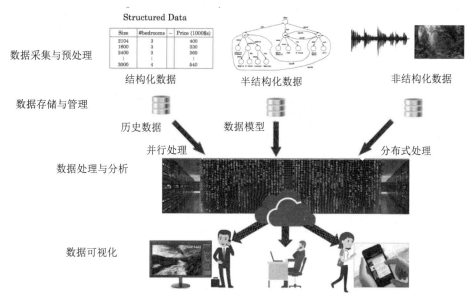

图 3.26　大数据处理流程示意图

1) 数据采集与预处理

大数据采集与预处理是指首先利用各类传感器和智能设备、社交网络、互联网平台等渠道获取各种类型的结构化、半结构化及非结构化的海量数据，然后利用相关技术对采集的数据进行清洗、集成和归约，最后加载到数据仓库或数据集市中，成为联机分析处理、数据挖掘的基础。

2) 数据存储与管理

大数据存储及管理的主要目的是用存储器把采集到的数据存储起来，建立相应的数据库，并进行管理和调用。为了满足大数据的存储和管理，Google 自行研发了一系列大数据技术和工具用于内部各种大数据应用，以 GFS、MapReduce、BigTable 为代表的一系列大数据处理技术被广泛了解并得到应用，同时还催生出以 Hadoop 为代表的一系列大数据开源工具。

3) 数据处理与分析

数据分析主要采用对比分析、分组分析、交叉分析、回归分析等常用分析方法，一般都是得到一个指标统计量结果，如总和、平均值等，这些数据都需要与业务结合进行解读，才能发挥出数据的价值与作用。同时采用决策树、神经网络、关联规则、聚类分析等统计学、人工智能、机器学习等方法进行数据挖掘来获得模型或规则。

4) 数据可视化

利用传统的数据可视化工具对数据仓库中的数据进行抽取、归纳及简单的展现已不能满足大数据时代的需求。数据可视化产品必须快速收集、筛选、分析、归纳、展示决策者所需要的信息，并根据新增的数据进行实时更新。

4. 思维方式的转变

由于数据已经具备了资本的属性，可以用来创造经济价值，因此，大数据时代思维方式也在发生转变。维克托·迈尔·舍恩伯格在《大数据时代：生活、工作与思维的大变革》一书中明确指出，大数据时代最大的转变就是思维方式的三种转变，即全样而非抽样、效率而非精确、相关而非因果。

1) 全样而非抽样

过去，由于数据采集、数据存储和处理能力的限制，通常采用抽样的方法，即从全集数据中抽取样本数据，通过对样本数据的分析来推断出全集数据的总体特征。但是，抽样分析的结果具有不稳定性的特征。在大数据时代，海量数据实时采集，分布式文件系统和分布式数据库技术为数据存储提供了理论上近乎无限的数据存储空间，分布式并行编程框架 MapReduce 提供了强大的海量数据并行处理能力，科学分析完全可以直接针对全集数据而不是抽样数据，并且可以在短时间内得到分析结果。例如，谷歌的 Dremel 可以在 2~3 s 内完成 PB 级别数据的查询。

2) 效率而非精确

由于抽样分析只是针对样本分析，其分析结果被应用到全集数据以后，误差将会被放大。因此，人们采用抽样分析方法需确保分析方法的精确性，否则就会出现"失之毫厘，谬以千里"的现象，这导致传统的数据分析方法更加注重提高算法的精确性，其次才是提高算法效率。

大数据时代采用全样分析，在数据足够多的情况下，不精确数据不会影响数据分析的结果和其带来的价值，因此，注重效率成为首要目标，要求在几秒内给出针对海量数据的实时分析结果，否则数据的价值就会丧失。

3) 相关而非因果

过去，数据分析的目的一方面是解释事物背后的发展机理；另一方面是预测未来可能发生的事件，这都反映了一种"因果关系"。但是，在大数据时代，人们转而追求"相关性"而非"因果性"。在无法确定因果关系时，数据为我们提供了解决问题的新方法。

5. 大数据的应用

大数据将会对社会发展产生深远的影响，促进信息技术与各行业的深度融合，大数据在各个领域的应用如表 3.4 所示。

表 3.4 数据在各个领域的应用情况

领域	大数据的应用
制造	利用工业大数据提升制造业水平，包括产品故障诊断与预测、工艺流程分析、生产工艺改进、生产过程能耗优化、工业供应链分析与优化、生产计划与排程
金融	大数据在高频交易、社交情绪分析和信贷风险分析三大金融创新领域发挥着重要作用
汽车	利用大数据和物联网技术实现的无人驾驶汽车，在不远的未来将走进我们的日常生活
互联网	借助于大数据技术，可以分析客户行为，进行商品推荐和有针对性广告的投放
餐饮	利用大数据实现餐饮 O2O 模式，彻底改变传统餐饮经营方式
电信	利用大数据技术实现客户离网分析，及时掌握客户离网倾向，出台客户挽留措施
能源	随着智能电网的发展，电力公司可以掌握海量的用户用电信息，利用大数据技术分析用户的用电模式，可以改进电网运行，合理地设计电力需求响应系统，确保电网安全运行

续表

领域	大数据的应用
物流	利用大数据优化物流网络，提高物流效率，降低物流成本
城市管理	可以利用大数据实现智能交通、环保监测、城市规划和智能安防
生物医学	大数据可以帮助我们实现流行病预测、智慧医疗、健康管理，还可以帮助我们解读 DNA，了解更多的生命奥秘
体育和娱乐	大数据可以帮助我们训练球队，预测比赛结果，以及决定投拍哪种题材的影视作品
安全	政府可以利用大数据技术构建起强大的国家安全保障体系，企业可以利用大数据抵御网络攻击，警察可以借助大数据来预防犯罪
个人生活	大数据还可以应用于个人生活，利用与每个人相关联的"个人大数据"，分析个人生活行为习惯，为其提供更加周到的个性化服务

就企业而言，企业掌握的大数据是经济价值的源泉。最为常见的是，一些公司已经把商业活动的每一个环节都建立在数据收集、分析之上，尤其是在营销活动中。例如，淘宝通过挖掘处理用户浏览页面和购买记录的数据，为用户提供个性化建议并推荐新的产品，以达到提高销售额的目的。就政府而言，大数据的发展将会提高政府的科学决策水平，增强政府的公共服务水平，提高政府的社会管理水平，实现城市管理由粗放式向精细化的转变。

3.4.2　数据挖掘

数据挖掘是指通过统计学、人工智能、机器学习等方法，从大量的数据中挖掘出未知的且可能有价值的信息和知识的过程。典型的机器学习和数据挖掘算法包括分类、聚类、回归分析、关联规则等。

1. 分类

分类是指找出数据库中的一组数据对象的共同特点，并按照分类模式将其划分为不同的类。分类的目的就是分析输入数据，通过在训练集中的数据表现出来的特性，为每一个类找到一种准确的描述或模型，采用该种方法(模型)将隐含函数表示出来。

分类的具体规则描述如下：给定一组训练数据的集合 T，T 的每一条记录包含由若干个属性组成的一个特征向量，记录用 $X = (x_1, x_2, \cdots, x_n)$ 表示。当一属性的值域为连续域时，该属性为连续属性，否则为离散属性。用 $C = (c_1, c_2, \cdots, c_k)$ 表示类别属性，即数据集有 k 个不同的类别。那么，T 就隐含了一个从记录 X 到类别属性 C 的映射函数：$f(X) \mapsto C$。

构造分类模型的过程一般分为训练和测试两个阶段。在构造模型之前，将数据集随机地分为训练数据集和测试数据集。先使用训练数据集来构造分类模型，然后使用测试数据集来评估模型的分类准确率。如果模型的准确率可以接受，就可以用该模型对其他数据元组进行分类。一般来说，测试阶段的代价远低于训练阶段的。典型的分类方法包括决策树、朴素贝叶斯、支持向量机、人工神经网络等。

2. 聚类

聚类又称群分析，聚类类似于分类，但与分类的目的不同，聚类是针对数据的相似性和差异性将数据划分到若干个簇中的，属于同一簇的数据之间的相似性很大，但不同簇之间数据的相似性很小，即跨簇的数据关联性很低。

簇应满足以下两个条件：一是每个簇至少包含一个数据对象；二是每个数据对象仅属于一个簇。聚类算法的形式化描述如下：给定一组数据的集合 D，D 的每一条记录包含由若干个属性组成的一个特征向量，用 $X = (x_1, x_2, \cdots, x_n)$ 表示。当一属性的值域为连续域时，该属性为连续属性，否则为离散属性。聚类算法将数据集 D 划分为 k 个不相交的簇 $C = \{c_1, c_2, \cdots, c_k\}$，其中 $c_i \cap c_j = \phi$，$i \neq j$，且 $D = U_{i=1}^{k} c_i$。

聚类一般属于无监督分类的范畴，按照一定的要求和规律，在没有关于分类的先验知识的情况下，对数据进行分类。聚类算法可分为划分法(Partitioning Method)、层次法(Hierarchical Method)、基于密度的方法(Density-based Method)、基于网格的方法(Grid-based Method)、基于模型的方法(Model-Based Method)等。

3. 回归分析

回归分析(Regression Analysis)是指确定两种或两种以上变量间相互依赖的定量关系的一种统计分析方法。回归分析反映了数据库中数据的属性值的特性，通过函数表达数据映射的关系，从而发现属性值之间的依赖关系。

4. 关联规则

关联规则是隐藏在数据项之间的关联或相互关系，这种关系可以根据一个数据项推导出其他数据项。例如，通过发现顾客放入"购物车"中的不同商品之间的关联，分析顾客的购物习惯。

3.4.3　数据仓库

数据仓库(Data Warehouse)是一个面向主题的、集成的、相对稳定的、反映历史变化的数据集合，用于支持管理决策。

一个典型的数据仓库系统通常包含数据源、数据存储和管理、OLAP 服务器、前端工具和应用四个部分，如图 3.27 所示。

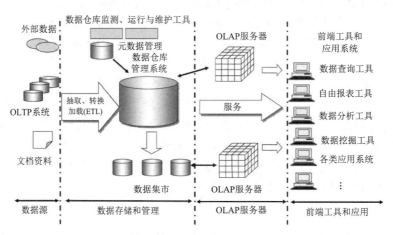

图 3.27　数据仓库体系架构

1. 数据源

数据源是数据仓库的基础，通常包含企业的各种内部数据和外部数据。内部数据包括存在于联机事务处理(On-Line Transaction Processing，OLTP)系统中的各种业务数据和办公自动化系统中的各类文档资料等。外部数据包括各类法律法规、市场信息、竞争对手的信息、以及各类外部统计数据和其他相关文档等。

2. 数据存储和管理

数据存储和管理是整个数据仓库的核心。在现有各业务系统的基础上，对数据进行抽取、转换，并加载到数据仓库中。数据按照主题被重新组织，最终确定数据仓库的物理存储结构，同时存储数据库的各种元数据，包括数据仓库的数据字典、系统定义记录、数据转换规则、数据加载频率、业务规则等。数据仓库系统的管理通常包括数据的安全、归档、备份、维护、恢复等工作。

3. OLAP 服务器

OLAP 服务器对需要分析的数据按照多维数据模型进行重组，以支持用户随时从多角度、多层次来分析数据，发现数据规律与变化趋势。

4. 前端工具和应用

前端工具和应用主要包括数据查询工具、自由报表工具、数据分析工具、数据挖掘工具和各类应用系统。

综上所述，数据库是面向事务的设计，数据仓库存储的是历史数据，是面向主题的设计，是为了更好地分析数据。

小　　结

数据结构包括数据对象及它们在计算机中的组织方式，即它们的逻辑结构和存储结构。数据模型按照不同的应用层次分为概念数据模型、逻辑数据模型和物理数据模型。数据库管理系统基于数据模型，目前广泛使用的是关系数据模型。

大数据对科学研究、思维方式和社会发展都具有重要而深远的影响。在科学研究方面，大数据使得人类科学研究在经历了实验、理论、计算三种范式之后，迎来了第四种范式——数据，人类已经步入大数据时代，作为大数据时代的公民，我们应该接近数据，了解数据，并利用好数据。

习　　题

1. 判断图 3.28 中的三个图哪个是树。

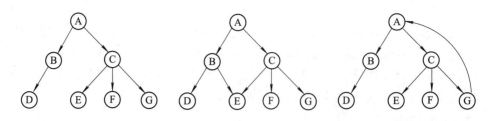

图 3.28　1 题图

2. 如图 3.29 所示，通过挪动积木块，将积木的初始状态转换为目标状态。积木移动的规则为：被挪动积木的顶部必须为空，在同一状态下，操作的次数不得多于一次。画出按广度优先搜索策略产生的搜索树。

图 3.29　积木的初始状态和目标状态

3. 南方主要省份高速公路干线图如图 3.30(a)所示，假设以上海为初始节点，标记为①，其余标记如图 3.30(b)所示，请列出高速公路干线图邻接表的存储形式。

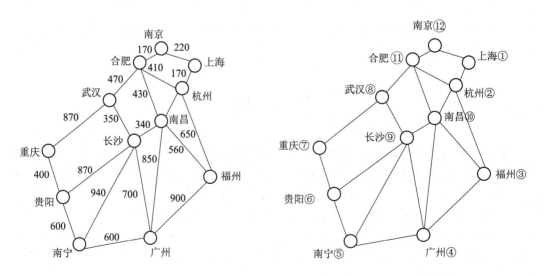

(a) 南方主要省份高速公路主干交通示意图　　　　(b) 主干交通图的遍历示意图

图 3.30　交通示意图和遍历示意图

4. 你知道哪些大数据应用的故事？思考这些故事中蕴含着怎样的思维。

第4章　算法思维

利用计算机求解复杂问题，其求解的核心是算法。算法是计算机解决实际问题的基本思路和方法，是计算机的灵魂。本章从算法思维的角度，首先介绍主要算法的基本概念、特征和描述方法；然后介绍常用算法策略和算法实现；最后介绍人工智能技术。

本章学习目标

(1) 理解算法的概念以及特征。
(2) 理解和掌握常用算法的策略。
(3) 了解算法的实现。
(4) 了解人工智能的概念。

4.1　算法思维下的实例

【实例 4.1】9 个外观一样的金币，其中一个是赝品，赝品的重量比正品的重量轻。如果用天平鉴别真伪，那么一共需要称几次？

第一种方法：天平左边金币固定，不断变换右边金币，最多称 7 次可鉴别出赝品。

第二种方法：天平两边各一个金币，每次变换两边金币，最多称 4 次可鉴别出赝品。

第三种方法：天平左边 3 个金币，右边 3 个金币，留下 3 个金币，最多称 2 次可鉴别出赝品。

【实例 4.2】烧水泡茶有五道工序：烧开水、洗茶壶、洗茶杯、取茶叶、沏茶，各道工序用时为烧开水 15 分钟、洗茶壶 2 分钟、洗茶杯 1 分钟、取茶叶 1 分钟、沏茶 1 分钟。采取什么策略可完成泡茶？

策略 1：先烧水，等水烧开后，洗刷茶具，取茶叶，沏茶，用时 20 分钟。

策略 2：烧开水之前，洗茶壶，洗茶杯，拿茶叶，烧水，等水烧开后沏茶，用时 20 分钟。

策略 3：先烧水，在烧水过程中洗刷茶具，取茶叶，等水烧开后沏茶，用时 16 分钟。

从上面 2 个实例可知，同一件事情可以采用不同的策略或方法完成，花费的时间也不同。这些策略或方法所要解决的问题就是"做什么"和"怎么做"。这些策略或方法就是通常所说的算法(Algorithm)。由此可见，算法是问题求解的核心，是人类求解问题过程的抽象；如果算法在计算机中实现，则体现计算机求解问题过程的抽象，如图 4.1 所示。

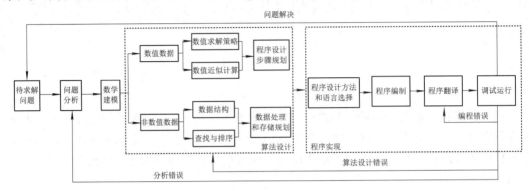

图 4.1　计算机求解问题的算法思维

4.2　算 法 概 述

4.2.1　算法的概念和特征

1. 算法的概念

在人类的学习和工作中，算法无处不在，人类世界是建立在算法之上的。在秦代木牍中发现了古老的"九九乘法口诀表"，如图 4.2 所示。"九九乘法口诀表"是中国最早的算法，广泛应用于算筹中的乘法、除法以及开方等运算中，彰显中国古代文化对世界文化的重要贡献。我国古代数学家创造了一系列先进的算法。例如，《九章算术》是我国最重要的数学经典，在世界古代数学史上发挥着重要的作用，如图 4.3 所示。

图 4.2　秦代木牍中的"九九乘法口诀表"

图 4.3　九章算术

1984 年，图灵奖获得者、Pascal 之父及结构化程序设计的首创者、瑞士著名计算机科学家尼克劳斯·沃斯(Nicklaus Wirth)于 1976 年出版的《算法+数据结构=程序设计》一书

中提出一个著名公式:

$$算法 + 数据结构 = 程序$$

这个著名的公式生动地表达出算法、数据结构以及程序的相互关系,它们即算法和数据结构共同构成了程序设计的精髓以及两个关键要素。

由此可见,程序不一定是算法。例如,操作系统是一个大型的程序,只要系统不受到攻击,操作系统可以不停地运行,即使操作系统没有作业需要处理,它仍然处于动态等待中。虽然操作系统在设计中采用了许多算法,但它本身不是一个算法。

正如第 3 章介绍的,数据结构是描述现实世界的数据模型,是相互之间存在一种或多种特定关系的数据元素的集合,是计算机存储、组织数据的方式。算法和数据结构之间存在密切联系,算法的设计取决于数据的逻辑结构,算法的实现取决于数据的物理存储结构。因此,数据结构是算法实现的基础,不同数据结构会直接影响算法的运行效率。

算法是在有限步骤内求解某一问题的过程或步骤,反映解决问题的策略。不同的问题可以有不同的算法,同一个问题也可能有多种不同的算法。一般来说,算法是由若干条指令组成的有穷序列。程序也是由一系列指令组成的,但是这些指令必须是计算机可以执行的,而组成算法的指令没有这个限制。因此,算法代表对问题的求解方法,是程序设计的基础和灵魂,而程序是对算法的具体描述,是算法在计算机上的实现。

利用计算机解决一个现实世界的问题的一般步骤为:首先从具体问题抽象出一个合适的数学模型,然后设计或选择一个解此数学模型的算法,最后编写出程序进行调试、测试,直至得到最终的解答。

2. 算法的特征

一个算法必须具有的特征如表 4.1 所示。

表 4.1　算法的特征

特征	说　　明
输入	算法具有 0 个或多个输入。输入刻画了运算对象的初始情况
输出	算法至少有 1 个或多个输出。没有输出的算法是没有意义的。不同的输入可以产生不同或相同的输出,相同的输入必须产生相同的输出
有穷性	亦称可终止性。一个算法能在有限的步骤后自动结束,并且每一个步骤都在可接受的时间内完成。程序可以不满足算法的有穷性
确定性	算法中的每一个操作步骤都有确定的含义,不能有二义性。例如,大于 0 的整数,这是不确定的,因为大于 0 的整数有无穷多个
可行性	亦称有效性。算法中所描述的每一个操作步骤执行的次数是有限的。可行性包括两个方面:① 算法中的每一个步骤必须能够实现,如在算法中不允许出现分母为 0 的情况;② 算法执行的结果要能够达到预期的目的,实现预定的功能

【例 4-1】汉诺塔问题。相传印度教天神汉诺创造地球时,建了一座神庙,神庙竖有一个由铜座支撑的 3 根柱子。汉诺将 64 个直径不一的盘子,按照从大到小的顺序依次套放在第一根柱子上,形成一座汉诺塔,如图 4.4 所示。

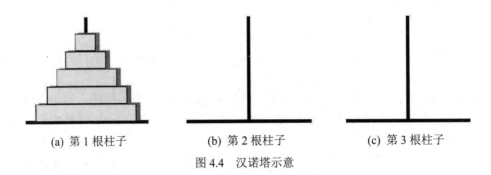

(a) 第 1 根柱子   (b) 第 2 根柱子   (c) 第 3 根柱子

图 4.4 汉诺塔示意

天神让僧侣们将第 1 根柱子上的 64 个盘子借助第 2 根柱子，全部移到第 3 根柱子上，即将整个塔迁移，同时定下了 3 条规则：

(1) 每次只能移动一个盘子；

(2) 盘子只能在 3 根柱子上来回移动，不能存放在他处；

(3) 在移动的过程中，3 根柱子上的盘子必须始终保持大盘在下、小盘在上。

那么，需要移动多少次？需花费多长时间？

解 3 个盘子的最佳搬移次数为 $2^3 - 1 = 7$；

64 个盘子的最佳搬移次数为 $2^{64} - 1 = 18\ 446\ 744\ 073\ 709\ 551\ 615$。

假设移动一次盘子需要 1 s，僧侣们不停搬动，需要大约 5849 亿年时间。

由例 4-1 可知，如果让计算机执行一个 5849 亿年才结束的算法，这虽然是有穷的，理论上是可计算问题，但在实际中，算法超过了合理的时间范围，被视为无效算法。

【例 4-2】 计算机能否理解"做一个西红柿炒鸡蛋"。

计算机理解这个问题非常困难的原因在于这个表达存在二义性，如："西红柿"要什么品种？成熟到什么程度？是否要大小基本相同？"一个"的语义是什么？是 1 个西红柿还是 1 斤西红柿？"做"的语义是什么？是"炒"吗？"炒"的语义是什么？是不停地翻动吗？翻动的频率是多大？……因此，这个概念模糊的命题是不可计算的。

二义性的问题在程序设计中也会经常遇到。解决二义性的方法一是设置一些规则，规定在出现二义性的情况下哪一个语法是正确的，其优点是无须修改文法就可消除二义性；二是将文法改变成一个强制正确的格式。

3. 算法的评价

算法质量的优劣影响到算法执行的效率。评价一个算法质量的优劣时可以考虑如下性能指标：

(1) 正确性。算法的正确性是评价一个算法质量优劣最重要的标准。算法正确性的评价包含两个方面：① 算法的过程必须是正确的，即步骤和次序没有错误，在逻辑上是合理的和完整的；② 算法的执行结果是正确的，即算法的输出要对应算法的输入，不允许出现部分输出正确但其他部分输出错误的情况。因此，可通过对输入数据的所有可能情况的分析来证明算法是否正确。

(2) 可读性。可读性亦称可理解性，是指人们理解一个算法的难易程度。算法应该清晰、易读，便于编程调试和修改。

(3) 健壮性。健壮性是指一个算法对不合理数据输入的反应能力和处理能力，也称为容错性。因此，在设计算法时，应充分考虑算法处理的输入数据的范围，并对不在输入数据范围内的非法数据进行适当的处理。

(4) 确定性。算法的确定性是指算法中的每个操作步骤都具有明确的含义，不允许存在二义性。

(5) 复杂性。算法的复杂性反映了一个算法的效率。通常，算法执行时需要相应的计算资源和执行的时间。在面对具体问题时，应尽可能设计复杂性较低的算法。按照算法执行所需要的时间和空间资源，算法复杂性分为时间复杂性和空间复杂性(也称为时间复杂度和空间复杂度)。

① 时间复杂度。算法的时间复杂度是指执行算法所需的计算时间。为了简化问题，通常用算法运行某段核心代码的次数来代替准确的执行时间，记为 $T(n)$，其中 n 表示问题规模，一般指待处理数据量的大小。

在实际的时间复杂度分析中，当问题规模 $n \to \infty$ 时，引入符号"O"简化时间复杂度 $T(n)$ 与问题规模 n 之间的函数关系，简化后是一种数量级关系。

算法的时间复杂度可表示为

$$T(n) = O(f(n))$$

其中，算法时间复杂度常用 O 表示，$f(n)$ 为问题规模 n 的函数。

例如，某个算法的时间复杂度为 $T(n) = n^2 + 2n$，当 $n \to \infty$，有 $T(n)/n^2 \to 1$，表示算法时间复杂度与 n^2 成正比，记为 $T(n) = O(n^2)$。时间复杂度类型如表 4.2 所示。

表 4.2　时间复杂度类型

类型	复杂度	说明	举例
多项式解	$O(1)$	常数阶	如向数组中写入数据后，总能在一个确定的时间内返回结果
	$O(\log n)$	对数阶	如对排序后的数据用二分查找法确定位置
	$O(n)$	线性阶	如在一个无序的数据列表中，用顺序查找的方法确定位置
	$O(n \log n)$	线性对数阶	如快速排序，一般情况为 $O(n \log n)$，最坏情况为 $O(n^2)$
	$O(n^2)$	平方阶	2 层循环，如 4×4 矩阵要计算 16 次
	$O(n^3)$	立方阶	3 层循环，如 $4 \times 4 \times 4$ 矩阵要计算 64 次
指数解	$O(2^n)$	指数阶	如汉诺塔问题、密码暴力破解问题
	$O(N!)$	阶乘阶	如旅行商问题、汉密尔顿回路问题

时间复杂度最好的算法是常数数量级的算法，其运行的时间是一个常数，算法所消耗的时间不随问题规模 n 的增大而增长。对于大多数应用问题而言，时间复杂度都为多项式，算法的执行时间通常是可接受的，但当时间复杂度大于多项式，执行时间随着问题规模 n 的增大而急剧增加时，计算机几乎无法在可接受的时间内得到处理结果。算法时间复杂度增长趋势曲线如图 4.5 所示。

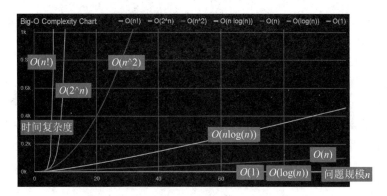

图 4.5　算法时间复杂度增长趋势曲线

【例 4-3】 计算两个 n 阶方阵求和的时间复杂度。

> 输入：n 阶方阵 A 和 B。
>
> 输出：n 阶方阵 C。

```
1.   void AddMatrix(int A[][], int B[][], int C[][], int n)
2.   {
3.       int i, j;
4.       for (i=0; i<n; i++)
5.           for (j=0; j<n; j++)
6.               C[i][j] = A[i][j] + B[i][j];
7.   }
```

解　for(i=0; i<n; i++)的执行次数为 $n + 1$，for(j=0; j<n; j++)的执行次数为 $n(n + 1)$，C[i][j] = A[i][j]+ B[i][j]的执行次数为 n^2，则

$$T(n) = n + 1 + n(n + 1)+ n^2 = 2n^2 + 2n + 1$$

所以算法的时间复杂度为 $T(n) = O(n^2)$。

② 空间复杂度。算法的空间复杂度是指算法需要消耗的内存空间。空间复杂度与问题规模 n 有关，记为 $S(n)$。同理，其计算和表示方法与时间复杂度类似，当 $n \to \infty$，引入符号"O"简化空间复杂度 $S(n)$ 与问题规模 n 之间的函数关系，简化后是一种数量级关系。例如，算法的空间复杂度与 n^2 成正比，记为 $S(n) = O(n^2)$。

【例 4-4】 计算不同变量所占用的存储空间与空间复杂度的对应关系，算法描述如下：

```
int x,y,z;          //算法 1
#define   N 1000    //算法 2
int k,j,a[N],b[2*N];
#define   N 1000    //算法 3
int k,j,a[N][10*N];
```

解　算法 1 设置 3 个变量，占用 3 个内存单元，其空间复杂度为 $O(1)$。算法 2 设置 2 个变量和 2 个一维数组，占用 $3n + 2$ 个内存单元，其空间复杂度为 $O(n)$。算法 3 设置 2 个变量和 1 个二维数组，占用 $10n^2 + 2$ 个内存单元，其空间复杂度为 $O(n^2)$。

由此可见，二维或三维数组是空间复杂度高的主要因素之一，在算法设计时应注意尽可能少用高维数组。

4.2.2 算法的描述方法

算法是通过程序加以实现的，而在进行算法设计的过程中，为了便于实际问题的分析和求解，通常需要借助一些形式化的描述工具来描述算法。常用的算法描述方法有自然语言、伪代码、流程图、N-S 图、PAD 图等。本书主要介绍自然语言、伪代码、流程图，关于其他描述方法，读者可查阅相关资料来了解。

1. 自然语言

自然语言就是人们日常使用的语言。文字形式的算法描述可以传递人们的思想和智慧，故自然语言简单，便于阅读。但自然语言文字冗长，不同的人描述相同的算法存在很大差异，容易出现歧义。

【例 4-5】用自然语言描述计算并输出 $z=x \div y$ 的流程。

自然语言描述的算法步骤如下：

(1) 输入变量 x、y；

(2) 判断 y 是否为 0；

(3) 如果 $y=0$，则输出出错提示信息；

(4) 否则计算 $z=x/y$；

(5) 输出 z。

2. 伪代码

伪代码是一种介于自然语言和计算机语言之间的文字和符号，具有结构清晰、代码简单、可读性好的特点。伪代码忽略了编程语言中严格的语法规则和细节描述，不是计算机能够直接理解和执行的程序语句。

伪代码规定了特定符号的含义和固定的语法格式，具体如下：

(1) 伪代码语句可以用英文、汉字、中英文混合表示算法，并尽量使用编程语言中的部分关键字描述算法。例如，在进行条件判断时，用 if-then-else-end if 语句，不仅符合人们的正常思维方式，也方便转化为程序设计语言。

(2) 伪代码的每一行或几行表示一个基本操作，语句结尾不需要任何符号(C 语言以分号结尾)，语句的缩进表示程序中的分支结构。

(3) 伪代码的变量名和保留字不区分大小写，变量的使用也不需要事先声明。

(4) 伪代码用符号 "←" 表示赋值语句，利用 "return(变量名)" 返回函数值，利用 "call 函数名(变量名)" 调用函数。

【例 4-6】用伪代码描述：从键盘输入 3 个数，输出其中最大的数，如图 4.6 所示。

```
(1)  Begin                      /* 算法伪代码开始 */
(2)  输入 A，B，C                /* 输入变量A、B、C */
(3)  if A>B then Max←A          /* 条件判断，如果A大于B，则赋值Max=A */
(4)    else Max←B              /* 否则将B赋值给Max */
(5)    if C>Max then Max←C      /* 如果C大于Max，则赋值Max=C */
(6)  输出 Max                   /* 输出最大数Max */
(7)  End                        /* 算法伪代码结束 */
```

图 4.6 伪代码示例

3. 流程图

流程图是用规定的一组图形和文字说明描述算法的一种表示方法。常用流程图的符号如表 4.3 所示。

表 4.3　常用流程图的符号

图　形	名　称	功　能
⬭	开始/结束	表示算法的开始或结束
▱	输入/输出	表示算法中变量的输入或输出
▭	处理	表示算法中变量的计算会赋值
◇	判断	表示算法中的判断
↓	流程线	表示算法中的流向
○	连接点	表示算法流向出口或入口连接点

【例 4-7】判断某年是否为闰年，请用流程图表示。

判断某年是否为闰年的方法：

(1) 普通年能被 4 整除且不能被 100 整除的为闰年。

(2) 世纪年能被 400 整除的是闰年。

其流程图如图 4.7 所示。

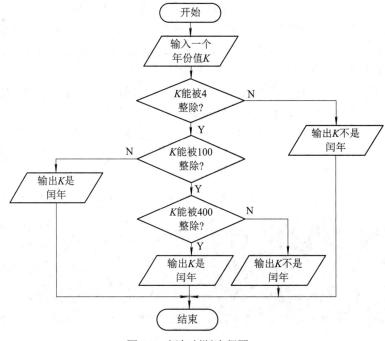

图 4.7　闰年判断流程图

4.3 常用算法策略

随着计算机技术的发展，人们在利用计算机解决数值的或非数值的计算问题时衍生出了许多算法策略，这对求解问题具有重要的指导作用。本节着重介绍枚举法、回溯法、递归法、迭代法、排序法、查找法等常用的算法策略。

4.3.1 枚举法

枚举法又称穷举法，其基本思想是根据解决问题的条件确定解的大致范围，然后在此范围内将所有可能的情况逐一验证。若某个情况符合解决问题的条件，则为问题的一个解；若全部情况验证完后均不符合解决问题的条件，则问题无解。枚举法的特点是算法简单，容易理解，但运算量大。

【例 4-8】百钱百鸡问题。假定公鸡每只 5 元，母鸡每只 3 元，小鸡 3 只 1 元。现有 100 元钱，要求买 100 只鸡，问共有几种购鸡方案。

问题分析：设公鸡、母鸡、小鸡各为 x、y、z，列出方程式为

$$\begin{cases} x + y + z = 100 \\ 5x + 3y + \dfrac{z}{3} = 100 \end{cases}$$

利用枚举法，将各种可能的组合一一测试，输出符合条件的组合，即在各个变量的取值范围内不断变化 x、y、z 的值，即 $1 \leqslant x \leqslant 20$，$1 \leqslant y \leqslant 33$，$3 \leqslant z \leqslant 100$，$z \bmod 3 = 0$，穷举 x、y、z 全部可能的组合，若满足方程，则是方程的一组解。通过 C 语言编程实现的代码如下：

```c
#include<stdio.h>
void main( )
{
int cocks=0,hens,chicks;
while(cocks<=20)
{
hens=0;
while(hens<=33)
{
        chicks=100-cocks-hens;
        if(5.0*cocks+3.0*hens+chicks/3.0==100.0)
        printf("公鸡%d 只，母鸡%d 只，小鸡%d 只\n",cocks,hens,chicks);
        hens++;
    }
```

```
            cocks++;
        }
    }
```

程序输出结果如下：

公鸡 0 只，母鸡 25 只，小鸡 75 只

公鸡 4 只，母鸡 18 只，小鸡 78 只

公鸡 8 只，母鸡 11 只，小鸡 81 只

公鸡 12 只，母鸡 4 只，小鸡 84 只

4.3.2 回溯法

回溯法也称试探法，它按选优条件向前搜索，以达到目标。但当探索到某一步，发现原先选择并不优或达不到目标时，就"回溯"返回重新选择，满足回溯条件的某个状态的点称为"回溯点"。回溯法本质上是枚举法，许多复杂的、规模较大的问题都可以使用回溯法求解，它有"通用解题方法"的美称。

第 3 章介绍的 DFS 算法就采用的是回溯法的思想，即在包含问题的所有解的解空间树中，按照深度优先的策略，从根节点出发搜索解空间树。算法搜索至解空间树的任一节点时，先判断该节点是否肯定不包含问题的解；如果肯定不包含，则跳过对以该节点为根的子树的系统搜索，逐层向其祖先节点回溯；否则，进入该子树，继续按深度优先的策略进行搜索。若用回溯法求问题的所有解，则需要回溯到根，且根节点的所有可行子树都要被搜索遍才结束。而若使用回溯法求任一解，只要搜索到问题的一个解就可以结束。由于回溯法是对解空间的深度优先探索，一般情况下可用递归函数实现回溯法。

【例 4-9】四色问题。任何一张地图只用四种颜色就能使具有共同边界的区域着上不同的颜色，即任何相邻的两个地区颜色不会重复，这是著名的四色猜想，它是世界近代三大数学难题之一。

解 为了便于描述，将地图简化为用编号代替某个区域，如图 4.8(a)所示。根据题意，给每个区域涂上红、蓝、黄、白四种颜色之一，且相邻的区域用不同的颜色加以区分。

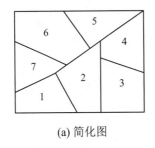
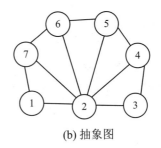

(a) 简化图　　　　　　　　　　(b) 抽象图

图 4.8　四色问题

(1) 问题抽象：将每一个区域视为一个点，将区域之间的联系视为一条边，如图 4.8(b)所示。

(2) 连接矩阵：可将图 4.8(b)所示的各区域之间的连接关系表示为

$$R[x,y]=\begin{cases}1, & \text{区域 } x \text{ 与区域 } y \text{ 相邻} \\ 0, & \text{区域 } x \text{ 与区域 } y \text{ 不相邻}\end{cases}$$

(3) 填色处理：从编号为 1 的区域开始用四种颜色顺序着色，当第一个区域的颜色与相邻区域的颜色不同时，就可以确定第一个区域的颜色。然后，依次对第二个区域、第三个区域……进行处理，直到所有区域都着上色为止。

(4) 问题算法：在着色过程中，如果即将填的颜色与相邻区域的颜色相同，且四种颜色都尝试过以后均不能满足要求，则需要回溯到上一个区域，修改其颜色，然后重复尝试下一个颜色。

四色猜想是由一位来自英国的名叫弗南西斯·格思(Francis Guthrie)的英国大学生于 1852 年提出的。许多数学家致力于四色猜想的证明。随着电子计算机的问世、演算速度的提高，四色猜想证明的进程加快了。1976 年，美国数学家阿佩尔与哈肯在美国伊利诺斯大学的两台不同的电子计算机上，用 1200 个小时进行了 100 亿次判断，终于完成了四色猜想的证明，使四色猜想成为第一个用计算机证明的大定理。四色猜想的计算机证明利用计算机快速高效、可重复的优势，解决了一个 100 多年未解的难题，开辟了人与机器合作解决问题的新途径。

4.3.3 递归法

1. 递归法的思想

笛卡尔在《方法论》中指出："如果一个问题过于复杂，一下子难以解决，那么就将原问题分解成足够多的小问题，然后再分别解决。"这就是分而治之的思想。递归法的基本思想是通常把一个大型复杂的问题转化为一个与原问题相似的规模较小的问题进行求解。递归法既是一种有效的算法设计方法，也是一种有效的问题分析方法。递归法是计算机中非常重要的思想，很多算法，如动态规划法、贪心算法等都是基于递归法的。

【例 4-10】语言中的递归现象。童年时，大人给小孩讲故事：从前有座山，山上有个庙，庙里有个老和尚和小和尚，老和尚给小和尚讲故事，讲的是：从前有座山，山上有个庙……

【例 4-11】图形中的递归现象。在图 4.9 中，手持的物体中有一幅相同的手持同一物体的小照片，小照片中还有更小的一幅手持同一物体的图片。

图 4.9 图形中的递归现象

递归是以自相似方法重复事物，是自我描述、自我复制的过程。递归法求解问题的过程分为递推和回溯两个阶段，如图 4.10 所示。递推把复杂问题的求解转化为比原问题简单的子问题的求解。回溯是指当获得最简单问题的解后，逐步返回，依次得到复杂问题的解。

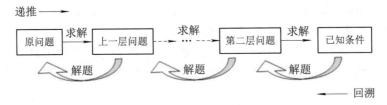

图 4.10　递归的两个阶段

在使用递归时，必须有一个明确的递归边界条件，称为递归出口，即当边界条件不满足时，递归就前进；当边界条件满足时，不再调用自身，递推停止，并开始回溯。如果递归函数始终无法满足边界条件，则程序会因为内存单元溢出而退出。

【例 4-12】斐波那契数列(Fibonacci Sequence)。1202 年，意大利数学家斐波那契提出关于兔子繁殖的问题：如果 1 对兔子每月能繁殖 1 对一雌一雄的小兔，每对小兔在它们出生后的第 1 个月又生 1 对小兔。在不发生死亡的情况下，由 1 对出生的小兔开始，50 个月后会有多少对小兔？

解　第 1 个月 1 对兔子出生，但没有繁殖能力，所以有 1 对兔子；第 2 个月兔子成熟，但还是只有 1 对兔子；第 3 个月共有 2 对兔子，即 1 对初生的兔子和 1 对成熟的兔子；第 4 个月共有 3 对兔子，即 1 对初生的兔子和 2 对成熟的兔子；……，如图 4.11 所示，则每个月兔子的对数依次为

$$1，1，2，3，5，8，13，21，34，\cdots$$

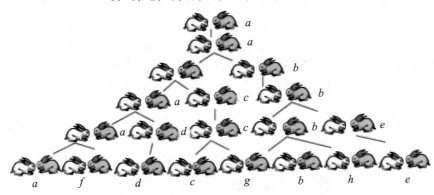

图 4.11　出生兔子对数数量示意图

该数列称为斐波那契数列，又称黄金分割数列。在数学上，斐波纳契数列以递推的方法定义为

$$F(1) = 1，\ F(2) = 1，\ F(n) = F(n-1) + F(n-2)\ (n \geqslant 3，\ n \in \mathbf{N})$$

因此，斐波那契数列对于原问题 $F(n)$ 的求解转化为对 $F(n-1)$、$F(n-2)$ 两个子问题的求解。由 $F(1) = 1$，$F(2) = 1$ 可以得出斐波那契数列的递归出口为 $F(1) = 1$，$F(2) = 1$。当到达递归出口后，即得到 $F(1) = 1$，$F(2) = 1$ 后，返回得到 $F(3)$、$F(4)$ 的结果……最终返回得到

$F(n)$的结果。

2. 递归法的实现

在计算机程序设计中，递归法是一种直接或者间接地调用自身的算法，一般通过函数或子过程来实现。在一个函数的定义中出现对自己本身的调用，称为直接递归；在一个函数 A 的定义中包含对函数 B 的调用，而 B 的实现过程又调用了 A，函数形成环状调用链，称为间接递归。因此，递归只需要少量程序，就可以表述解题过程需要的多次重复计算。但由此也可以看出，程序设计中如果没有对递归深度进行控制，会导致程序的无限循环执行，这也充分反映出递归自我繁殖的特点。由于每次输出的内容都需要占用一定的存储空间，程序运行到一定次数后，就会因为存储单元不足而导致数据溢出，最终死机。计算机病毒程序和蠕虫程序正是利用递归函数自我繁殖的特点来攻击计算机的。

另一方面，这种自我描述和自我繁殖的程序是否符合算法的规范？会不会导致图灵机的停机问题？事实证明：满足一定规范的自我调用或自我描述的程序，从数学本质上看是正确的，不会产生悖论。

4.3.4 迭代法

1. 迭代法思想

迭代法是利用变量的原值推算出变量的新值的。迭代法是一种归纳方法，它利用计算机运算速度快、适合做重复性操作的特点，让计算机对一组指令(或一定步骤)进行重复执行，在每次执行这组指令(或这些步骤)时，都从变量的原值推出它的一个新值。在计算机程序设计中，迭代法一般采用循环的方式实现。

利用迭代法解决问题，需要做好以下三个方面的工作：

(1) 确定迭代变量。在用迭代法解决的问题中，至少存在一个直接或间接地不断由旧值推演出新值的变量，这个变量被称为迭代变量。

(2) 建立迭代关系式。迭代关系式是指从变量的前一个值推演出其下一个值的公式(或关系)，它是解决迭代问题的关键。

(3) 对迭代过程进行控制。迭代过程的控制通常可分为两种情况：一是所需的迭代次数是个确定的值，可以计算出来；二是所需的迭代次数无法确定。对于前一种情况，可以构建一个固定次数的循环来实现对迭代过程的控制；对于后一种情况，需要进一步分析结束迭代过程的条件。

2. 递归和迭代的区别

递归和迭代的主要区别如下：

(1) 实现方式。递归法和迭代法都是重复执行某段程序代码，递归法通过重复性的自身调用来实现，即从未知结果递推到已知初始值，再回溯到所求的结果；迭代法采用循环方式实现，即从初始值开始，经过无限次循环，得到结果。

(2) 终止条件。迭代法是不符合循环条件就结束迭代；递归法是当达到边界条件时，开始回溯，直到递归结束。

(3) 内存资源。迭代法中的程序变量一次性占用内存，空间复杂度为 $O(1)$；递归法的递归函数调用时，程序变量产生的临时数据要存入堆栈，空间复杂度为 $O(n)$，递归每深入一层，就需要占用一块内存区域保存临时数据，对于嵌套层数较深的递归算法，会因为存储空间资源耗尽而导致内存系统崩溃。

(4) 运行效率。递归法和迭代法理论上的时间复杂度是等价的，实际上递归法的效率比迭代法的要低。递归法中大量的函数调用需要额外的时间开销，迭代法中运行时间与循环次数相关，没有额外的时间开销。

(5) 适应性。递归法需要回溯，无法保证每一步都是正确的；迭代法不需要回溯，保证每一步接近答案，没有岔路。

(6) 算法转换。所有迭代可以转换为递归，但不是所有递归都能转换为迭代。

【例 4-13】利用递归法和迭代法求 $n!$。

$$n! = \begin{cases} 1 & , n \leqslant 1 \text{ 时} \\ n \times (n-1)! & , n > 1 \text{ 时} \end{cases}$$

解　(1) 递归法。

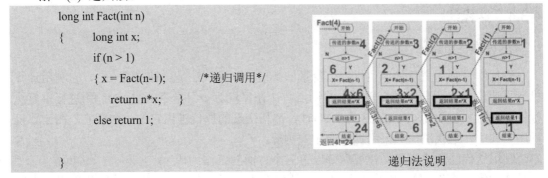

(2) 迭代法。

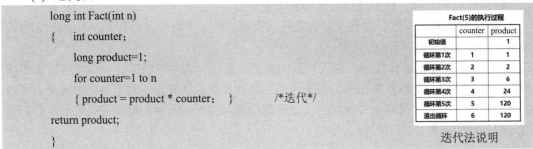

4.3.5　排序法

排序是指将一组杂乱无章的数据元素按照关键字以递增或递减的顺序重新排列，以方便管理和查找。所有排序都包括以下两个基本操作：① 比较关键字值的大小；② 改变数据元素的位置。常见的排序算法有冒泡排序、插入排序、快速排序、选择排序、堆排序、归并排序等。下面主要介绍前三种算法。

1. 冒泡排序

如果将一组数据元素按照从大到小(或从小到大)的顺序排列，则称为冒泡排序。冒泡排序(Bubble Sort)的基本思想是比较相邻 2 个数据元素，如果次序不对，则将 2 个数据元素位置互换，依次类推，最终较大(或较小)的数据元素向上浮起，犹如冒泡。冒泡排序属于交换类排序，该算法是计算机科学领域中一种较简单的排序算法。

【例 4-14】有一组数据排列为{6,2,4,1,5,9}，请用冒泡排序算法将该组数据排列为{1, 2,4,5,6,9}，并分析时间复杂度。

解　冒泡排序算法的原理如图 4.12 所示。

(1) 从第一个数据元素开始，对所有的数据从下至上每相邻两个数据元素进行比较。如果下面的数据元素比上面的数据元素大，则两个数据元素交换位置，依次类推。

(2) 经过第一轮比较后，值最大的数据元素会上浮到最顶端，其余数据元素会下移。

(3) 对所有的数据元素重复以上步骤，直到没有任何一对数据需要换位置，则排序完成。

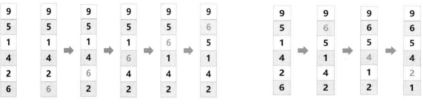

(a) 冒泡排序算法第一轮　　　　　　　　(b) 冒泡排序算法最终结果

图 4.12　冒泡排序算法

实现代码如下：

```
输入：待排序数组 A，数据元素个数 n。
输出：按递增顺序排序的数组 A。
1.   void Bubblesort(int A[ ],int n)
2.   {
3.      int i,j,temp;
4.      for(i=0;j<n-1;i++)
5.         for(j=0;j<n-i-1;j++)
6.         {
7.             if(A[j]>A[J+1])
8.             {
9.                 temp:A[j];
10.                A[j]=A[j+1];
11.                A[j+1]=temp;
12.             }
13.         }
14.   }
```

冒泡排序的时间复杂度计算为$(n-1)+(n-2)+\cdots+1=n(n-1)/2$,故冒泡排序的时间复杂度为 $O(n^2)$。冒泡排序不需要占用太多的内存空间，仅需要一个交换数据元素时能够暂存数据元素的临时变量存储空间即可，因此空间复杂度为 $O(1)$，不浪费内存空间。

冒泡排序是一种效率低下的排序方法，在元素规模很小时可以采用，当元素规模较大时最好使用其他排序方法。

2. 插入排序

插入排序(Insertion Sort)类似于玩扑克牌时的排序方法。例如，手中已经有 10、J、Q、A 四张牌，且已排列好顺序。当抓到一张 K 时，将 K 与手中的牌依次比较，K 比 A 小，再与 Q 比较，K 比 Q 大，K 就插在 A 与 Q 之间，如图 4.13 所示。

图 4.13　扑克牌的插入排序

插入排序的基本思想是根据关键字大小将数据元素插入前面已经排好序的队列中的适当位置，直到全部数据元素插入完成为止。插入排序是一种稳定的排序方法，其优点是算法简单，在数据元素较少时是比较好的选择。

【例 4-15】假设数据元素的初始列表为{7,2,5,3,1}，利用插入排序将列表中的数据元素按照升序进行排列。

解　插入排序过程如表 4.4 所示。

表 4.4　插入排序过程

指针	数据元素插入排序过程						说　明
数组	A[0]	A[1]	A[2]	A[3]	A[4]	A[5]	数组 A[i]作为数据元素存储单元，temp 为临时变量
初始状态		7	2	5	3	1	
$i=1$	7		2	5	3	1	temp=7，将 temp 左移到 A[0]，作为已排好序的数据元素
$i=2$	2	7		5	3	1	temp=2，比较 temp<7，7 右移，temp 插入 A[0]
$i=3$	2	5	7		3	1	temp=5，比较 2<temp<7，7 右移，temp 插入 A[1]
$i=4$	2	3	5	7		1	temp=3，比较 2<temp<5<7，7 右移，temp 插入 A[1]
$i=5$	1	2	3	5	7		temp=1，比较 temp<2<3<5<7，7 右移，temp 插入 A[0]

插入排序的数据元素比较次数和数据元素移动次数与数据元素的初始排列有关。最好的情况下，列表数据元素已按关键字从小到大有序排列，每次只需要与前面有序数据元素的最后一个数据元素比较 1 次，移动 2 次数据元素，总的比较次数为 $n-1$，数据元素移动次数为 $2(n-1)$，时间复杂度为 $O(n)$；在平均情况下，数据元素的比较次数和移动次数约为 $n^2/4$，时间复杂度为 $O(n^2)$；最坏的情况是列表数据元素逆序排列，其时间复杂度为 $O(n^2)$。

3. 快速排序

快速排序是安东尼·霍尔(C. A. R. Hoare，1980 年获图灵奖)提出的排序算法。快速排序的基本思想是：从列表中取出一个数据元素作为"基准数"，比基准数大的数据元素放到它的右边，小于基准数的数据元素放到它的左边，相同的数可以放在任一边，这样基准数处于列表中间位置。可利用递归算法对小于基准数的数据元素排序，然后对大于基准数的数据元素排序。

【例 4-16】对数据元素列表{6,1,2,7,9,3,4,5,10,8}进行快速升序排序。

解 具体排序过程如图 4.14 所示。

快速排序的时间复杂度在最差情况下，每次分区都选到最大(小)的数据，退化为冒泡排序，时间复杂度为 $O(n^2)$。一般情况下，其平均的时间复杂度为 $O(N\log n)$。

循环状态	排序元素列表										说　明
初始状态	6	1	2	7	9	3	4	5	10	8	初始序列，以6为基准数
第1轮	3	1	2	5	4	6	9	7	10	8	基准数6归位
第2轮	3	1	2	5	4						以3为基准数
	2	1	3	5	4						基准数3归位
第3轮	2	1									以2为基准数
	1	2									基准数2归位
第4轮	1										只有1位，无须排序
第5轮				5	4						以5为基准数
				4	5						基准数5归位
第6轮				4							只有1位，无须排序
第7轮							9	7	10	8	以9为基准数
							8	7	9	10	基准数9归位
第8轮							8	7			8为基准数，归位
							7	8			基准数8归位
第9轮							7				7只有1位，无须排序
第10轮										10	10只有1位，无须排序
循环结束	1	2	3	4	5	6	7	8	9	10	排序完成

图 4.14　快速排序过程

4.3.6　查找法

随着计算机及计算机网络的发展，用户常常需要从海量信息中找到自己需要的信息。查找又称为搜索，即在一个给定的数据模型中找出满足指定条件的元素。查找是许多程序中最消耗时间的一部分，因而，一个好的查找方法会极大地提高系统运行的速度。常用的查找方法主要有顺序查找、折半查找、索引查找。

1. 顺序查找

顺序查找又称线性查找，是指在线性表中依次查找表中的数据，直到找到要找的元素或者找遍整个查找表而没有找到要找的元素，则查找结束。顺序查找可以在顺序存储结构上进行，也可以在链式存储结构上进行。

顺序查找的过程为：从表中指定位置的记录开始，沿某个方向将记录的关键字值与给定关键字值相比较，若某个记录的关键字值和给定关键字值相等，则查找成功；反之，若找完整个顺序表，都没有找到与给定关键字值相等的记录，则此顺序表中没有满足查找条件的记录，查找失败。

对于顺序查找算法而言，一般只需要一个辅助存储单元空间，因此，顺序查找的空间复杂度为 $O(1)$。查找算法的基本运算是给定关键字值与顺序表中记录关键字值的比较，因此常以比较次数作为判断查找算法优劣的依据。在最好的情况下，第一次比较就成功找到所需数据，这时，时间复杂度为 $O(1)$。在最坏的情况下，所查找的记录不在顺序表中，这时需要和整个顺序表的所有记录进行比较，比较的次数为 n，时间复杂度为 $O(n)$。平均情况下，所查找的记录需要和顺序表中大约一半的记录进行比较，即比较次数为 $n/2$，因而，时间复杂度为 $O(n)$。

【例 4-17】 利用顺序查找在序列 [32，15，40，7，90，75，10，20，66，80] 中查找元素 75。

解　顺序查找过程如图 4.15 所示。

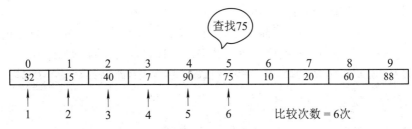

图 4.15　顺序查找过程

2. 折半查找

折半查找亦称二分查找，其基本思想是不断将列表进行对半分割，每次用中间元素和查找元素进行比较，如果两者相等，则查找成功；否则，继续查找，直到找到最后一个元素也没有匹配成功，则宣布查找的元素不在列表中。应当指出的是，如果列表是无序的，则利用穷举法一个一个地顺序搜索；如果列表是有序的，则可以利用折半查找。

【例 4-18】 在序列 [7，13，19，25，36，41，55，62，73，89] 中查找元素 55，能否使用折半查找？

解　列表是有序的，可以利用折半查找，折半查找过程如图 4.16 所示。

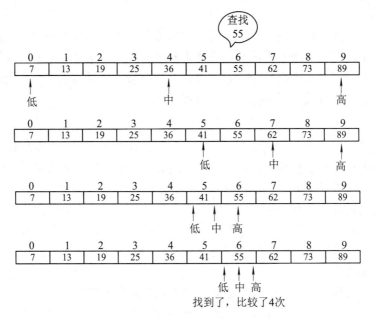

图 4.16　折半查找过程

（1）第一次折半：取标号为 4 的元素 36 作为中间元素，与查找元素 55 进行比较，由于 36<55，则查找元素必然在 36 之后。

（2）第二次折半：取标号为 7 的元素 62 作为中间元素，与查找元素 55 进行比较，由于 55<62，则查找元素必然在 62 之前。

（3）第三次折半：取标号为 5 的元素 41 作为中间元素，与查找元素 55 进行比较，由于 41<55，则查找元素必然在 41 之后。

（4）第四次折半：取标号为 6 的元素 55 作为中间元素，与查找元素 55 进行比较，由于 55＝55，则查找成功。

由上例可知，折半查找算法比较次数少，查找速度快，平均时间复杂度为 $O(\log n)$。折半查找算法适用于不经常变动而查找频繁的有序列表。

3. 索引查找

索引类似目录，索引查找即查找目录，然后根据目录将需要的数据块读入内存，从而实现只需对小部分数据进行查询的目的。索引是提高查找效率的方法之一。

1）索引表的建立

建立索引表有如下三个步骤：

（1）按表中数据的关键字将表分成若干块：R_1, R_2, …, R_L，这些块要满足第 R_k 块中所有关键字小于等于 R_{k+1} 块中所有关键字或大于等于 R_{k+1} 块中所有关键字的条件，其中 $k = 1, 2, …, L-1$，称为"分块有序"。

（2）对每块建立一个索引项，每一个索引项包含两项内容：一是关键字项，为该块中最大关键字值；二是指针项，为该块第一个记录在表中的位置。

（3）将所有索引项组成索引表。

2）索引表的查找

索引表的查找分两步进行：

（1）查找目录。将外存上含有索引区的页块调入内存，根据索引表的关键字项查找记录所在块，根据其指针项确定所在块的第一个记录的物理地址。

（2）查找数据。将含有该数据的页块调入内存，在这个块内部根据关键字查找记录的详细信息。

【例 4-19】某表中的具体数据为 22,12,13,8,9,20,33,42,44,38,24,48,60,58,74,49,86,53，请设计索引查找方法查找该表中的数据。

解　首先建立索引表。表中有 18 个数据，可以分成 3 块，每块 6 个数据，该查找表分块情况为(22,12,13,8,9,20)、(33,42,44,38,24,48)、(60,58,74,49,86,53)，建立一种索引表如表 4.5 所示。

表 4.5　索　引　表

关键字	22	48	86
指针	1	7	13

查找过程分为两步：第 1 步，确定待查记录所在块；第 2 步，在块内进行顺序查找。

例如，查找关键字 $k = 38$ 的数据的具体过程为：第 1 步，在索引表中进行查询，$k = 38$

的数据在块 2 中；第 2 步，从 $r[7]$ 开始，直到 $k = r[i].key$ 或 $i>12$ 为止。由于 $r[10].key =$ 38，因此查找成功。查找关键字 $k = 50$ 的数据，第 1 步，在索引块中查找，关键字为 50 的数据在块 3 中；第 2 步，从 $r[13]$ 开始顺序查找，找到 $r[18]$ 时整个块找完也没找到关键字等于 50 的数据，则查找失败。

【例 4-20】 用户通过搜索引擎查找有关"原子能应用"的文献，用户可以输入查询关键词"原子能 AND 应用"，这表示符合要求的文献必须同时满足三个条件：一是包含"原子能"，二是包含"应用"，三是同时包含"原子能"和"应用"。计算机是如何完成检索的？

网页信息搜索不可能将每篇文档扫描一遍，以检查它是否满足查询条件，因此需要建立一个索引文件。最简单的索引文件是用一个很长的二进制数表示一个关键词是否出现在每篇文献中。有多少篇文献，就有多少位二进制数，如 100 篇文献对应 100 位二进制数，每一位二进制数对应一篇文献，1 表示相应的文献有这个关键词，0 表示没有这个关键词。例如，关键词"原子能"对应的二进制数是 0100100001100001 时，表示 2、5、10、11、16(左起计数)号文献包含了这个关键词。同样，假设"应用"对应的二进制数是 0010100110000001，那么要找到同时包含"原子能"和"应用"的文献，就要将这两个二进制数进行逻辑与运算(AND)，即

$$
\begin{array}{r}
0100100001100001 \\
\text{AND} \quad 0010100110000001 \\
\hline
0000100000000001
\end{array}
$$

这表示第 5 号文献和第 16 号文献同时包含"原子能"和"应用"。由于布尔运算只能给出是与否的判断，而不能给出量化的度量，因此，所有搜索引擎在内部检索完毕后，都要对符合要求的页面根据相关性排序，然后才返回给用户。

4.4　算法的实现

图灵在《计算机器与智能》一文中指出：如果一个人想让机器模仿计算员执行复杂的操作，那么他必须告诉计算机要做什么，并把结果翻译成某种形式的指令表，这种构造指令表的行为称为编程。利用编程语言对算法进行细化编程后，可以得到计算机程序。计算机科学家迪科斯彻曾经指出："编程的艺术就是处理复杂性的艺术。"

4.4.1　程序设计语言

计算机语言是人类与计算机进行沟通交流的符号。人们用这些符号把需要计算机解决的问题的步骤描述出来，就形成了计算机程序。程序设计语言是用于书写计算机程序的语言，是算法得以实现的基础。自 20 世纪 60 年代以来，世界上公布的程序设计语言已有上千种之多，但是只有很少一部分得到了广泛的应用。从与硬件联系的紧密度看，程序设计语言可以分为机器语言、汇编语言和高级语言三类，三者的关系如图 4.17 所示。

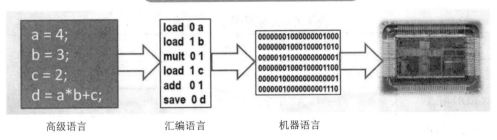

图 4.17　机器语言、汇编语言和高级语言的关系

1. 机器语言

计算机硬件是由电子电路组成的，只能够识别 0 和 1 两种信号，因此，机器语言由二进制指令代码构成，是计算机唯一能够直接识别和执行的语言。机器语言是第一代计算机语言，其优点是占用内存少，执行速度快；其缺点是可读性较差，编写、修改和维护困难。由于机器语言与计算机处理器硬件紧密相关，因此其可移植性很差。

不同的 CPU 具有不同的指令系统，由此产生了两种 CPU 体系结构思想。一种是 CPU 只需要执行最小的机器指令集，在这种思想的作用下，产生了精简指令集计算机(Reduced Instruction Set Computer，RISC)。RISC 体系结构的支持者认为，这种计算机效率高、速度快，制造成本低。另一种是 CPU 应该能够执行大量复杂的指令，在这种思想的作用下，产生了复杂指令集计算机(Complex Instruction Set Computer，CISC)。CISC 体系结构的支持者认为，CPU 越复杂越容易应对现代软件日益增加的复杂性。一般来说，任何指令系统都应具有五类功能指令：数据传送类、算术运算和逻辑运算类、程序控制类、输入/输出 (Input/Output，I/O)类、控制和管理机器类(停机、启动、复位、清除等)。

【例 4-21】计算 $2+6$，其机器语言程序如表 4.6 所示。

表 4.6　机器语言运行顺序

机器语言	操 作 定 义
10110000 00000110	将 6 放置于寄存器 AL 中
00000100 00000010	将 2 与寄存器 AL 中的内容相加
10100010 01010000	将寄存器 AL 中的内容送到地址为 5 的单元中
00000000 00000000	结束程序运行

2. 汇编语言

由于机器语言与计算机硬件关系密切，因而程序员利用机器语言编写程序需要记住所有的二进制数，不仅耗时且容易出错，于是汇编语言出现了。

汇编语言亦称符号语言，是第二代计算机语言。汇编语言将机器指令符号化，即采用字母、数字等符号(助记符)代替由 0 和 1 构成的机器指令。例如，用 ADD 代表加，MOV 代表移动数据等。在大多数情况下，一条汇编指令对应一条机器指令，少数汇编指令对应几条机器指令。

【例 4-22】计算 $2+6$，汇编语言程序如表 4.7 所示。

表 4.7　汇编语言运行顺序

汇编语言	操 作 定 义
MOV AL,6	将 6 放置于寄存器 AL 中
ADD AL,2	将 2 与寄存器 AL 中的内容相加
MOV #5,AL	将寄存器 AL 中的内容送到地址为 5 的单元中
HALT	结束程序运行

汇编语言本质上与机器语言相同，都可以直接对计算机硬件设备进行操作。因此，使用汇编语言编程也需要了解计算机硬件结构，尽管汇编语言生成的可执行程序很小且执行速度快，但汇编语言同样存在难学难用、容易出错、维护困难等缺点。从软件工程角度来看，只有在高级语言不能满足设计要求，或不具备支持某种特定功能的技术性能时(如要支持特殊的输入/输出)，汇编语言才被使用。

3. 高级语言

机器语言和汇编语言都属于低级语言。高级语言是面向用户的，其形式上接近于算术语言和自然语言。高级语言把人们利用机器语言或汇编语言编程时所用数据的逻辑结构以及对数据的操作序列，归纳抽象为数据类型和语句，利用英文字母、数字和一些符号通过一定的规则(语法)对其编码，所用编码的自然语言含义与对应逻辑结构的意义尽量接近。

高级语言与特定的 CPU 指令集在形式上不再关联，它的一个命令可以代替几条、几十条甚至几百条汇编语言的指令，屏蔽许多操作细节，大大简化程序指令。因此，高级语言易学易用、通用性强、应用广泛。目前，高级语言种类繁多，如 FORTRAN、C 语言、C++、Java、Python 等。

【例 4-23】用高级语言 C 语言编写两个整数相加的程序。

```
# include<stdio.h>
int main( )
{
    int a,b,sum;
    a=123;
    b=456;
    sum= a+b;
    printf("sum is %d\n", sum);
    return 0;
}
```

4.4.2　程序解释与编译

计算机并不能直接执行由高级语言编写的源程序，源程序必须通过"翻译程序"翻译成计算机可以识别和执行的机器指令。源程序的翻译有两种方式：解释执行和编译执行。不同的程序语言有不同的翻译程序，这些翻译程序称为程序解释器或程序编译器(简称编译器)。

1. 程序的解释执行方式

程序的解释执行方式是对源程序采用边解释边执行的方法，不生成目标程序。首先，语言解释器进行初始化准备；然后从源程序中读取一个语句(指令)，并对指令进行语法检查，如果程序语言语法有错，则输出错误信息，否则将源程序翻译成机器执行指令并执行相应的机器操作；最后检查解释工作是否完成，如果未完成，则语言解释器继续解释下一语句，直至整个程序执行完成。解释程序的工作过程如图 4.18 所示。

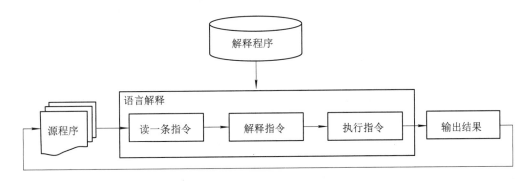

图 4.18　源程序的解释工作过程

Python、Matlab 等采用程序的解释执行方式，其实现简单，交互性好，但程序运行效率低，程序代码保密性不强。例如，发布 Python 开发项目，实际上就是发布 Python 源代码。

2. 程序的编译执行方式

程序的编译执行方式是指通过编译程序或者汇编程序将源程序转换成由机器语言构成的目标程序或者目标模块，再由链接程序将各目标模块链接起来形成一个可执行目标程序。程序编译完成后无须再次编译，生成的机器码可以反复执行。

1) 汇编语言编译系统

汇编语言程序必须经编译器编译成机器语言程序(目标程序)，才能被计算机执行，如图 4.19 所示。

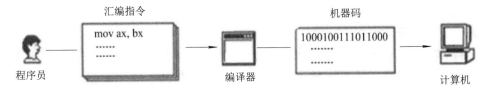

图 4.19　汇编语言程序编译示意

2) 高级语言编译系统

由于一个源程序有时可能分几个模块存放在不同的文件中，所以源程序在编译之前，需要进行预处理。预处理工作就是将这些源程序聚集在一起。此外，为了加快编译的速度，编译器往往需要提前对一些头文件及程序代码进行预处理，以便在源程序正式编译时节省系统资源开销。例如，C 语言的预处理包括头文件处理、宏定义展开、文件包含、条件编译等内容。

源程序编译是一个复杂的过程，这一过程分为以下几个步骤：编写源程序→预处理→词法分析→语法分析→语义分析→生成中间代码→代码优化→生成目标程序→链接程序→可执行程序。源程序的编译过程如图 4.20 所示。

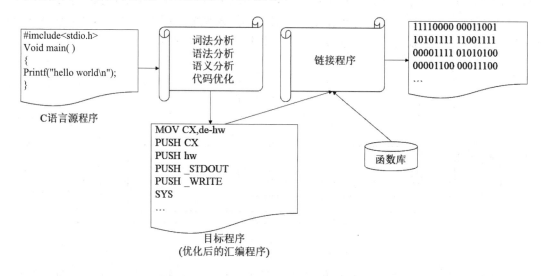

图 4.20　源程序的编译过程

(1) 编译阶段。编译阶段是由编译程序把一个源程序翻译成目标程序的工作过程，分为词法分析、语法分析、语义分析、中间代码生成和代码优化、生成目标程序五步。

① 词法分析。词法分析是将源程序的字符序列转换为标记(Token)序列的过程。编译器对组成源程序的字符流进行扫描和分解，从而识别出一个个独立的单词或符号并分类。单词是程序语言的基本语法单位，一般有 4 类单词：语言定义的关键字或保留字，如 if、for 等；标识符，如 x、i、list 等；常量，如 0、3.14 159 等；运算符和分节符，如+、−、/、=等。

【例 4-24】对语句 X1 = (2.0 + 0.8)*C1 进行词法分析。

编译器分析是识别 9 个单词，如图 4.21 所示。

图 4.21　词法分析

② 语法分析。将词法分析产生的单词符号作为输入，分析单词符号串是否符合语法规则，如表达式、赋值、循环等，是否构成一个符合要求的程序。

【例 4-25】对语句 X1 = (2.0 + 0.8)*C1 进行语法分析。

解　将词法分析获得的单词构成一棵抽象的语法树，并对语法进行分析，其结果符合语法规则，无语法错误。语法分析过程如图 4.22 所示。

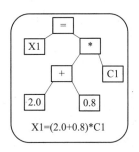 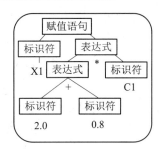

图 4.22　语法分析

③ 语义分析。语义分析是对源程序的上下文进行检查，检查有无语义错误。语义分析的主要任务有静态语义审查、上下文相关性检查、类型匹配检查、数据类型转换、表达式常量折叠等。例如，使用了没有声明的变量，或者对一个过程名赋值，或者调用函数时参数类型不适合，或者参加运算的两个变量类型不匹配等。

④ 中间代码生成和代码优化。语义分析正确后，编译器会生成相应的中间代码。中间代码是一种介于源代码和目标代码之间的代码形式，它是源代码经过编译器处理后生成的一种中间形式。代码优化是指对程序代码进行等价(指不改变程序的运行结果)变换，优化的含义是最终生成的目标代码运行时间更短、占用空间更小，即时空效率优化。原则上，优化可以在编译的各个阶段进行，但其中最主要的是对中间代码进行优化，这类优化不依赖于具体的计算机。优化环节的优劣很大程度上决定了编译程序的质量。

⑤ 生成目标程序。目标程序不仅与编译技术有关，也与机器的硬件结构有关。

(2) 链接阶段。编译阶段通过对源程序的一系列加工，得到若干目标模块。但是，这些目标模块还不能被执行。例如，源程序可能调用某个函数库等。链接阶段就是把外部函数的代码(通常是扩展名为.lib 和.a 的文件)与目标文件进行链接，生成一个可以执行的机器代码文件。

4.5　算法思维下的创新

4.5.1　人工智能概述

1. 人工智能内涵

人工智能(Artificial Intelligence，AI)是利用计算机研究与开发用于模拟、延伸和扩展人的智能行为的一门新的技术科学，其本质是从人脑的功能入手，利用计算机，通过模拟来揭示人脑思维的秘密。人工智能从诞生以来，其理论和技术日益成熟，应用领域不断扩大。可以设想，未来应用了人工智能的科技产品将会是人类智慧的"容器"。

2. 人工智能的应用

21 世纪，人工智能在各个领域都开始发挥出巨大的威力。例如，2016 年 3 月 15 日，谷歌人工智能围棋程序 AlphaGo 与世界围棋冠军李世石的人机世纪大战落下帷幕，在最后一轮较量中，AlphaGo 获得胜利，最终 AlphaGo 以 4：1 的绝对优势取得了胜利。人工智能典型产品如表 4.8 所示。

表 4.8　人工智能典型产品

分类		典型产品示例
智能机器人	工业机器人	焊接机器人、喷涂机器人、搬运机器人、加工机器人、装配机器人、清洁机器人以及其他工业机器人
	个人/家用服务机器人	家政服务机器人、教育娱乐服务机器人、养老助残服务机器人、个人运输服务机器人、安防监控服务机器人
	公共服务机器人	酒店服务机器人、银行服务机器人、场馆服务机器人、餐饮服务机器人
	特种机器人	特种极限机器人、康复辅助机器人、农业(包括农林牧副渔)机器人、水下机器人、军用和警用机器人、电力机器人、石油化工机器人、矿业机器人、建筑机器人、物流机器人、安防机器人、清洁机器人、医疗服务机器人
智能运载工具	自动驾驶汽车	
	无人机	无人直升机、固定翼机、多旋翼飞行器、无人飞机、无人伞翼机
	无人船	
智能终端	智能手机	
	车载智能终端	
	可穿戴终端	智能手表、智能耳机、智能眼镜
自然语言处理	机器翻译系统	
	机器阅读理解系统	
	问答系统	
	智能搜索系统	
计算机视觉	图像分析仪、视频监控系统	
生物特征识别	指纹识别系统	
	人脸识别系统	
	虹膜识别系统	
	指静脉识别系统	
	DNA、步态、掌纹、声纹等其他生物特征识别系统	
VR/AR	PC 端 VR、一体机 VR、移动端头显	
人机交互	语音交互产品	个人助理
		语音助手
		智能客服
	情感交互产品	
	体感交互产品	
	脑机交互产品	

4.5.2　人工智能的关键技术

人工智能研究计算机怎样模拟或实现人类的学习行为，以获取新的知识或技能。重新组织已有的知识，使之不断改善自身的性能，是人工智能技术的核心。人工智能包含了机器学习、知识图谱、自然语言处理、人机交互、计算机视觉、生物特征识别、AR/VR 等七个关键技术。

1. 机器学习

机器学习(Machine Learning)技术是一门涉及统计学、系统辨识、逼近理论、神经网络、优化理论、计算机科学、脑科学等诸多领域的交叉学科。

机器学习技术强调算法、模型和评估，即机器学习在数据的基础上，通过算法构建出模型并对模型进行评估。评估的性能如果达到要求，就用该模型测试其他数据；如果达不到要求，就调整算法来重新建立模型，再次进行评估。如此循环往复，最终获得满意的模型来处理其他数据。

2. 知识图谱

知识图谱(Knowledge Graph)技术利用可视化技术描述知识资源及其载体，挖掘、分析、构建、绘制和显示知识及它们之间的相互联系。知识图谱技术在搜索引擎、可视化展示和精准营销方面有很大的优势，已成为业界的热门工具。

3. 自然语言处理

自然语言处理技术是一门融语言学、计算机科学、数学于一体的科学，主要研究能使人与计算机之间用自然语言进行有效沟通的各种理论和方法。自然语言处理技术的应用包罗万象，例如机器翻译、手写体和印刷体字符识别、语音识别、信息检索、信息抽取与过滤、文本分类与聚类、舆情分析、观点挖掘等。

4. 人机交互

人机交互技术是一门与认知心理学、人机工程学、多媒体技术、虚拟现实技术等密切相关的综合学科。用户通过人机交互界面与系统进行交流和操作。常用的人机交互技术有传统的基本交互和图形交互、语音交互、情感交互、体感交互、脑机交互等。

5. 计算机视觉

计算机视觉技术用摄影机和计算机代替人眼对目标进行识别、跟踪和测量，并进一步对图形进行处理，使其成为更适合人眼观察或传送给仪器检测的图像。根据解决的问题的不同，计算机视觉技术可分为计算成像学、图像理解、三维视觉、动态视觉和视频编解码五大类。

6. 生物特征识别

生物特征识别技术涉及的内容十分广泛，包括指纹、掌纹、人脸、虹膜、指静脉、声纹、步态等多种生物特征，其识别过程涉及图像处理、计算机视觉、语音识别、机器学习等多项技术。目前生物特征识别技术作为重要的智能化身份认证技术，在金融、公共安全、教育、交通等领域得到了广泛的应用。

7. VR/AR

虚拟现实(VR)/增强现实(AR)技术是以计算机为核心的新型视听技术。虚拟现实/增强现实技术结合相关科学技术，在一定范围内生成与真实环境在视觉、听觉、触觉等方面高度近似的数字化环境。用户借助必要的装备与数字化环境中的对象进行交互，相互影响，获得近似真实环境的感受和体验。

应当指出的是，人工智能和大数据是紧密相关的两种技术，既有联系，也有区别。其联系在于人工智能需要数据来建立其智能，大数据则为人工智能提供了海量的数据。其区别在于人工智能是一种计算形式，允许计算机执行认知功能，辅助或代替人类更快、更好地完成某些任务或进行某些决定；而大数据是一种传统计算，其主要目的是通过数据的对比分析来掌握和推演出更优的方案。

小　结

算法是解决问题步骤的有限集合。算法求解问题的基本步骤为：数学建模→算法的设计→算法的描述→算法的模拟和分析→算法实现。常用的算法有枚举法、回溯法、递归法、迭代法、排序法以及查找法。算法是程序的灵魂，它能够帮助人们更有效地解决各种问题，不断地提高计算机的效率。人工智能技术是算法思维的现实体现。

习　题

1. 已知圆的半径，计算圆的面积。请用自然语言描述该算法。
2. 计算 $1+2+\cdots+n$ 的值，n 由键盘输入。请用流程图表示其算法。
3. 查阅资料，了解相关智能算法，写出研究报告。
4. 描述"软件＝程序+数据+文档"的内涵。
5. 程序设计语言是大学学习的重要内容之一，而程序设计语言的更新很快，如何才能学好程序设计语言？
6. 算法是程序设计的基础，没有好的算法就不可能写出好的程序。但是，学习算法涉及很多交叉学科的知识，怎样才能把这些知识融会贯通，写出优秀的程序？
7. 计算两个 n 阶方阵乘积运算的时间复杂度。

　　　输入：n 阶方阵 A 和 B。
　　　输出：n 阶方阵 C。

```
1.   void ProductMatrix(int A[][], int B[][], int C[][], int n)
2.   {
3.       int i, j, k;
4.       for (i=0; i<n; i++)
5.           for (j=0; j<n; j++)
6.           {
7.               C[i][j] = 0;
8.               for (k=0; k<n; k++)
9.                   C[i][j] = C[i][j] + A[i][k]*B[k][j];
10.         }
11.  }
```

8. 求下列算法的时间复杂度。

```
int count =1;
while(count <n){
    count = count *2;
    /* 时间复杂度为 O(1)的程序步骤序列 */
}
```

9. 某居民家庭如果每月用电在 150 度以内(包含 150 度)，则该月每度电费为 2 元；如果每月用电超过 150 度，则该月每度电费为 3 元。请设计一个统计该居民家庭一年电费的算法。

10. 请用递归算法和迭代算法实现按照顺序输出从 1 到 N 的全部正整数，并上机进行测试。当设置 N 为很大的数时，会出现什么情况？请分析原因。

11. 已知待排序记录{48，62，35，77，55，14，35，98}，给出用直接插入法进行非递减排序的全过程。

12. 农夫过河的故事。一名农夫带着狼、山羊、菜去赶集，来到了小河边。农夫需要把狼、羊、菜和自己运到河对岸，但是船比较小，除农夫之外每次只能运一种东西，而且只有农夫能够划船。同时，还有一个棘手问题，就是如果没有农夫看着，羊会偷吃菜，而狼会吃羊。请考虑一种方法，让农夫能够安全地安排这些东西和他自己过河。

13. 水壶问题。假设给定 n 个红色的水壶和 n 个蓝色的水壶，它们的形状和尺寸都不相同。每个红色水壶中所盛水的量都不一样，每个蓝色水壶中所盛水的量也不一样。对于每一个红色的水壶，都有一个对应的蓝色水壶，两者所盛的水量是一样的。如何将所盛水量一样的红色水壶和蓝色水壶找出来？

第5章　网络思维

随着互联网的普及，人与人之间的"距离"缩短了，人们的生活变得更加丰富多彩。本章从网络思维的角度，主要介绍计算机网络的含义、组成、功能、分类、体系结构，以及 Internet 基础知识、信息安全、云计算、物联网等内容。

本章学习目标

(1) 理解计算机网络的含义。

(2) 了解计算机网络的功能以及分类。

(3) 了解计算机网络的体系结构。

(4) 掌握 Internet 的基础知识。

(5) 了解我国互联网的发展阶段。

(6) 了解信息安全的概念、所面临的威胁以及防护技术。

(7) 了解云计算和物联网。

5.1　网络思维下的实例

【实例 5.1】北京暴雨中的守望相助。

2012 年 7 月 22 日凌晨，一场中华人民共和国成立以来规模最大的强降雨挡住了机场成千上万旅客回家的路。几百位打着"双闪灯"的私家车主借助微博、微信、陌陌等网络工具，告知民众他们愿意免费去机场接送被困旅客。在此期间，不断有好心人发出申请加入爱心车队。在滂沱的大雨中，这支爱心车队通过网络工具默默集结、有序出发，义务承担起免费摆渡车的角色，将被困在机场的部分旅客送回家。在这场民间自救活动中，人们借助网络平台展示出了善意的力量。

【实例 5.2】两军问题。

一支红色部队在山谷里扎营，在两边山坡上则驻扎着两支蓝色部队。红色部队比两支蓝色部队中的任意一支都要强大，但两支蓝色部队加在一起就比红色部队强大。如果一支蓝色部队单独作战，就会被红色部队击败；如果两支蓝色部队同时进攻，他们就能够击败红色部队。那么，两支蓝色部队如何通信，达成同时进攻的共识，从而取得胜利？

21 世纪人类全面进入信息时代，信息时代的重要特征就是数字化、网络化和信息化。信息化需要依靠完善的网络，网络已对社会生活的诸多方面以及对社会经济的发展产生了不可估量的影响。那么，什么是计算机网络？网络中的信息是怎样传输的？

5.2　计算机网络概述

5.2.1　计算机网络的含义与功能

1. 计算机网络的含义

1997 年，微软公司总裁比尔·盖茨在美国拉斯维加斯的全球计算机技术博览会上发表了著名的演说，他在演说中强调"网络才是计算机"。

计算机网络是指将分布在不同地理位置且具有独立功能的多台计算机通过通信设备和通信线路连接起来，在网络软件的管理和协调下，实现资源共享和数据通信的计算机系统。计算机网络如图 5.1 所示。

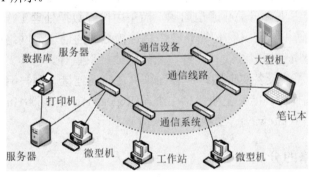

图 5.1　计算机网络

计算机网络的含义体现了计算机网络的如下特征：

(1) 资源共享。计算机互连的目的是实现资源共享，这既可解决资源匮乏的问题，又可充分发挥现有资源的潜能，提高资源的利用率。例如，通过硬件资源的共享，减少硬件设备的重复购置；通过软件资源的共享，避免软件的重复开发和重复存储；通过数据的共享，提高信息的利用率和信息的使用价值。这些资源可以通过网络在任何时间、任何地点以任何形式进行访问。

(2) 自治系统。连接到计算机网络中的每个设备都应该是自治系统，能够独立运行并提供服务。这不仅有利于将任务分散到多台计算机上进行协同处理，再集中起来解决问题，也保证了用户的工作任务不会因网络中某一台计算机发生故障而受到影响。

(3) 遵守统一的通信标准。计算机网络中的设备相互交换数据时必须遵守共同的规则，才能确保信息的使用。

2. 计算机网络的组成

计算机网络从逻辑功能上可分成资源子网和通信子网。

1) 资源子网

资源子网主要由主机、终端以及附属设备组成，主要负责全网的数据处理业务，向网络用户提供各种网络资源与网络服务。

(1) 主机。主机又称为主计算机(Host Computer，HC)，它是资源子网的关键设备，一般由大型机、中小型机或高档微机构成，主要实现数据处理、网络协议的执行、网络控制和管理等功能。网络软件和网络的应用服务程序主要安装在主机中。

(2) 终端(Terminal)。终端是用户访问网络的设备，其主要作用是把用户输入的信息转换为适合于传送的信息并发送到网络上，或把网络上其他节点通过通信线路传送来的信息转换为用户能够识别的信息。

(3) 附属设备。附属设备包括网络存储系统、网络打印机等共享设备和相关软件等。

2) 通信子网

通信子网主要由通信控制处理机、通信线路与其他通信设备组成，主要负责网络数据的传输、加工以及变换等通信处理任务。

(1) 通信控制处理机(Communication Control Processor)。通信控制处理机是执行通信控制功能的专用计算机，一般由小型机、微机或者是带有 CPU 的专用设备充当，其主要功能是承担通信控制与管理工作，如线路传输控制、差错检测与恢复等。通信控制处理机可以减轻主机的负担，使主机不再关心通信问题，而集中进行数据处理工作。

(2) 通信线路。通信线路又称传输介质，是传输数据的通道，网络中的各种设备通过它进行连接。传输介质包括双绞线、光纤、无线电波、卫星等。

(3) 通信设备。通信设备实现网络中各计算机之间的连接、网与网之间的互联、数据信号的变换、路由选择等功能，主要包括中继器(Repeater)、集线器(Hub)、网桥(Bridge)、路由器(Router)、网关(Gateway)、交换机(Switch)等。

5.2.2　计算机网络的分类

1. 按覆盖的地理范围分类

计算机网络可以分为局域网、城域网、广域网和接入网。

1) 局域网

局域网(Local Area Network，LAN)的覆盖范围通常局限在 10 km 范围之内，属于一个单位或部门组建的小范围网。局域网具有结构简单、用户数少、配置容易、连接速率高等特点。

IEEE 的 802 标准委员会定义了多种主要的 LAN 网：以太网(Ethernet)、令牌环网(Token Ring)、光纤分布式接口网络(FDDI)、异步传输模式网(ATM)以及最新的无线局域网

(WLAN)。目前局域网中速率最快的为 10 Gb/s 以太网。

2) 城域网

城域网(Metropolitan Area Network，MAN)的网络覆盖范围为几十千米至数百千米，通常可以延伸到整个城市。城域网是局域网的延伸，采用 IEEE 802.6 标准，借助通信光纤将多个局域网联通为公用城市网络，实现局域网之间的资源共享。

3) 广域网

广域网(Wide Area Network，WAN)又称为远程网，其覆盖范围超过几千千米，通常覆盖一个国家或多个国家。由于广域网地理上距离远，信息衰减非常严重，因此它一般是租用或借用专线，如微波线路、卫星通信线路或专门敷设的光缆线路等。

4) 接入网

接入网(Access Network，AN)是伴随用户对高速上网的需求而出现的一种高速接入网络技术，这使用户接入 Internet 的瓶颈问题得到某种程度上的解决。

局域网、城域网、广域网和接入网之间的关系如图 5.2 所示。

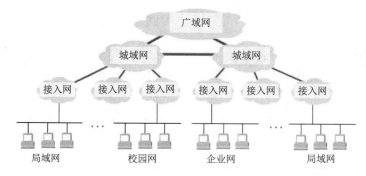

图 5.2　局域网、城域网和广域网和接入网之间的关系

2. 按拓扑结构分类

拓扑结构是指利用拓扑学方法对网络的物理连接形式进行抽象，将工作站、服务器等网络单元抽象为"点"，将网络中的线缆等通信介质抽象为"线"，这样计算机网络系统就形成为点和线组成的几何图形，从而抽象出计算机网络系统的结构。

计算机网络常用的拓扑结构主要有星形、总线、树状和环形四种。

1) 星形拓扑结构

星形拓扑结构以一台设备作为中间节点，其他节点通过点到点链路连接到中间节点上。各节点之间通过中间节点进行通信，如图 5.3(a)所示。星形拓扑结构具有结构简单、建网容易、发生故障易于检测和隔离的优点。其缺点是所需要的电缆多、网络运行依靠中间节点，一旦中间节点发生故障，整个网络将瘫痪，可靠性低，扩充比较困难。

2) 总线拓扑结构

总线拓扑结构采用一条传输线作为传输介质，亦称为总线，所有节点通过相应的接口直接连接到总线上，如图 5.3(b)所示。总线拓扑结构通常采用广播式传输，各个节点依据规则分时使用总线传输数据。发送节点发送的数据帧沿总线传送，总线上的各个节点接收到数据帧后判断是否发送给本节点，如果是，则将该数据帧接收，否则将数据帧丢弃。以太网是典型的总线网络。

总线拓扑结构具有简单灵活、构建方便、易于扩充的优点。其缺点在于总线故障时将引起整个网络瘫痪，故障诊断、隔离困难。

3) 树形拓扑结构

树形拓扑结构是总线拓扑结构的另一种形式，具有层次结构，其传输介质是不封闭的分支电缆，像一棵倒置的树，如图5.3(c)所示。树形拓扑结构中的任何一个节点发送信息，首先由"根"节点接收信息，然后由"根"节点重新发送到全网。

树形拓扑结构容易扩展，出现故障容易隔离。但该结构对"根"节点的依赖性很强，如果"根"节点发生故障，那么全网不能正常工作。

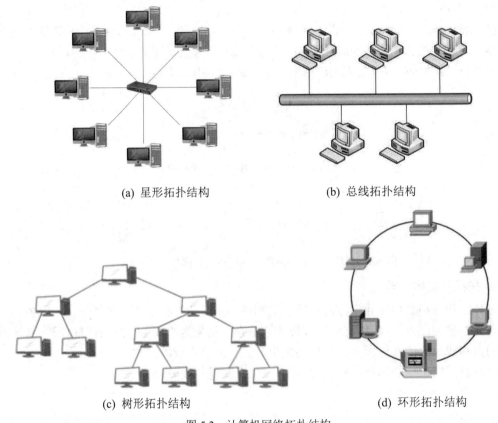

(a) 星形拓扑结构　　　　　　　　(b) 总线拓扑结构

(c) 树形拓扑结构　　　　　　　　(d) 环形拓扑结构

图5.3　计算机网络拓扑结构

4) 环形拓扑结构

环形拓扑结构是各个节点通过环路接口连接到一条首尾相接的闭合环形线路中，如图5.3(d)所示。在环形拓扑结构中，网络信息沿环路单向传递，每经过一个节点，该节点要判断该信息是否发送给本节点，如果是，则接收该信息，然后将该信息传递到下游节点，直至信息遍历各个节点后回到发送节点。

环形拓扑结构的优点在于网络整体效率较高。其缺点是环路上某段链路断开或环路上某个节点发生故障，整个网络将瘫痪，网络维护工作也比较复杂。

5.2.3　计算机网络体系结构

计算机网络体系结构是基于层次结构设计方法而提出的计算机网络协议的集合。体系结构是抽象的，计算机网络的实现则是具体的，是在遵循体系结构的前提下采用相关硬件或软件完成相应功能。

1. 计算机网络协议

在计算机网络中，每个节点是具有通信功能的计算机系统，并且是按照层次结构进行构造的。在网络分层体系结构中，层与层之间相互独立，功能界限明显，相邻层之间有接口标准，接口定义低层向高层提供的服务以及高层向低层提出的服务请求，计算机之间的通信是建立在同层次基础上的。

为使不同系统的各个层次实体之间有序而准确地传送信息，必须使用相同的语言以及遵从双方都能接受的规则，这些规则的集合称为计算机网络协议。

计算机网络协议主要包括三个部分：语义、语法和时序。

(1) 语义：规定控制信息内容和执行方法，解决"讲什么"的问题。

(2) 语法：规定数据传输和存储格式、编码和信号电平等，解决"怎么讲"的问题。

(3) 时序：规定事件的执行顺序，解决"如何应答"的问题。

2. OSI/RM 参考模型

计算机网络一开始是由研究部门、大学或计算机公司自行开发研制的，没有统一的标准，造成不同厂家生产的计算机产品和网络产品无论是技术上还是结构上存在很大差异，导致不同厂家生产的计算机产品、网络产品互联困难，这种局面严重阻碍了计算机网络的发展，给用户带来了极大的不便。为此，人们迫切希望建立一系列的国际标准，实现异构计算机之间的通信。国际标准化组织(International Organization for Standardization，ISO)于 1984 年颁布了开放系统互连参考模型 OSI/RM(Open Systems Interconnection Reference Model)。该模型定义异构计算机连接标准的框架结构，为面向分布式应用的开放系统提供了基础。

OSI 参考模型依据分层结构，由低到高定义了物理层、数据链路层、网络层、传输层、会话层、表示层和应用层七层结构，如图 5.4 所示。

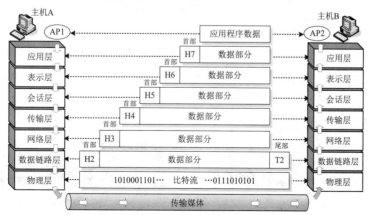

图 5.4　OSI/RM 参考模型

1) 物理层

物理层(Physical Layer)建立在物理传输介质上，如双绞线、同轴电缆、光纤等(如图5.5所示)。物理层的任务是为数据链路层提供物理连接，实现相邻节点之间比特流的透明传输，尽可能屏蔽具体传输介质和物理设备的差异。物理层的互联设备主要有中继器(Repeater，亦称转发器)、集线器等，如图5.6所示。

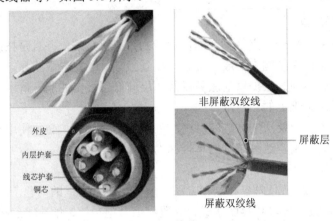

(a) 双绞线

(b) 同轴电缆

(c) 光纤

图 5.5　物理层传输介质

(a) 中继器

(b) 集线器

图 5.6　物理层的互联设备

2) 数据链路层

数据链路层(Data-Link Layer)以帧(Frame)为数据传输基本单位，负责在各节点之间的链路上实现无差错的数据帧传输。数据链路层的互联设备主要有网桥(Bridge)和交换机(Switch)，如图5.7所示。

(a) 网桥

(b) 交换机

图 5.7　数据链路层的互联设备

3) 网络层

网络层(Network Layer)以分组(Packet)为数据传输基本单位，通过路由选择算法为传输的分组选择一条合适的路径，并正确无误地按照给定目的地址交付给目的主机，如图 5.8 所示。网络层的互联设备主要有路由器(Router)，如图 5.9 所示。

图 5.8　网络层任务示意图　　　　图 5.9　路由器

4) 传输层

传输层(Transport Layer)以报文为数据传输的基本单位，为节点之间提供面向连接和无连接的数据传输，实现端到端的数据传输。

5) 会话层

会话层(Session Layer)为通信中的节点之间提供建立、管理和终止会话连接的服务，实现应用进程之间的通信控制、管理数据的交换。例如，服务器验证用户登录便是由会话层完成的。

6) 表示层

表示层(Presentation Layer)主要用于处理两个通信系统中交换信息的表示方式，包括数据转换、数据的压缩和解压缩、加密和解密等工作。

7) 应用层

应用层(Application Layer)主要提供网络与用户软件之间的接口服务，例如，网络管理、文件传输、事务处理等服务。

在一个计算机网络中，当连接不同类型且协议差别比较大的网络时，选用网关(Gateway)，如图 5.10 所示。网关主要完成不同协议之间的转换，以便使不同类型的网络之间可以进行通信。

图 5.10　网关

OSI/RM 模型的分层处理是人们处理复杂问题的抽象，OSI/RM 模型层与层之间的联系是通过各层之间的接口进行的。两个用户通过计算机网络进行通信时，除了物理层，其余各对应层之间不存在直接通信关系，而是通过各对应层的协议进行通信的。

5.3　Internet 基础

5.3.1　Internet 概述

自 20 世纪 90 年代以后，以 Internet 为代表的计算机网络飞速发展，从最初的教育科研网络逐步发展成为商业网络。Internet 改变了人们的工作和生活方式，也不断颠覆着传统的思维。

Internet 的前身是美国国防部高级研究计划局于 1968 年研制的计算机实验网络(ARPANET)，其目的是帮助军方人员利用计算机进行信息交换。ARPANET 开始时在美国加州大学洛杉矶分校、斯坦福大学研究院、加州大学圣巴巴拉分校和犹他州大学建立了四个节点。1973 年，ARPANET 通过卫星通信实现了与夏威夷、英国伦敦大学和挪威皇家雷达机构的联网。至此，ARPANET 从美国本地互联网络逐渐进化成了一张国际性的互联网络。

我国的互联网发展经历了学术牵引期、探索成长期、快速发展期和成熟繁荣期四个阶段。

1. 第一阶段：学术牵引期(1980—1993 年)

这一阶段，互联网从美国引入我国，并在我国政府和科研单位的努力下，完成了从最初的信息检索到全功能接入的过程。1987 年 9 月，北京计算机应用技术研究所搭建了我国的第一个电子邮件节点，并成功发出了著名的"越过长城，走向世界"的电子邮件，这标志着我国正式接入国际互联网，从此揭开中国人使用互联网的序幕。1992 年 12 月底，清华大学校园网(TUNET)建成并投入使用，这是中国第一个采用 TCP/IP 体系结构的校园网。

2. 第二阶段：探索成长期(1994—2002 年)

1994 年 4 月 20 日，中国国家计算机与网络设施(the National Computing and Networking Facility of China, NCFC)工程通过美国 Sprint 公司接入互联网的 64 kb/s 国际专线正式开通，标志着我国实现了与国际互联网的全功能连接。在我国实现与国际互联网的全功能接入后，我国开始着手互联网基础设施和主干网的搭建。1996 年 2 月，中国科学院将以 NCFC 为基础发展起来的中国科学院互联网络正式命名为中国科技网(CSTNET)。

1993 年 4 月，中国科学院计算机网络信息中心召集在京部分网络专家调查了各国的域名体系，提出并确定了中国的域名体系。1994 年 5 月 21 日，中国科学院计算机网络信息中心完成了中国国家顶级域名服务器".CN"的设置，改变了中国顶级域名服务器一直放在国外的历史。

1994 年 7 月初，由清华大学等六所高校建设的"中国教育和科研计算机网"试验网开通，并通过 NCFC 的国际出口与 Internet 互联。1994 年 8 月，由国家计委投资、国家教委主持的中国教育和科研计算机网(CERNET)正式立项。1995 年 12 月，"中国教育和科研计算机网(CERNET)示范工程"建设完成。

1995 年 1 月，邮电部电信总局筹建中国公用计算机互联网(CHINANET)分别在北京和上海开通了通过美国 Sprint 公司接入美国的 64 K 专线，并通过电话网、DDN 专线以及 X.25 网等方式开始向全社会提供互联网接入服务。

1996 年 9 月 6 日，中国金桥信息网(CHINAGBN)连入美国的 256 K 专线，并宣布提供 Internet 服务。

1997 年 10 月，中国公用计算机互联网(CHINANET)、中国科技网(CSTNET)、中国教育和科研计算机网(CERNET)以及中国金桥信息网(CHINAGBN)四大骨干网实现互联互通。

与此同时，我国最早一批互联网公司相继成立，并开始探索互联网的商业模式。1996 年底至 2000 年初一批以"网站建设"为主的公司相继创立，现在经常提到的门户网站就是从这个时期开始萌芽的。

3. 第三阶段：快速发展期(2003—2010 年)

在这一阶段，成熟的互联网商业模式已经形成，"内容为王"的时代慢慢过去，以"关系为王"的 Web 2.0 时代逐渐成为主流，社会性网络服务(Social Networking Services，SNS)时代来临。

4. 第四阶段：成熟繁荣期(2011 年至今)

2012 年，移动互联网爆发，移动应用与消息流型社交发展迅猛，互联网的社会价值和商业价值开始真正体现，中国互联网的商业格局基本确立。搜索有百度，社交有腾讯，电商有阿里，门户有新浪、网易和头条……互联网生态已经形成。

5.3.2　TCP/IP 协议

OSI 参考模型的提出在计算机网络发展史上具有里程碑的意义。但是，OSI 参考模型仅定义了框架和功能，过于繁杂且实现困难，这导致 OSI 参考模型没有在具体网络中得到应用。TCP/IP(Transmission Control Protocol/Internet Protocol，传输控制协议/网际协议)参考模型的提出成为公认的"事实标准"。TCP/IP 是 Internet 上使用的一组完整的标准网络连接协议，是 Internet 上所有网络和主机之间交流时所使用的共同"语言"，是 Internet 赖以存在的基础。

TCP/IP 共有 4 个层次，它们分别是网络接口层、网际层、传输层和应用层。TCP/IP 层次结构与 OSI 层次结构的对应关系如图 5.11 所示。

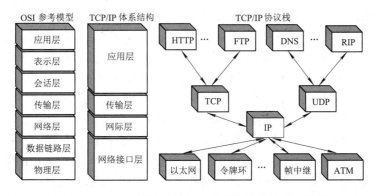

图 5.11　TCP/IP 层次结构与 OSI 层次结构的对应关系

1. 网络接口层

网络接口层对应着 OSI 模型的物理层和数据链路层，是 TCP/IP 模型的最底层，亦称为网络访问层，主要负责网际层与硬件设备间的联系。TCP/IP 并没有为该层定义具体的网络接口协议，而是提供了灵活的网络接入，以适应各种网络类型，也就是说 TCP/IP 协议可以运行在任何网络上。

2. 网际层

网际层主要负责计算机与计算机之间的数据通信，负责将传输层的报文转换为 IP 数据包，并为 IP 数据包在不同的网络之间进行路径选择，最终将 IP 数据包从源主机发送到目的主机。网际层最常用的协议是 IP(Internet Protocol，因特网协议)协议，任何厂家生产的计算机系统只要遵守 IP 协议，就可以与 Internet 互联互通。

3. 传输层

传输层主要负责主机到主机之间的端对端可靠通信。该层主要由 TCP(Transmission Control Protocol，传输控制协议)和 UDP(User Datagram Protocol，用户数据报协议)两种网络协议组成。

1) TCP 协议

TCP 协议面向连接并提供可靠的传输服务。TCP 采用三次握手机制，如图 5.12 所示。

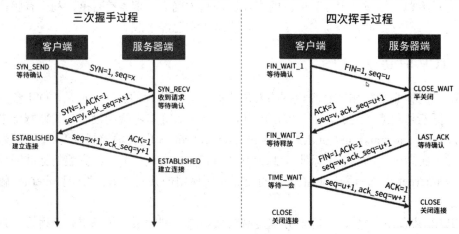

图 5.12　TCP 的三次握手和 TCP 的四次挥手

(1) 第一次握手：客户端发送连接请求报文给服务器端，并将标志位 SYN 置为 1，随机产生一个数据包序号值 seq=x，随即客户端进入 SYN_SENT 状态，等待服务器端确认。

(2) 第二次握手：服务器端收到报文后，由标志位 SYN=1 可知客户端请求建立连接，服务器端将标志位 SYN 置为 1，并设置 ACK 的确认号为 ACK=x + 1，随机产生一个数据包序号值 seq=y，并将该报文发送给客户端以确认连接请求，服务器端进入 SYN_RCVD 状态。

(3) 第三次握手：客户端收到确认后，检查 ACK 是否为 x+1，如果正确，则将标志位 ACK 置为 y + 1，并将报文发送给服务器端；服务器端检查 ACK 是否为 y + 1，如果正确，则服务器端和客户端的连接建立成功；客户端和服务器端进入 ESTABLISHED(连接成功)状态，完成三次握手，随后客户端与服务器端之间可以开始传输数据了。

当客户端和服务器端通过三次握手建立 TCP 连接后，就可以开始传输数据了。当数据传输完毕，双方断开连接就需要进行 TCP 四次挥手，如图 5.12 所示。

(1) 第一次挥手：客户端设置 seq 和 ACK，向服务器端发送一个 FIN(终结)报文，此时客户端进入 FIN_WAIT_1 状态，表示客户端没有报文发送给服务器端。

(2) 第二次挥手：服务器端收到客户端发送的 FIN 报文段，向客户端返回一个 ACK 报文段。

(3) 第三次挥手：服务器端向客户端发送 FIN 报文段，请求关闭连接，同时服务器端进入 LAST_ACK 状态。

(4) 第四次挥手：客户端收到服务器端发送的 FIN 报文段后，向服务器端发送 ACK 报文段，然后客户端进入 TIME_WAIT 状态。服务器端收到客户端的 ACK 报文段后，关闭连接。此时客户端等待 2 个 MSL(一个报文段在网络中最大的存活时间)后依然没有收到回复，则说明服务器端已经正常关闭，客户端可以关闭连接了。

2) UDP 协议

UDP 是面向无连接的不具有可靠性的数据报协议，即 UDP 可以确保发送消息，但不能保证消息一定会送达。因此，应用有时会根据自己的需要进行重发处理。例如，QQ 和微信中音频和视频聊天就采用的是 UDP。

4．应用层

在 TCP/IP 模型中，其应用层与 OSI 模型中高三层的任务相同，都是用于提供各种网络服务的，如文件传输服务(FTP)、远程登录(Telnet)、域名服务(DNS)、即时通信服务等。用户通过应用程序编程接口(Application Programming Interface，API)调用应用程序来使用 Internet 提供的服务。应用层的互联设备为网关(又称为协议转换器)，主要负责实现不同网络传输协议的翻译和转换工作。

5.3.3　Internet 的 IP 地址

1．MAC 地址

在任何一个物理网络中，每台计算机必须有一个唯一的可以识别的地址，这个地址被称为物理地址(Physical Address)，亦被称为介质访问控制(Medium Access Control，MAC)地址。通常，网卡生产厂商将 MAC 地址固化在计算机网卡中的 ROM 里，如图 5.13 所示。IEEE 802.3 标准规定 MAC 地址为 48 位，由 12 个十六进制数表示，每两个十六进制数之间用"-"隔开，如 00-60-8D-00-55-97，其中前 6 位十六进制数表示网卡生产厂商的标识符信息，后 6 位十六进制数表示生产厂商分配的网卡序号。

图 5.13　网卡

2. IP 地址

为了确定每一台主机在 Internet 上的位置，Internet 中的每一台主机都会被分配一个逻辑地址，这个逻辑地址称为 IP 地址。IP 地址是 IP 协议提供的一种与底层物理地址无关的统一的地址格式。常见的 IP 地址分为 IPv4 地址和 IPv6 地址。

1) IPv4 地址

(1) IPv4 地址组成。

IPv4 地址采用层次结构，由网络号+主机号构成，由 4 个字节共 32 位二进制数表示，如图 5.14 所示。其中网络号用于标识不同网络，其长度决定了整个 Internet 中能容纳的网络数，主机号用于标识同一网络中的不同主机，其长度决定每个网络能容纳的主机数。32 位二进制数通常被分割为 4 个 8 位二进制数，一般采用"点分十进制"将每个字节转化为 0~255 之间的十进制整数，即 a.b.c.d 的形式，其中，a、b、c、d 为 0~255 之间的十进制整数。例如，图 5.14 所示的 IP 地址的 32 位二进制数为 11000000 10101000 00000101 01111011，其点分十进制形式为 192.168.5.123。

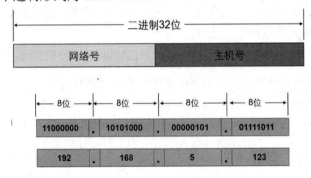

图 5.14　IP 地址结构

(2) IPv4 地址分类。

为了适应不同的网络大小，IP 地址分为 A、B、C、D、E 五类，其中 A、B、C 为主类地址，D 类为主播地址，E 类保留给实验和将来备用，如图 5.15 所示。

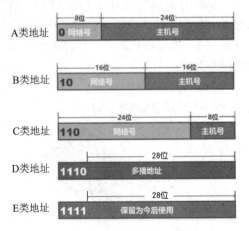

图 5.15　IPv4 的地址分类

① A 类地址第一字节的最高位为"0"，其余 7 位表示网络号。第二、三、四字节共计

24 位表示主机号。由于网络号和主机号的全 0 和全 1 保留用于特殊目的，因此 A 类地址的有效网络数为 $2^7-2=126$ 个，每个网络可以容纳的有效主机数为 $2^{24}-2=16\ 777\ 214$ 台。一台主机能够使用 A 类地址的有效范围如图 5.16 所示。A 类地址适用于大型规模的网络。

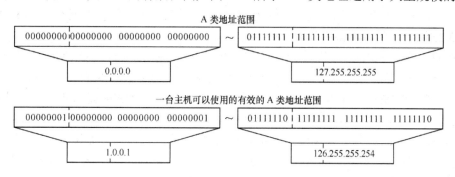

图 5.16　A 类地址

② B 类地址第一字节的前两位为"10"，其余 6 位和第二字节的 8 位共 14 位表示网络号。第三、四字节共 16 位表示主机号。同理，网络号和主机号的全 0 和全 1 保留用于特殊目的，因此 B 类地址的有效网络数为 $2^{14}-2=16\ 382$ 个，每个网络可以容纳的有效主机数为 $2^{16}-2=65\ 534$ 台。一台主机能够使用 B 类地址的有效范围如图 5.17 所示。B 类地址适用于中型规模的网络。

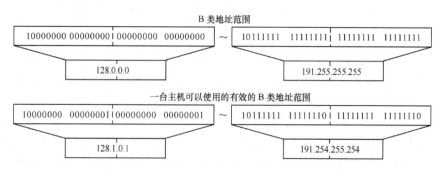

图 5.17　B 类地址

③ C 类地址第一字节前 3 位为"110"，余下的 5 位和第二、三字节共 21 位表示网络号，第四字节 8 位二进制数表示主机号。因此 C 类地址的有效网络数为 $2^{21}-2=2\ 097\ 150$ 个，每个网络可以容纳的有效主机数为 $2^8-2=254$ 台。一台主机能够使用 C 类地址的有效范围如图 5.18 所示。C 类地址适用于小型规模的网络。

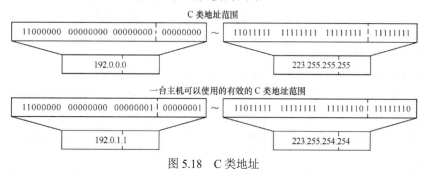

图 5.18　C 类地址

④ D 类地址亦称多播地址(Multicast Address)，其第一字节前 4 位为"1110"。多播地址命名了一组应该在这个网络中应用接收到一个分组的站点。多播地址范围为 224.0.0.0～239.255.255.255。

⑤ E 类地址第一字节前 4 位为"1111"开头。E 类地址范围为 240.0.0.0～247.255.255.255，供将来备用和实验使用。

0.0.0.0 对应于当前主机，255.255.255.255 是当前子网的广播地址，127.0.0.1～127.255.255.255 用于回路测试，如 127.0.0.1 代表本机 IP 地址，用 http://127.0.0.1 就可以测试本机中配置的 Web 服务器。用 ping 127.0.0.1 来测试本机 TCP/IP 是否正常，如果反馈信息失败，则说明 IP 协议栈有错，必须重新安装 TCP/IP 协议；如果成功，则 ping 本机 IP 地址，若没有 ping 成功，则说明网卡不能和 IP 协议栈进行通信。如果网卡没接网线，则用本机的一些服务，如 Sql Server、IIS 等就可以用 127.0.0.1 这个地址。特殊的 IP 地址及其作用如表 5.1 所示。

表 5.1　特殊 IP 地址

网络地址	主机地址	地址类型	用　途
全 0	全 0	本机地址	启动时使用
有网络号	全 0	网络地址	标识一个网络
有网络号	全 1	直接广播地址	在特殊网络中广播
全 1	全 1	有限广播地址	在本地网络中广播
127	任意	回送地址	回送测试

为了避免单位内部网任选的 IP 地址与合法的 Internet 地址发生冲突，因特网工程任务组(Internet Engineering Task Force，IETF)分配具体的 A 类、B 类和 C 类地址供单位内部网使用，这些地址称为私有地址。A 类私有地址为 10.0.0.0～10.255.255.255。B 类私有地址为 172.16.0.0～172.31.255.255。C 类私有地址为 192.168.0.0～192.168.255.255。私有地址可在不同的内部网络中重复使用，也可以在自己组网时用，但不能用于 Internet 网。

【例 5-1】某公司一台计算机的 IP 地址为 222.240.210.100，问：这个 IP 地址是哪一类 IP 地址，网络号和主机号分别为多少？

IP 地址 222.240.210.100 在 192.0.0.1～223.255.254.254 范围内，表示是一个 C 类地址，按照 IP 地址分类的规定，其网络号为 222.240.210，主机号为 100。

(3) 子网。

为了避免主机过多造成网络拥塞或主机过少造成 IP 地址浪费，以确保 IP 地址充分利用，且便于网络管理员对网络的管理与维护，提高网络的安全性，因此从逻辑上把一个大网络划分成若干小网络，即子网。

将一个网络划分成子网后，IP 地址的主机号分为子网号和主机号，子网划分如图 5.19 所示。例如，有一个 B 类网络 172.17.0.0，将主机号分为两部分，其中 8 位用于子网号，另外 8 位用于主机号，那么这个 B 类网络被分为 254 个子网，每个子网可以容纳 254 台主机。划分子网号的位数取决于具体的需要，子网所占的位数越多，一个子网中所包含的主机数就越少。

	网络号	主机号	
未划分子网的 B类地址	168 · 16	16 · 51	

	网络号	子网号	主机号
划分了子网的 B类地址	168 · 16	16	51

图 5.19 子网划分图　　　　图 5.20 使用和未使用子网划分的 IP 地址

图 5.20 给出两个 IP 地址,这两个 IP 地址从外观上看没有任何差别,应该如何区分这两个地址呢?这可以通过一个 32 位的二进制数子网掩码(Subnet Mask)进行判断。通过子网掩码,可以指出一个 IP 地址中的哪些位对应于网络地址(包括子网地址),哪些位对应于主机地址。A、B、C 类地址的默认子网掩码表示如表 5.2 所示。如果 IP 地址采用的是默认子网掩码,则没有划分子网。如果采用的是非默认子网掩码,则划分了子网。

表 5.2　A、B、C 类地址默认子网掩码点分十进制表示以及网络前缀标记

地址类型	点分十进制	二进制子网掩码				网络前缀
A 类地址	255.0.0.0	11111111	00000000	00000000	00000000	/8
B 类地址	255.255.0.0	11111111	11111111	00000000	00000000	/16
C 类地址	255.255.255.0	11111111	11111111	11111111	00000000	/24

注:网络前缀"/位数"表示 IP 地址网络部分的位数。

将子网掩码和 IP 地址的二进制形式做"与"运算,得到的结果即为子网号,从而将 IP 地址中的网络号和主机号进行分离,用于判断该 IP 地址是在本地网络中,还是在远程网络中。

【例 5-2】有一个 IP 地址:11000000 10101000 00000001 10100011

$$192.168.1.163$$

子网掩码为 255.255.255.224,该网络划分成了子网吗?子网号是多少?

该网络使用的子网掩码为 255.255.255.224,所以该网络划分了子网。

将 IP 地址与子网掩码进行与运算:

IP 地址:　　11000000 10101000 00000001 10100011　192.168.1.163

子网掩码:　　11111111　11111111 11111111　11100000　255.255.255.224

按位与结果:11000000 10101000 00000001 10100000　192.168.1.160

所以子网号为 192.168.1.160。

为了将网络划分为不同的子网,必须为每个子网分配一个子网号。在划分子网之前需要确定所需要的子网数和每个子网的最大主机数。因此,确定子网掩码的步骤如下:

① 确定需要多少位子网号标识网络中的每一个子网,若确定子网号的位数为 n,则子网数量为 $2^n - 2$。

② 确定需要多少主机号来标识每个子网中的每一台主机,若确定主机号的位数为 m,则主机数量为 $2^m - 2$。

③ 定义符合网络要求的子网掩码,即将默认子网掩码中主机号中前 n 位对应位置置1,其余位置置 0。

④ 确定每个子网的网络地址。

⑤ 确定每一个子网中所使用的主机地址范围，起始地址为子网地址 + 1，终止地址为子网地址 + 主机数。

【例 5-3】将图 5.21 所示的一个 C 类网络划分为两个子网。

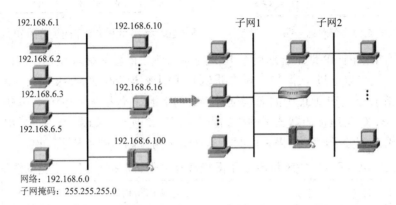

图 5.21　一个 C 类网络

网络中有 100 台主机，考虑路由器两个端口，需要标识 102 个主机。假定每个子网的主机数各占一半，即各有 51 台主机。由于主机号位数与子网号位数是息息相关的，子网号位数越多，每个子网中可容纳的主机数就越少，因此，子网号的位数需要确定。

① 子网号位数和主机号位数的分析确定如表 5.3 所示。

表 5.3　子网号位数和主机号位数的分析确定

子网号位数	有效子网个数	主机号位数 n	每个子网中的主机台数	能否满足要求
1	$2^1 - 2 = 0$	7	$2^7 - 2 = 126$	不能
2	$2^2 - 2 = 2$	6	$2^6 - 2 = 62$	能
3	$2^3 - 2 = 6$	5	$2^5 - 2 = 30$	不能
⋮	⋮	⋮	⋮	⋮

由表 5.3 可知，当子网号位数为 2 时，每个子网可容纳 62 台主机，故确定子网号的位数为 2，子网数量为 2。

② 确定子网掩码，如图 5.22 所示，子网掩码为 255.255.255.192。

图 5.22　子网掩码的确定

③ 确定每个子网的网络地址。子网号的位数为 2，共能产生 4 个子网，除去全为 "0" 和全为 "1" 的子网不能使用，有效的子网号为 01 和 10，故划分出的两个子网的网络地址

分别为 192.168.6.64 和 192.168.6.128，如图 5.23 所示。

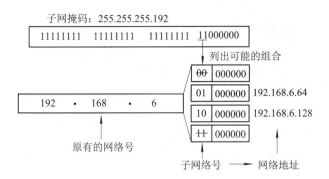

图 5.23 子网网络地址的确定

④ 确定每个子网的主机地址范围。根据每个子网的网络地址，可以确定每个子网的主机地址范围，如图 5.24 所示。

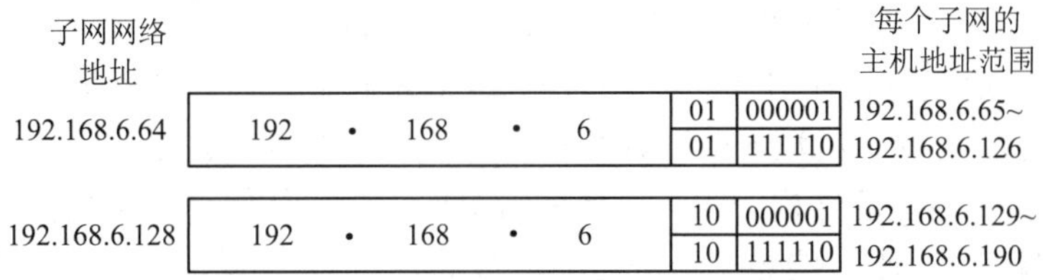

子网网络 地址						每个子网的 主机地址范围
192.168.6.64	192	· 168	· 6	01	000001	192.168.6.65~
				01	111110	192.168.6.126
192.168.6.128	192	· 168	· 6	10	000001	192.168.6.129~
				10	111110	192.168.6.190

图 5.24 每个子网的网络地址范围

故划分子网后的效果如图 5.25 所示。

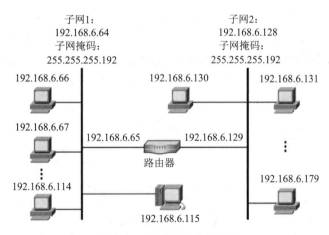

图 5.25 划分子网后的效果

2) IPv6 地址

IPv4 是 Internet 的核心协议，但随着网络的发展，IPv4 有限的地址空间已经不能满足 Internet 的发展需求。为了解决这个问题，采用了具有更大地址空间的下一代网际协议 IPv6(Internet Protocol Version 6)。

IPv6 把原来 IPv4 的地址扩大到 16 个字节 128 b，其地址空间约是 IPv4 的 2^{96} 倍，其地址结构如图 5.26 所示。

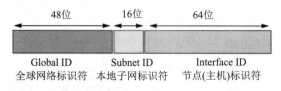

图 5.26　IPv6 地址结构

IPv6 使用一系列固定格式的扩展首部取代 IPv4 中可变长度的选项字段，对 IP 数据报协议单元的头部进行简化，仅包含 7 个字段，这使得数据报文经过中间的各个路由器时，可加快其处理速度，提高网络吞吐率。IPv6 没有完全抛弃 IPv4，它与 IPv4 在若干年内共存。

5.3.4　Internet 的域名系统

1. 域名结构

IP 地址为 Internet 提供了统一的编址方式，人们通过 IP 地址可以访问 Internet 中对应的主机，但用户一般很难记住 IP 地址，因此 Internet 采用了域名系统(Domain Name System，DNS)把人们便于记忆的主机域名映射为计算机易于识别的 IP 地址。

域名系统与 IP 地址的结构一样，也是采用层次结构，任何一个连接在 Internet 上的主机或路由器，都有一个唯一的层次结构名字，即域名。

域名的结构由若干个子域名组成，各子域名之间用 "." 隔开，级别最低的域名写在最左边，顶级域名放在最右面，其结构为：

主机名.三级域名.二级域名.顶级域名

例如，成都信息工程大学的域名为 www.cuit.edu.cn，其中 www 表示成都信息工程大学的服务器，cuit 表示三级域名，edu 为二级域名，cn 为通用顶级域名，各级域名之间通过 "." 相连。由于每个互联网上的主机域名都对应一个 IP 地址，并且这个域名在互联网中是唯一的，因此，不管用户在浏览器中输入的是域名还是与域名对应的 IP 地址，都可以访问其 Web 网站。顶级域名如表 5.4 所示。

表 5.4　顶 级 域 名

组织性顶级域名		地理性顶级域名			
域名	含义	域名	含义	域名	含义
com	商业组织	au	澳大利亚	jp	日本
edu	教育机构	ca	加拿大	sg	新加坡
gov	政府机构	cn	中国	uk	英国
int	国际性组织	de	德国	us	美国
mil	军队	fr	法国		
net	网络技术组织	in	印度		
org	非营利组织	it	意大利		

2. 域名服务器

在域名系统中，人们使用域名服务器保存域名信息。根据域名服务器所起到的作用，域名服务器分为四种不同的类型，如图 5.27 所示。

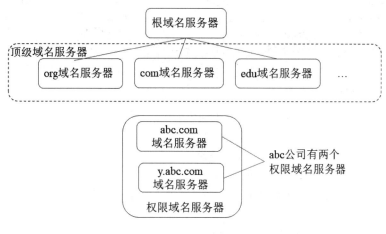

图 5.27　域名服务器

1) 根域名服务器

根域名服务器(Root Name Server)是 DNS 中最高级别的域名服务器。全球共有 13 台 IPv4 根域名服务器，其名字分别为 A～M；其中 10 台设置在美国，英国、瑞典和日本各设置一台。根域名服务器在全球有多个镜像点。

2017 年 11 月 28 日，由中国主导的"雪人计划"在与 IPv4 根服务器体系架构充分兼容的基础上，分别在美国、日本、印度、俄罗斯、德国、法国等全球 16 个国家完成 25 台 IPv6 根服务器架设，为建立多边、民主、透明的国际互联网治理体系打下了坚实的基础。中国部署了其中的 4 台，由 1 台主根服务器和 3 台辅根服务器组成，打破了中国没有根服务器的困境，中国的 IPv6 地址储备量跃居全球第一位。

2) 顶级域名服务器

顶级域名服务器(Top-Level-Domain Server)负责管理在该顶级域名服务器上注册的所有域名。当收到 DNS 查询请求时，就给出相应的回答。

3) 权限域名服务器

权限域名服务器是负责一个区的域名服务器。

4) 本地域名服务器

本地域名服务器(Local Name Server)并不属于图 5.27 所示的服务器层次结构，但是它在域名服务系统中却发挥着至关重要的作用。当一台主机发出 DNS 查询请求时，这个查询请求报文就会发送给本地域名服务器。

3. 域名系统工作过程

一台域名服务器不可能存储 Internet 中所有的计算机名称和地址，因此，要想获得域名所对应的 IP 地址，需要进行域名解析，其解析过程如图 5.28 所示。

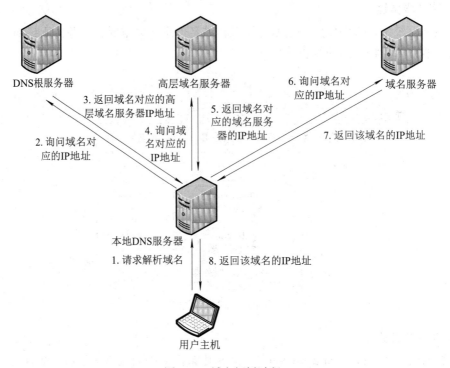

图 5.28　域名解析过程

域名解析的过程如下：

(1) 客户端通过浏览器输入某网站网址，操作系统会先检查自己本地的 hosts 文件中是否有这个网址映射关系，如果有，则调用 IP 地址映射，完成域名解析。如果 hosts 中没有这个域名的映射，则向本地 DNS 服务器发起查询该域名所对应 IP 地址的请求。

(2) 本地 DNS 服务器收到请求后查找本地 DNS 缓存中是否有对应的网址映射。如果缓存中有网址映射关系，则直接返回，完成域名解析。如果本地 DNS 缓存中没有相应的网址映射关系，则本地 DNS 服务器直接把请求发至根 DNS 服务器。

(3) 根 DNS 服务器收到请求后会返回给本地 DNS 服务器一个对应的高层域名服务器 IP 地址。本地 DNS 服务器收到高层域名服务器 IP 地址后，向高层域名服务器发送 DNS 请求。

(4) 高层域名服务器收到 DNS 请求后，将域名服务器的 IP 地址返回本地 DNS 服务器。

(5) 本地 DNS 服务器向域名服务器发送 DNS 请求，域名服务器将相应的 IP 地址返回给本地 DNS 服务器。

(6) 本地 DNS 服务器将获取到的与域名对应的 IP 地址返回给客户端，并将域名和 IP 地址的对应关系保存在缓存中，以备其他用户查询时使用。

整个过程虽然烦琐，但采用高速缓存机制，故查询速度非常快。

5.3.5　Internet 的应用

随着 Internet 的发展，Internet 提供的服务多达数万种，其中多数服务是免费的。其中，最基本、最常用的功能有 WWW、电子邮件(E-mail)、文件传输(FTP)、远程登录(Telnet)等。

1. WWW 服务

万维网(World Wide Web)，简称 Web 或 3W，是英国科学家蒂姆·伯纳斯·李(Tim Berners-Lee)于 1989 年发明的。WWW 是一个基于超文本(Hypertext)方式的信息服务工具，它把各种类型的信息(如文本、图像、声音、动画、录像等)和服务(如 News、FTP、Telnet、Gopher、Mail 等)无缝连接起来，提供生动的图形用户界面(Graphical User Interface，GUI)。

Web 允许用户通过跳转或"超级链接"从某一页跳转到其他页，因此，Web 可以看作一个巨大的图书馆，Web 节点就像一本本书，而 Web 页好比书中特定的页，它可以包含新闻、图像、动画、声音、3D 世界及其他任何信息，而且能存放在全球任何地方的计算机上。Web 良好的易用性和通用性，使非专业的用户也能非常熟练地使用它。另外，Web 制定了一套标准的、易为人们掌握的超文本标记语言(HTML)、信息资源的统一定位格式(Uniform Resource Locator，URL)和超文本传送通信协议(Hypertext Transfer Protocol，HTTP)，用户掌握后能够很容易地建立自己的网站。

1) 超文本标记语言

超文本是指通过复杂网状交叉索引方式对不同来源的信息加以链接的网状文本。超文本不仅包含文本或媒体信息，还包含"超链接"，即通过链接关联不同机器的不同文档。超链接本质上属于一个网页的一部分，是一种允许同其他网页或站点之间进行链接的元素。各个网页链接在一起后，才能真正构成一个网站。超文本如图 5.29 所示。

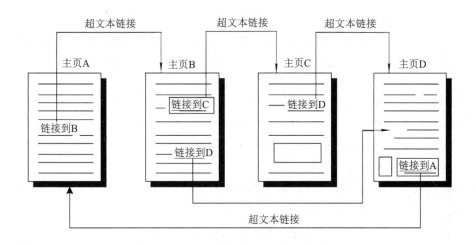

图 5.29　超文本

超文本标记语言(Hyper Text Mark-up Language，HTML)是 Web 的描述语言，用以说明文字、图形、动画、声音、表格、链接等，如图 5.30 所示。用 HTML 描述的每一份文档被称为一个网页(Web Page)，万维网就是由数以百万计的网页组成的。主页(Home Page)是指个人或机构的基本信息页面，可以用 HTML 将信息组织好，再经过相应的解释器或浏览器翻译出文字、图像、声音、动画等多种信息。

```
▲ <html>
  ▷ <head>…</head>
  ▲ <body>
    ▷ <div class="fixed-b cleafix showdiv s">…</div>
      <!--banner-->
    ▷ <div class="fade-banner">…</div>
      <!--新闻中心-->
    ▷ <div class="news-box cleafix">…</div>
      <!--横浦大图-->
    ▷ <ul class="xysh cleafix">…</ul>
      <!--公告-->
    ▷ <div class="Notice cleafix">…</div>
      <!--专题-->
    ▷ <div class="special cleafix">…</div>
      <!--校内系统-->
    ▷ <div class="school-1 cleafix">…</div>
      <!--友情链接-->
    ▷ <div class="link-b cleafix">…</div>
      <!--尾部-->
    ▷ <div class="foot cleafix">…</div>
      <!--版权-->
    ▷ <div class="copy cleafix">…</div>
      <!--返回顶部-->
    ▷ <div id="return-top" style="display: none;">…</div>
      <script src="js/gy.js" type="text/javascript"></script>
      <script src="js/base.js" type="text/javascript"></script>
      <script src="js/slick.js" type="text/javascript"></script>
      <script src="js/swiper.js" type="text/javascript"></script>
      <!-- <script type="text/javascript" src="js/idangerous.swiper.min.js"></script>
      -->
    ▷ <script>$(function() { …</script>
    </body>
  </html>
```

图 5.30　HTML

2) 统一资源定位符

在万维网中,统一资源定位符(Uniform Resource Locator,URL)被用来标识各种文档,并使每一个文档在整个 Internet 范围内具有唯一的标识符。URL 的格式为:

协议名称://主机名:端口/路径/文件名

(1) 协议名称:Internet 服务方式,常用的 URL 访问协议如表 5.5 所示。

(2) 主机名:服务器域名地址(Host),即存有该资源主机的 IP 地址。

(3) 端口:对某些资源的访问,需提供端口号。

(4) 路径:服务器上某资源的位置。

(5) 文件名:某资源位置上的具体文件名称。

通常,协议名称和主机名是不可以省略的。

表 5.5　常用的 URL 访问协议

URL 的访问协议	说　　明
HTTP	使用 HTTP 提供超级文本信息服务的 WWW 信息资源空间
FTP	使用 FTP 提供文件传送服务的 FTP 资源空间
FILE	使用本地 HTTP 提供超级文本信息服务的 WWW 信息资源空间
TELNET	使用 Telnet 协议提供远程登录信息服务的 Telnet 信息资源空间

例如，http://www.cuit.edu.cn/表示利用 HTTP 访问成都信息工程大学的服务器，这里没有指定文件名，所以访问的结果是把一个默认主页送至浏览器。

3) 超文本传送协议

超文本传送协议(Hyper Text Transfer Protocol，HTTP)是 Internet 可靠地传送文本、声音、图像等各种多媒体文件所使用的协议。WWW 服务器利用超文本链接信息页，这些信息页既可以放置在同一主机上，也可以放置在不同地理位置的主机上。

4) WWW 的基本工作原理

WWW 的基本工作原理如图 5.31 所示，WWW 采用浏览器/服务器体系结构，主要由 Web 服务器和客户端的浏览器两部分组成。当访问 Internet 中的某个网站时，通过 DNS 服务器获取该网站的 IP 地址，通过 IP 地址向网站的 Web 服务器发出 HTTP 的访问请求。Web 服务器接受 HTTP 请求后，找到存放在 Web 服务器中的 HTML 网页文件，并将该文件通过 Internet 传送给浏览者的计算机，最后浏览器对文件进行处理，把文字、图片等信息显示在屏幕上。

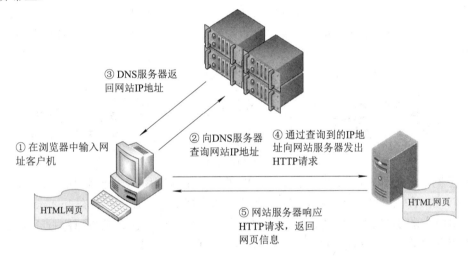

图 5.31　WWW 的基本工作原理

为了能够访问 Web 信息，人们开发了一种被称为搜索引擎的软件系统，用于筛选 Web 上的信息，并对筛选结果进行"归类"，然后利用这个结果帮助用户研究特定的主题。

2. 电子邮件

1) 电子邮件的特点

电子邮件 E-mail(Electronic mail)是指网络上的各个用户之间通过电子信件的形式进行通信的一种现代邮政通信方式。电子邮件是 Internet 最为基本的服务功能之一。

E-mail 与传统的通信方式相比有着巨大的优势，主要表现在：

(1) 发送速度快。电子邮件通常在较短时间内可送达全球任意位置的收件人信箱中。

(2) 收发方便。E-mail 采取异步工作方式，允许收信人在任何时候、任何地点接收和回复，从而跨越了时间和空间的限制。

(3) 信息多样化。电子邮件可以发送文字、图像、语音等信件内容。

2) 电子邮件地址

在 Internet 中，每个使用电子邮件的用户都必须在邮件服务器中建立一个邮箱，拥有一个电子邮件地址，即邮箱地址。电子邮件地址采用基于 DNS 所用的分层命名的方法，其结构如下：

Username@Hostname.Domain-name

其中，Username 表示用户名，代表用户在邮箱中使用的账号；@表示 at，即中文"在"的意思；Hostname 表示用户邮箱所在的邮件服务器的主机名；Domain-name 表示邮件服务器所在的域名。例如，邮箱地址为 mymail@163.com 表示其用户 mymail 在.com 域中名为 163 的主机上的邮箱地址。

3) 电子邮件系统工作原理

电子邮件服务基于客户机/服务器结构，它通过"存储-转发"方式为用户传递信件。电子邮件系统的工作原理如图 5.32 所示。首先，发送方将写好的邮件发送给发送方邮件服务器，发送方邮件服务器接收用户发送来的邮件后，根据收件人地址发送到接收方邮件服务器中；接收方邮件服务器接收到发送方邮件服务器发来的邮件，根据收件人地址分发到相应的电子邮箱中；最后，接收方可以在任何时间或地点从自己的邮件服务器中读取邮件。

图 5.32　电子邮件系统工作原理

为了使电子邮件系统得以正常运行，电子邮件系统常用的电子邮件协议有 SMTP、POP3 等。SMTP 主要负责服务器之间的邮件传送，规定电子邮件如何在 Internet 中通过发送方和接收方的 TCP/IP 连接传送。POP3 主要负责实现当用户计算机与邮件服务器连通时，将邮件服务器的电子邮箱中的邮件直接传送到用户的计算机上。

3. 文件传送服务

文件传送服务利用文件传送协议 FTP(File Transfer Protocol)将文件从一个 Internet 主机上传或下载到另一个 Internet 主机，从而减少或消除在不同操作系统中处理文件时产生的不兼容问题。其工作过程如图 5.33 所示。

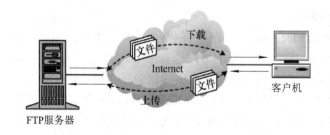

图 5.33　FTP 的工作过程

使用 FTP 时必须先登录，在远程主机上获得相应的权限以后，方可上传或下载文件。

一旦启动 FTP 服务程序，该服务程序将打开一个专用的 FTP 端口(21 号端口)，等待客户程序的 FTP 进行连接。客户程序主动与服务程序建立端口号为 21 的 TCP 连接。

由于 Internet 上的 FTP 主机千千万万个，因此不可能要求每个用户在每一台主机上都拥有账号。匿名 FTP 就是为解决这个问题而产生的。匿名 FTP 允许没有账号和口令的用户以 anonymous 或 FTP 特殊名来访问远程计算机。通常，匿名用户一般只能获取文件，不能在远程计算机上建立文件或修改已存在的文件，对可以复制的文件也有严格的限制。

4. 远程登录

Telnet 服务系统由 Telnet 服务器、Telnet 客户机和 Telnet 通信协议(Telnet Protocol)组成，采用客户机/服务器工作模式，用户使用自己的计算机直接操纵远程计算机，利用远程计算机上的功能完成工作。

当用户要登录远程主机时，用户的本地计算机上需要运行 Telnet 客户软件，该客户软件把客户系统格式的用户按键和命令转换为 NVT 格式，并通过 TCP 连接传送给远程的服务器，远程服务器软件把收到的数据和命令从 NVT 格式转换为远程系统所需的格式。当远程服务器向用户返回数据时，远程服务器软件将其格式转换为 NVT 格式，本地客户接收到信息后，再把 NVT 格式转换为本地系统所需的格式并在屏幕上显示出来，Telnet 的工作原理如图 5.34 所示。

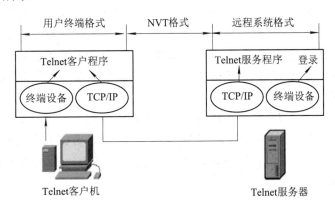

图 5.34　Telnet 的工作原理

5.4　信息安全

5.4.1　信息安全的基本问题

1. 信息安全的概念

随着信息时代的来临，信息成为社会发展重要的战略资源，围绕信息获取、使用和控制的斗争愈演愈烈，信息安全成为维护国家安全、经济安全和社会稳定的一个焦点问题。所谓信息，安全是指信息在存储、处理和传输的过程中，不因偶然或恶意的原因而致使数据遭遇到破坏、篡改和泄露。

信息安全具备以下特性：

(1) 保密性。保密性是指信息不泄露给未授权用户、实体或过程的特性，即敏感数据在传播或存储介质中不会被有意或无意泄露。

(2) 完整性。完整性是指信息在存储、处理或传输过程中，保持不被修改、不被破坏和不被丢失的特性，即保持信息原样性。

(3) 可用性。可用性是指信息可被授权实体访问并按照需求使用的特性，即当需要时能允许存取所需的信息。例如，网络环境下拒绝服务、破坏网络等都属于对可用性的攻击。

(4) 可控性。可控性是指对信息的传播及内容具有控制能力的特性，即网络系统中的任何信息要在一定传输范围和存放空间内可控。

党的十八大以来，习近平总书记就网络安全问题发表许多重要讲话，强调"没有网络安全就没有国家安全"，提出建设网络强国的战略目标，开展国家网络安全宣传周，强调互联网的发展对国家主权、安全、发展、利益提出新的挑战，迫切需要国际社会认真应对、谋求共治、实现共赢。

2. 信息安全威胁

信息安全威胁是指对网络信息的潜在危害，主要有人为因素、自然因素和偶发因素。

(1) 人为因素。人为因素是指一些不法之徒利用计算机网络存在的漏洞，或者潜入计算机房，盗用计算机系统资源，非法获取重要数据、篡改系统数据、破坏硬件设备、编制计算机病毒。此外，管理规章制度不健全、安全管理水平不高、人员素质较差、操作失误、渎职行为等都会对计算机网络造成威胁。

(2) 自然因素。自然因素主要是指各种自然灾害造成的不安全因素，如地震、风暴、泥石流、水灾、火灾等原因造成网络的中断、系统的破坏、数据的丢失等。

(3) 偶发因素。偶发因素包括电源故障、设备的机能失常、软件开发过程中留下的某种漏洞或逻辑错误等。

1) 漏洞

漏洞是指应用软件或操作系统在程序设计中存在的缺陷或错误。漏洞的存在可以使攻击者在未授权的情况下访问或破坏系统，从而导致数据丢失和篡改、隐私泄露乃至金钱损失。

随着用户对软件的深入使用，系统中会不断暴露出所存在的漏洞，系统供应商则会发布补丁软件修补漏洞，或在以后发布的新版系统中纠正这些漏洞。尽管新版系统纠正了旧版本中的漏洞，但也会引入新的漏洞，这将导致旧的漏洞不断消失，新的漏洞不断出现。因此，漏洞问题会长期存在。

2) 后门

后门是指绕开系统的安全设置而获取对系统或程序访问权的程序。在软件的开发阶段，程序员常会在软件内创建后门程序，以便测试、修改程序设计中存在的缺陷。正常情况下，程序设计完成之后应删除后门。但是，由于程序员疏忽或者其他原因，如将其留在程序中，便于日后访问、测试或维护等，在软件发布之前没有将后门去掉，那么后门就成了安全风险，容易被黑客当成漏洞进行攻击。

3) 计算机病毒

《中华人民共和国信息系统安全保护条例》中对计算机病毒有明确的定义：计算机病毒是指编制或者在计算机程序中插入的破坏计算机功能或者破坏数据，影响计算机使用并且能够自我复制的一组计算机指令或者程序代码。

计算机病毒本质上是一种计算机程序，不仅能破坏计算机系统，而且能够传染其他计算机系统。计算机病毒大致包含引导区病毒、文件型病毒、宏病毒、蠕虫病毒、特洛伊木马、广告软件等。

计算机病毒具有以下特性：

(1) 破坏性。计算机中毒后，可能会导致正常的程序无法进行、磁盘文件遭受破坏，甚至系统崩溃、存储的资料被窃取。

(2) 传染性。计算机病毒本身不仅具有破坏性，而且具有传染性，即计算机病毒通过各种渠道，如 U 盘、网络等，从感染病毒的计算机扩散到未被感染病毒的计算机。传染性是判断一个程序是不是计算机病毒的最重要的条件。

(3) 未经授权性。一般程序的执行是合法的，经过授权的，而计算机病毒是在用户未知的情况下具有正常程序的一切权限。例如，当用户调用正常程序时，病毒就会窃取系统的控制权，先于正常程序运行。

(4) 隐蔽性。计算机病毒将自己融入系统的运行环境中，受到感染的计算机仍能正常运行，不易被用户察觉。但当病毒的触发条件具备后，就会突然爆发，造成系统的崩溃。例如，著名的"黑色星期五"病毒，就是每逢 13 号星期五发作，时间成为病毒的触发条件。

【例 5-4】熊猫烧香病毒。

熊猫烧香病毒是一款拥有自动传播、自动感染硬盘能力和强大破坏能力的病毒，是蠕虫病毒的变种。由于中毒电脑的所有可执行文件(.exe)被改成熊猫举着三根香的模样，因此被称为熊猫烧香病毒，如图 5.35 所示。

图 5.35　熊猫烧香病毒

熊猫烧香病毒不但感染系统中的 exe、com、pif、src、html、asp 等文件，在硬盘各个分区下生成文件 autorun.inf 和 setup.exe，还能终止大量的反病毒软件进程并且删除扩展名为 gho 的文件(该类文件是系统备份工具 GHOST 的备份文件，被删除后会使用户的系统备份文件丢失)。同时，该病毒还可能使用户电脑出现蓝屏、频繁重启以及系统硬盘中数据文件被破坏等现象。如果网站编辑人员的电脑被该病毒感染，那么上传网页到网站后，就会导致用户浏览这些网站时也被病毒感染，例如多家著名网站就因此相继被植入病毒。这些网站的浏览量非常大，致使熊猫烧香病毒的感染范围非常广，中毒企业和政府机构超过千家，其中不乏金融、税务、能源等关系到国计民生的重要单位。

【例 5-5】WannaCry 勒索病毒。

WannaCry 亦称 Wanna Decryptor，是一种蠕虫式的勒索病毒软件，为 3.3 MB。该病毒主要利用微软"视窗"系统的漏洞获得自我复制、主动传播的能力，向计算机中植入敲诈者病毒。感染后的计算机内的照片、图片、文档、音频、视频等几乎所有类型的文件都将被加密，加密文件的后缀名被统一修改为.WNCRY，并会在桌面弹出勒索对话框，提示支付价值相当于 300 美元(约合人民币 2069 元)的比特币方可解锁，且赎金金额还会随着时间的推移而增加，如图 5.36 所示。

图 5.36　WannaCry 病毒

WannaCry 勒索病毒在全球大暴发导致至少 150 个国家、30 万名用户中招，造成损失达 80 亿美元，已经影响到金融、能源、医疗等众多行业。中国部分 Windows 操作系统用户遭受感染，校园网用户首当其冲，受害严重，大量实验室数据和毕业设计被锁定加密。部分大型企业的应用系统和数据库文件被加密后，无法正常工作，影响巨大。勒索病毒是自熊猫烧香病毒以来影响力最大的病毒之一。

4) 黑客攻击

所谓黑客,是指对计算机技术和网络技术非常精通的计算机系统或网络的非法入侵者。黑客攻击手段分为非破坏性攻击和破坏性攻击两类。非破坏性攻击一般是为了扰乱系统的运行，并不盗窃系统资料，通常采用拒绝服务攻击或信息炸弹的方式来进行攻击。破坏性攻击以侵入他人电脑系统、盗窃系统保密信息、破坏目标系统的数据为目的。黑客攻击与计算机病毒的区别在于黑客攻击不具有传染性。

(1) 拒绝服务攻击。拒绝服务攻击又称分布式 DOS 攻击，它是使用超出被攻击目标处理能力的大量数据包消耗系统的可用部分、带宽资源等，导致网络服务瘫痪的一种攻击手段。其攻击过程如图 5.37 所示。黑客利用大量的傀儡机对目标服务器进行攻击，从而导致目标服务器无法正常运行。

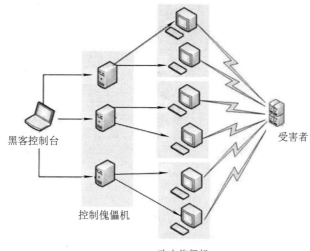

黑客控制台

受害者

控制傀儡机

攻击傀儡机

图 5.37　拒绝服务攻击过程示意图

(2) 信息炸弹。信息炸弹是指使用一些特殊的工具软件，短时间内向目标服务器发送大量超出系统负荷的信息，从而造成目标服务器超负荷、网络堵塞、系统崩溃的攻击手段。比如向某人的电子邮件发送大量的垃圾邮件，将此邮箱"撑爆"等。

(3) 网络监听。网络监听是一种监视网络状态、数据流以及网络上所传输信息的管理工具，它可以将网络接口设置在监听模式，以截获网上传输的信息。当黑客登录网络主机并取得超级用户权限后，若要登录其他主机，则使用网络监听可以有效地截获网上的数据，如获取用户口令。

随着技术的不断进步，黑客所使用的手段也会越来越先进，而唯有不断提高个人的安全意识，采取必要的防护手段，才能将黑客拦阻于网络之外。

5.4.2　信息安全防护技术

随着网络的普及，信息安全已成为当今网络技术的一个重要课题，信息安全防护技术因此不断出现。信息安全防护技术主要有物理隔离技术、防病毒技术、防火墙技术、数据加密技术等。

1. 安全体系

信息保障技术框架(IATF)是美国国家安全局(NSA)制定的，它全面描述了信息时代信息基础设施的安全需求，在网络中进行不同等级的区域划分与网络边界保护，强调人、技术、操作三个核心原则，关注保护网络和基础设施、保护边界、保护计算环境、支撑基础设施四个信息安全保障领域。信息保障技术框架如图 5.38 所示。

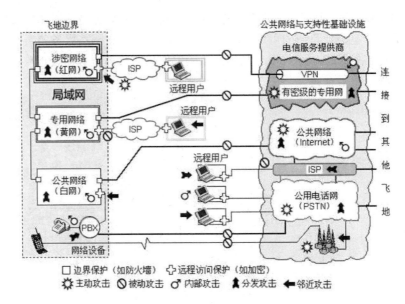

图 5.38　信息保障技术框架(IATF)

信息保障技术框架对攻击类型及特点进行了描述，如表 5.6 所示。

表 5.6　不同攻击类型的特点

攻击类型	攻击特点
被动攻击	对信息保密性进行攻击，如分析通信流、监视没有保护的通信、破解弱加密通信、获取密码等。用户信息或文件泄露给攻击者，如利用"钓鱼"网站窃取个人信息等
主动攻击	篡改信息的真实性、破坏传输完整性、攻击系统服务可用性，如计算机病毒是典型的主动攻击
物理临近攻击	未被授权的个人试图改变和收集信息，如 U 盘复制、电磁信号截获等
内部人员攻击	恶意攻击：内部人员对信息恶意破坏，使他人访问遭到拒绝 无恶意攻击：粗心、无知等原因造成的破坏，如使用弱密码等
分发攻击	对硬件和软件进行恶意修改，如手机后门、免费软件后门等

2. 防护技术

1) 物理隔离技术

物理隔离技术是网络安全保密体系中不可缺少的重要手段，是目前安全等级最高的网络连接方式。我国于 2000 年 1 月 1 日起实施的《计算机信息系统国际联网保密管理规定》第二章保密制度第六条明确规定："涉及国家秘密的计算机信息系统，不得直接或间接地与国际互联网或其它公共信息网络相联接，必须实行物理隔离。"物理隔离保证了内部网络不受来自互联网的黑客攻击。

物理隔离有多种实现技术。例如，图 5.39 所示的基于物理隔离卡的物理隔离，需要 1 个隔离卡和 2 个硬盘。通过隔离卡上的切换开关，实现计算机在内外网的双重工作状态，两个状态是完全物理隔离的。开机前通过切换开关选定进入"内"或"外"工作方式，开机后，将相应地启动"内"或"外"硬盘，并接入对应的"内"或"外"网，即当计算机处于内网状态时，计算机只能使用内网硬盘与内网连接，外部 Internet 连接是断开的；计算机处于外网状态时，内网断开，计算机只能使用外网硬盘。如果计算机在使用中需要切换"内"或"外"工作方式，计算机应正常退出并关闭电源，再另行选定选择开关，重新开机。

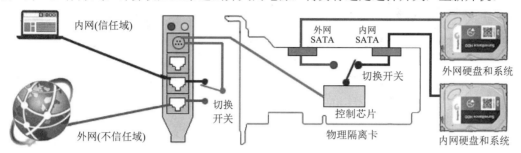

图 5.39　基于物理隔离卡的物理隔离

2) 防病毒技术

在网络环境下，计算机病毒凭借其超强的传染性和破坏性，借助网络、存储介质等途径进行广泛传播，导致网络瘫痪、系统崩溃、信息被窃取。防病毒技术就是通过防病毒程序常驻系统内存，优先获取系统的控制权，监视和判断系统中是否有病毒存在，进而防止计算机病毒进入计算机系统和对其进行破坏。因此，为了抵御病毒的侵袭和破坏，人们根据病毒的特征编制了删除和防范病毒的程序，实现对病毒的检测和消除。

3) 防火墙技术

防火墙技术是借助硬件和软件的作用在网络内部和外部环境间建立保护屏障，实现对网络不安全因素的阻断，如图 5.40 所示。防火墙技术是目前最重要的网络防护措施之一，客户端用户一般采用软件防火墙，服务器一般采用硬件防火墙。

图 5.40　防火墙技术

防火墙技术的主要功能在于监控进出内部网络的信息，过滤不安全的服务，保护内部网络不被非授权访问、非法窃取或破坏，以确保计算机网络运行的安全性，防止内部网络的重要数据外泄，保障用户资料与信息的完整性，为用户提供更好、更安全的计算机网络使用体验。

4) 数据加密技术

数据加密(Data Encryption)技术是指信息发送方将一个信息或称明文(Plain Text)经过加密密钥(Encryption Key)转变成密文(Cipher Text)，信息接收方将此密文经过解密密钥(Decryption Key)还原成明文。数据加密技术是网络安全防护技术的基石，数据加密过程如图 5.41 所示。

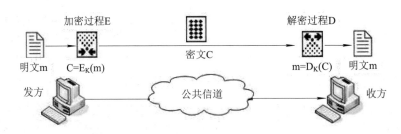

图 5.41　数据加密过程

加密系统的安全性基于密钥，密钥是一种参数，密钥越长，破译越困难。根据信息收、发方使用的加密密钥和解密密钥的不同，分为对称密钥加密和非对称密钥加密，二者的比较如图 5.42 所示。

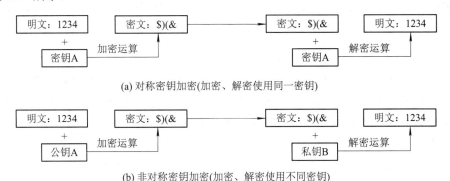

(a) 对称密钥加密(加密、解密使用同一密钥)

(b) 非对称密钥加密(加密、解密使用不同密钥)

图 5.42　对称密钥加密和非对称密钥加密比较

(1) 对称密钥加密。对称密钥加密是信息发送方和接收方使用相同的密钥加密和解密数据。由于对称密钥运算量小、速度快、安全性高，因此如今仍广泛被采用。常见的对称密钥加密算法有 DES、3DES、IDEA 等。

【例 5-6】用"替换加密算法"说明对称密钥加密的过程。

明文为 good good study, day day up.；密钥为 google；替换加密算法为将明文中所有字母 d 替换成密钥。

加密后的密文为 "googoogle googoogle stugoogley, googleay googleay up."。

解密：将密文中所有与密钥(google)相同的字符串替换成"d"。

替换后的明文为 "good good study, day day up."。

加密和解密必须使用相同的密钥 "google"。

(2) 非对称密钥加密。非对称密钥加密是指信息发送方和接收方在加密和解密时使用不同的密钥。虽然加密密钥和解密密钥之间存在一定的关系，但不可能轻易地从加密密钥推导出解密密钥。典型的非对称密钥加密算法有 RSA 算法等。

5) 数字签名

数字签名一般采用非对称加密技术，发送信息的签名方首先利用私钥对报文摘要进行加密，加密后得到的密文作为签名，连同相应的报文一起发送给接收方。接收方利用发送方的公钥对签名解密，并将得到的结果与报文摘要进行比较，以确认签名的真实性，从而证明对方的身份是真实的，其原理如图 5.43 所示。

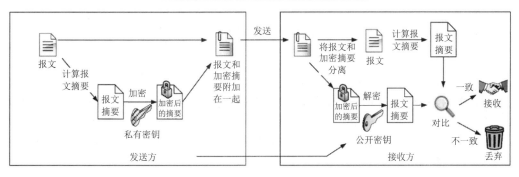

图 5.43　数字签名的原理

由于发送方的私钥不为他人所知，因此第三方无法伪造签名，私钥的唯一性保证了签名的唯一性，公钥是公开的，因此接收方只要知道发送方的公钥，就可以验证签名。为了保证公钥/私钥的可靠性，需要第三方仲裁机构参与，该仲裁结构必须是公正合法性的，以便发生问题或者争执时，提供相应的证据，并做出裁决，如认证中心(Certification Authority, CA)。

5.5　网络思维下的创新

5.5.1　云计算

1. 云计算的概念

云计算、大数据和物联网被称为"第三次信息化浪潮"的"三朵浪花"。云计算颠覆了人类社会获取 IT 资源的方式，实现了通过网络提供可伸缩的、廉价的分布式计算能力，极大地减少了企业部署 IT 系统的成本，有效地降低了企业的信息化门槛。

所谓云计算(Cloud Computing)是一种按使用量付费的模式，这种模式提供可用的、便捷的、按需的网络访问，从而进入可配置的计算资源共享池(资源包括网络、服务器、存储、应用软件、服务)，"云"中的这些资源以尽可能少的管理或者通过与服务商不多的交互就可以被快速地提取和释放。在使用者看来，这些资源是可以无限扩展的，并且可以随时获取，就像按需购买和使用水电一样。

与云计算相对应的是海计算(Sea Computing)。海计算是 2009 年 8 月 18 日在 2009 技术创新大会上所提出的全新技术概念。海计算为用户提供基于互联网的一站式服务，是一种最简单、可依赖的互联网需求交互模式。用户只要在海计算中输入服务需求，系统就能明确识别这种需求，并将该需求分配给最优的应用或内容资源提供商进行处理，最终返回给用户相匹配的结果。海计算是一种将"智能"推向前端的计算模式。与云计算相比，"云"在天上，在服务端提供计算能力；"海"在地上，在客户前端汇聚计算能力。

2. 云计算的特点

云计算有以下特点：

(1) 超大规模。云计算一般具有一定的规模，例如，Google 云计算已经拥有 100 多万台服务器，Amazon、IBM、微软、Yahoo 等"云"均拥有几十万台服务器。企业私有云一般拥有数百上千台服务器。"云"赋予用户前所未有的计算能力。

(2) 虚拟化。云计算支持用户在任意位置、使用各种终端获取应用服务。各种终端所请求的资源来自"云"，因此，将整个系统看作一个虚拟资源池，在一个服务器上部署多个虚拟机(逻辑机)和应用，每台虚拟机可运行不同的操作系统，应用程序在独立的空间内运行而互不影响，提高了资源的利用率。

(3) 高可靠性。"云"使用了数据多副本容错、计算节点同构可互换等措施来保障服务的高可靠性，使用云计算比使用本地计算机可靠。

(4) 通用性。在"云"的支撑下可以构造出千变万化的应用，同一个"云"可以同时支撑不同的应用运行。"云"的通用性使资源的利用率大幅提升。

(5) 高可扩展性。"云"的规模可以动态伸缩，满足应用和用户规模增长的需要。

(6) 按需服务。"云"是一个庞大的资源池，根据用户的需求来动态地划分或释放不同的物理和虚拟资源，用户则按需购买。

3. 云计算体系结构

云计算体系结构分为物理资源层、资源池层、管理中间件层和 SOA(Service-Oriented Architecture，面向服务的体系结构)构建层四层，如图 5.44 所示。

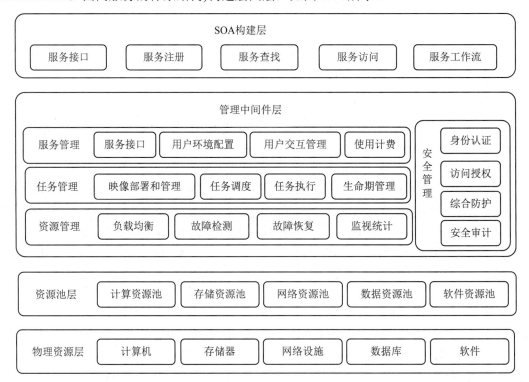

图 5.44 云计算体系结构

(1) 物理资源层。该层包括计算机、存储器、网络设施、数据库、软件等。

(2) 资源池层。该层将大量相同类型的资源构成同构或接近同构的资源池，如计算资源池、数据资源池等。

(3) 管理中间件层。该层主要负责资源管理、任务管理、服务管理、安全管理等工作，使资源能够高效、安全地为应用提供服务。

① 资源管理主要负责均衡地使用云资源节点，检测节点的故障并试图恢复和屏蔽它，并对资源的使用情况进行监视统计。

② 任务管理主要负责执行用户或应用提交的任务，包括完成用户任务映像(Image)部署和管理、任务调度、任务执行、生命期管理等。

③ 服务管理是实现云计算商业模式的一个必不可少的环节，包括提供用户交互接口、管理和识别用户身份、创建用户程序的执行环境、对用户的使用进行计费等。

④ 安全管理主要保障云计算设施的整体安全，包括身份认证、访问授权、综合防护、安全审计等。

(4) SOA 构建层。该层将云计算能力封装成标准的 Web Services 服务，并纳入 SOA 体系进行管理和使用，包括服务接口、服务注册、服务查找、服务访问、服务工作流等。

管理中间件层和资源池层是云计算技术的最关键部分，SOA 构建层的功能更多依靠外部设施提供。

4. 云计算服务模式及类型

1) 云计算服务模式

云计算包括三种典型的服务模式，如图5.45所示，即基础设施即服务(Infrastructure as a Service，IaaS)、平台即服务(Platform as a Service，PaaS)和软件即服务(Software as a Service，SaaS)。

(1) 基础设施即服务。基础设施即服务是云计算服务的基本类别。使用 IaaS 时，用户获得处理能力、存储、网络和其他基础计算资源，可以控制操作系统、存储、部署的应用或网络

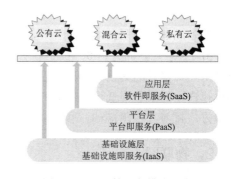

图 5.45　云计算服务模式及类型

组件(如防火墙)。IaaS 的优点是客户可按需租用计算能力和存储能力，实现时间和空间的灵活。在公共云 IaaS 市场竞争中，亚马逊、微软、阿里巴巴、谷歌、IBM 等公司处于领先地位。

(2) 平台即服务。平台即服务某些时候也称为中间件，可以按需提供开发、测试、交付和管理应用所必需的环境。PaaS 旨在让开发人员能够更轻松快速地创建 Web 或移动应用，而不必对开发所使用的服务器、存储空间、网络和数据库基础结构进行设置或管理。PaaS 的典型实例有 Google App Engine、Microsoft Azure 平台等。

(3) 软件即服务。软件即服务是通过 Internet 交付应用的方法，通常以订阅为基础按需提供，主要面对的是普通用户，云提供商托管并管理应用和其基础结构，并负责应用升级和安全修补等维护工作。用户只要接入网络，通过浏览器就能直接使用在云端运行的应用，而不需要考虑类似安装等琐事，并且可以免去初期高昂的软硬件投入。SaaS 是软件业未来的发展趋势，微软、用友、金蝶等公司都推出了 SaaS 服务。

2) 云计算类型

云计算包括公有云、私有云和混合云三种类型，如图 5.45 所示。

(1) 公有云。公有云在互联网上将云计算服务公开提供给大众使用，典型的公有云有阿里云、腾讯云等。通常，网络用户产生的网络数据由公有云的提供商负责维护与保护，使网络用户可以随时随地通过计算机、手机等上网工具方便地取得与分享，例如分享照片、文章以及上传视频等。

(2) 私有云。私有云只为特定用户提供服务，其资源的访问由特定的用户控制。例如，大型企业出于安全考虑所自建的云计算环境，只为企业内部提供服务。

(3) 混合云。混合云综合了公有云和私有云的特点，例如，一些企业一方面出于安全考虑需要把数据放在私有云中，另一方面希望可以获得公有云的计算资源。企业为了获得最佳的效果，可以把公有云和私有云混合搭配使用。

5. 云计算数据中心

云计算技术已经融入现今的社会和人们的生活中，谷歌、微软、IBM 等 IT "巨头" 纷纷投入巨资在全球范围内大量修建数据中心。

我国政府和企业也加大力度建设云计算数据中心。例如，内蒙古提出了 "西数东输" 发展战略，即把本地数据中心的数据通过网络提供给其他省份用户使用。福建省泉州市安溪县的中国国际信息技术(福建)产业园的数据中心，是福建省重点建设的两大数据中心之一，由 HP 承建，拥有 5000 台刀片服务器，是亚洲规模最大的云渲染平台。阿里巴巴在甘肃省玉门市建设的数据中心，是中国第一个绿色环保的数据中心，电力全部来自风力，并利用祁连山的融雪降低数据中心产生的热量。贵州被公认为中国南方最适合建设数据中心的地方，目前，中国移动、联通、电信三大运营商都将南方的数据中心建在贵州。

5.5.2　物联网

1. 物联网的概念

互联网的发展成就了庞大的信息世界，随着感知技术的快速发展，互联网的触角不断延伸，催生出一种新型的网络——物联网。

物联网是指通过射频识别(RFID)、红外感应器、全球定位系统、激光扫描等信息传感设备，按约定的协议，把任何物品与互联网连接起来，进行信息交换和通信，以实现智能化识别、定位、跟踪、监控和管理的一种网络。简而言之，物联网通过各种信息传感设备，实时采集任何需要监控、连接、互动的物体或过程等各种信息，其目的是实现物与物、物与人的连接，从而方便识别、管理和控制，如图 5.46 所示。

图 5.46　物联网

物联网的定义包含两层意思：一是物联网的核心和基础仍然是互联网，物联网是在互联网基础上延伸和扩展的网络；二是其用户端延伸和扩展到了任何物品与物品之间，进行信息交换和通信。物联网和互联网之间的关系如表 5.7 所示。

表 5.7　物联网和互联网之间的关系

比较	互联网	物联网
连接世界	虚拟世界	物理世界
对象	人	人和物
作用	实现信息共享，解决人与人的沟通问题	使物品智能化，解决人与物、物与物的沟通问题

2. 物联网体系结构

物联网是物与物、人与物相连的互联网，从技术架构来看，物联网体系结构可分为四个层次：感知层、网络层(接入网关)、处理层(物联网中间件)和应用层(物联网应用)，如图 5.47 所示。物联网各个层次的具体功能如表 5.8 所示。

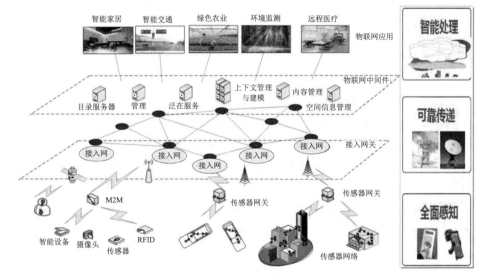

图 5.47　物联网体系架构

表 5.8　物联网各层功能

层次	功　能
感知层	主要通过各种类型的感知设备获取物理世界中的各种数据
网络层	主要负责传输信息，包含互联网、移动通信网络、卫星通信网络等各种类型的网络
处理层	主要负责存储和处理，包括数据存储、管理、分析平台等
应用层	直接面向用户，满足各种应用需求，如智能交通、智慧农业、智慧医疗、智能工业等

3. 物联网的典型应用

物联网的广泛应用渗透到了人们生活的各个方面，遍及智能交通、环境保护、公共安全、智能家居、工业监测、环境监测、路灯照明管控、水系监测、食品溯源等各个领域，对国民经济与社会发展起到了重要的推动作用。本书列举其中的智能家居和智能交通两个应用。

1) 智能家居

智能家居产品融合自动化控制系统、计算机网络系统和网络通信技术于一体，通过智能家庭网络联网实现对各种家庭设备(如音频设备、照明系统、窗帘、空调、安防系统、数字影院系统、网络家电等)的远程操控，提升家居安全性、便利性、舒适性和艺术性，并创建环保节能的居住环境，如图 5.48 所示。

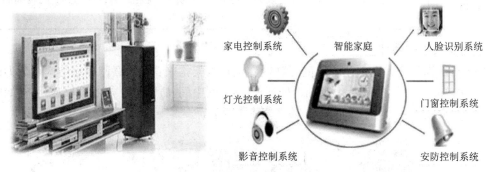

图 5.48　智能家居

2) 智能交通

智能交通系统(Intelligent Transport System，ITS)将先进的信息通信技术、传感技术、控制技术、计算机技术等有效地集成运用于整个交通运输管理体系中，从而建立起实时、准确和高效率的综合运输和管理系统。该系统使人们可随时随地通过智能手机、大屏幕、电子站牌等，实时获取城市各条道路的交通状况、所有停车场的车位情况、每辆公交车的当前位置等信息，从而合理安排行程，提高出行效率。

4. 大数据、云计算和物联网的关系

大数据、云计算和物联网代表了 IT 领域最新的技术发展趋势，三者之间的联系与区别如图 5.49 所示。

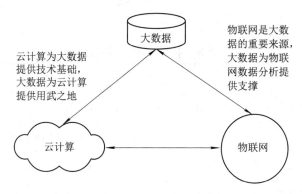

图 5.49　大数据、云计算和物联网的关系

大数据、云计算和物联网的区别在于：大数据侧重于对海量数据进行存储、处理与分析，从海量数据中发现价值，服务于生产和生活；云计算旨在整合和优化各种 IT 资源并通过网络，以服务的方式，廉价地提供给用户；物联网的发展目标是实现"物物相连"，应用创新是物联网发展的核心。

大数据、云计算和物联网的联系在于从整体上看，大数据、云计算和物联网这三者是

相辅相成的。大数据根植于云计算，大数据分析的很多技术都来自云计算，云计算的分布式数据存储和管理系统(包括分布式文件系统和分布式数据库系统)提供了海量数据的存储和管理能力，分布式并行处理框架 MapReduce 提供了海量数据分析能力。没有这些云计算技术作为支撑，大数据分析就无从谈起。反之，大数据为云计算提供了"用武之地"，没有大数据，云计算技术再先进也不能发挥它的应用价值。物联网传感器源源不断产生的大量数据，构成了大数据的重要数据来源，没有物联网的飞速发展，就不会有数据产生方式的变革。同时，物联网需要借助于云计算和大数据技术来实现物联网大数据的存储、分析和处理。

小　结

计算机网络通过各种通信设施将计算机连接起来，实现资源共享。计算机网络协议体现分层求解问题的思想，即每层仅实现一种相对独立且明确的功能，这是化解复杂问题的一种普适思维，也是计算机网络的基本思维模式。Internet 通过 TCP/IP 协议为人们提供各种 Internet 服务，促进人与人之间的互联和交流，改变了社会和人们的生活方式和思维方式，也产生了云计算和物联网。与此同时，信息安全也成为网络时代的重要话题，没有信息安全就没有国家安全。网络空间主权是国家主权的重要组成部分，保卫国家网络空间主权是每一个公民应尽的义务。

习　题

1. 两个人收发信件的模型如图 5.50 所示，问：
(1) 哪些是对等实体？
(2) 收信人与发信人之间、与邮局之间是在直接通信吗？
(3) 邮局、运输系统各向谁提供什么样的服务？
(4) 邮局、收发信人各使用谁提供的什么服务？

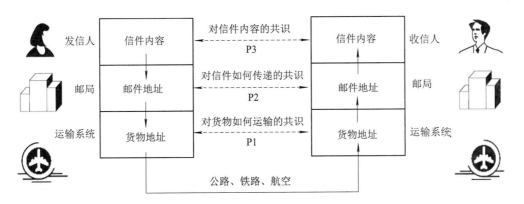

图 5.50　对等试题通信实例

2. 根据本章 5.1 节的实例 2，试问：能否设计出一种协议使得蓝军 1 和蓝军 2 能够实现协同作战，从而一定(即 100%而不是 99.999…%)取得胜利？

3. 使用 QQ 工具进行聊天时，在聊天窗口中发送的即时消息总是能可靠、准确地传送给对方，即使是因为某些原因即时消息发送不成功，也会给出提示信息。但是当进行语音或者视频聊天时却总不会如此，经常出现数据丢失现象，导致图像和声音不连续，为什么？怎么样才能确保数据在网络中准确、可靠、迅速地传输？

4. 运用所学知识解释为什么有时从 Internet 下载文件速度特别慢。

5. 运用所学知识解释为什么有时发送电子邮件总是失败。

6. 某部门办公楼共有四层，为了做好局域网地址规划，该部门信息中心计划为办公楼每一层分配一段 IP 地址，假设该部门可用地址是 172.56.16.0/24，请问如何做好地址分配工作。

7. 判定下列 IP 地址的类型：

(1) 131.109.54.1；

(2) 220.103.9.56；

(3) 240.9.12.2。

8. 判定下列 IP 地址中哪些是无效的，并说明无效的原因。

(1) 131.255.255.18；　　(2) 127.21.19.109；　　(3) 220.103.256.56；

(4) 240.9.12.12；　　(5) 192.5.91.255；　　(6) 10.255.255.254。

9. 在 Internet 中，某计算机的 IP 地址为 11001010.01100000.00101100.01011000，请回答下列问题：

(1) 用十进制数表示上述 IP 地址。

(2) 该 IP 地址属于哪一种类型的 IP 地址？

(3) 写出该 IP 地址没有划分子网时的子网掩码。

(4) 写出该 IP 地址没有划分子网时的计算机主机号。

(5) 将该 IP 地址划分为 4 个子网(包括全 0 和全子网)，写出子网掩码，并写出 4 个子网的 IP 地址区间号。

10. 现有一个手机号码 18082286080 需要加密，请利用所学知识设计一个简单的加密算法。

第6章 系统思维

一台计算机包含哪些部分？这些部分是如何配合完成工作的？本章从系统思维的角度首先介绍冯·诺依曼体系结构以及在此基础上构建的计算机系统；其次介绍系统思维的三个要素——抽象、模块化和无缝衔接；最后介绍哈佛体系结构和绿色计算。

本章学习目标

(1) 掌握冯·诺依曼体系结构。
(2) 熟悉计算机系统组成。
(3) 理解系统思维的要点。
(4) 了解绿色计算。

6.1 系统思维下的实例

【实例】一举三得。

在宋真宗赵恒年间，有一次皇宫失火，火灾造成大片亭台楼阁化为废墟。大臣丁谓被责令限期重建皇宫。然而这项工程不仅涉及设计施工，运输材料，还涉及清理废墟，任务十分艰巨。丁谓经过实地勘察，把设计施工、运输材料、清理废墟作为一个整体加以规划，提出一个最优的建设方案。依据该方案，首先在皇城前的大道上开挖沟渠，用挖沟渠所取出的土进行烧砖备料，同时引汴水入沟渠，利用船只将砂石木材等建筑材料运入工地，等皇宫建好后，再把修建皇宫遗留下来的碎砖废石填回沟渠，修复原来的大道。挖沟(取土)、引水入沟(运入建筑材料)、填沟(处理垃圾、修复大道)这三个环节互相衔接，环环紧扣，很好地解决了取土烧砖、材料运输、清理废墟三个难题，使工程如期完成。该项工程体现了中国古人高超智慧的系统管理思维。

系统思维亦称系统整合思维、筹划性思维、整体思维，是指人们在考虑和处理复杂问题特别是工程问题时，始终从整体出发，从部分之间的相互整合入手，揭示或建构整体大于部分之和的机制。

6.2　冯·诺依曼体系结构

6.2.1　结构组成

1. 维纳的设计原则

美国数学家诺伯特·维纳(Norbert Wiener，1894—1964)是控制论学科的创始人，他对控制论的创立和发展做出了巨大的贡献。维纳在创立控制论的过程中对计算机结构设计进行了研究和探索，他认为计算机是一个信息处理和信息转换系统，只要这个系统能得到数据，就应该能做任何事情。1940年，维纳提出计算机设计的五个原则：

(1) 计算机中的加法装置和乘法装置应该是数字的，而不是模拟的。

(2) 计算机由电子元件构成，尽量减少机械部件。

(3) 采用二进制而不是十进制运算。

(4) 全部运算均在计算机上自动进行。

(5) 采用计算机内部存储数据的方式。

维纳提出的这五个原则对新一代计算机的研制具有重要的指导意义，在计算机的发展史上，维纳为计算机的设计理论做出了不可磨灭的贡献。

2. 冯·诺依曼的设计原则

1945年，冯·诺依曼在"101页报告"中提出了现代计算机的设计原则：

(1) 计算机内采用二进制编码方式。

(2) 存储程序和数据。程序和数据都存储在存储器中，取指令和取操作数都经由总线进行串行传输。

(3) 程序控制。计算机按照程序逐条取出指令加以分析，并执行指令规定的操作。

(4) 计算机结构由五个部分组成，即运算器、控制器、存储器、输入设备和输出设备，并描述了这五部分的职能和相互关系，如图6.1所示。

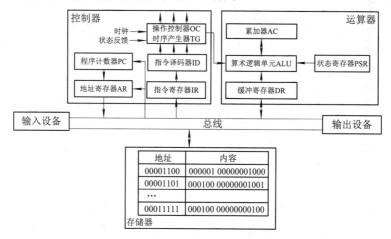

图6.1　冯·诺依曼体系结构

1) 控制器

控制器(Controller)的主要作用是控制计算机各部件而使它们协调工作，即从存储器中读取指令，进行分析译码，产生操作命令，控制各个部件动作，从而使整个机器有条不紊地运行。控制器一般由程序计数器 PC(Program Counter)、指令寄存器 IR(Instruction Register)、地址寄存器 AR(Address Register)、指令译码器 ID(Instruction Decoder)、操作控制器 OC(Operation Controller)等组成。

(1) 程序计数器：始终保存下一条将要执行的指令在内存中的地址码。

(2) 指令寄存器：保存当前正在执行的一条指令。

(3) 指令译码器：对指令寄存器的操作码部分进行译码，产生指令所要求操作的控制电位，并送到操作控制器。

(4) 操作控制器：在时序部件定时信号的作用下，产生具体的操作控制信号。

(5) 地址寄存器：保存 CPU 当前所访问的主存单元的地址。

2) 运算器

运算器(Arithmetic Logic Unit，ALU)亦称算术逻辑单元，其主要作用是进行算术运算和逻辑运算。运算器由累加器(ACcumulator，AC)、程序状态寄存器(Program Status Register，PSR)、数据寄存器(Data Register，DR)等组成。

(1) 累加器：当运算器的算术逻辑单元 ALU 执行算术或逻辑运算时，为 ALU 提供一个暂时保存一个操作数或运算结果的工作区。

(2) 程序状态寄存器：表征当前运算的状态及程序的工作方式。例如运算结果进/借位标志(C)、运算结果溢出标志(O)、运算结果为零标志(Z)、运算结果为负标志(N)、运算结果符号标志(S)等。

(3) 数据寄存器：又称数据缓冲寄存器，其主要功能是暂时存放由主存读出的一条指令或一个数据字；反之，当向主存存入一条指令或一个数据字时，会暂时存放在数据寄存器中。数据寄存器作为 CPU 和主存、外设之间信息传输的中转站，用以弥补 CPU 和主存、外设之间操作速度上的差异。

3) 存储器

存储器(Memory)又称主存储器，简称主存，它直接同运算器和控制器连接，主要用于存储程序和数据。为了便于对存储信息进行管理，存储器被划分为存储单元，每个存储单元的编号称为该单元的地址，存储器内的信息按照地址进行存取。计算机在运算前，程序或数据通过输入设备送入内存，运算过程中，内存不仅为其他部件提供必需的信息，也保存运算的中间结果以及最后的结果。

4) 输入设备

输入设备(Input Unit)主要接收用户输入的原始数据和程序，并将它们变换为计算机能识别的符号，存放在内存中。常用的输入设备包括键盘、鼠标、扫描仪等。

5) 输出设备

输出设备(Output Unit)主要将计算机处理的结果转变为人们所能接受的形式。常用的输出设备包括显示器、打印机、绘图仪等。

由此可见，冯·诺依曼计算机的工作原理和核心是程序存储和程序控制，即将程序(一组指令)和数据存入计算机，按照程序指定的逻辑顺序读取指令并自动完成指令规定的操作。存储程序的思想打破了程序和数据分离的状况，将程序看成数据，一起存放在存储器中，实现程序和数据的统一。EDVAC(Electronic Discrete Variable Automatic Computer，离散变量自动电子计算机)是所有现代电子计算机的模板，被称为"冯·诺依曼结构"。

与此同时，存储程序实现了计算的自动化，导致硬件和软件分离，进而催生了程序员职业。例如，冯·诺依曼的妻子克拉拉·冯·诺依曼曾担任首批程序员，协助冯·诺依曼完成蒙特卡洛算法的编码工作。1990 年国际电子和电气工程师协会设立了冯·诺依曼奖，以表彰在计算机科学和技术领域具有杰出成就的科学家。

6.2.2 工作流程

1. 机器指令

在冯·诺依曼结构的计算机中，程序与数据均以二进制形式存储。程序是由一系列机器指令按照一定顺序排列组合而成的。所谓机器指令，是指计算机能够识别并执行的操作命令。通常，指令由操作码和地址码两部分组成，如图 6.2 所示。

图 6.2 指令的基本格式

1) 操作码

操作码表明计算机执行某种操作的性质和功能，如执行加、减、取数、移位等时均有各自相应的操作码。操作码的位数反映了机器的指令数目，即一个包含 n 位操作码的指令系统最多能够表示 2^n 条指令。例如，如果操作码占 4 位，则该机器最多包含 $2^4 = 16$ 条指令。

2) 地址码

地址码指出从哪个地址中取出操作数或将操作数的结果存放到哪个地址中。有的指令格式允许其地址码部分是操作数本身。

2. 指令执行过程

冯·诺依曼计算机在控制器的指挥下，按照程序规定的流程，重复利用机器周期执行程序中的指令，最终实现目标。下面以图 6.3 为例探讨程序的执行。

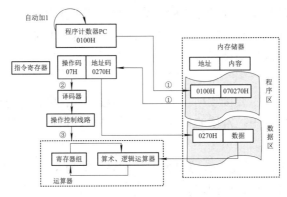

图 6.3 指令执行过程

1) 取指令

以程序计数器 PC 中的内容作为指令地址(0100H),从内存中取出指令地址(0100H)对应的指令(070270H),并送到指令寄存器(见图 6.3 中的①)。同时，程序计数器 PC 自动加 1,PC = PC+1 指向内存中的下一条指令。

2) 指令译码

对指令寄存器中的指令(070270H)进行分析，由译码器对操作码(07H)进行译码，将指令的操作码转换成相应的控制电平信号，由地址码(0270H)确定操作数地址(见图 6.3 中的②)。

3) 指令执行

指令译码完毕后，控制单元向 CPU 的运算器发送任务命令，要求完成相应的操作(见图 6.3 中的③)。

重复上述步骤，直至停机。一般把计算机完成一条指令所花费的时间称为一个机器周期，如图 6.4 所示。机器周期越短，指令执行得越快。

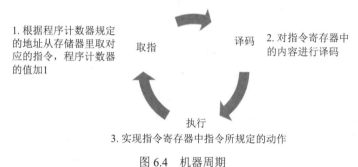

图 6.4　机器周期

6.3　计算机系统

6.3.1　计算机硬件系统

计算机硬件结构均是基于冯·诺依曼模型进行构建的。就逻辑而言，计算机硬件系统由控制器、运算器、存储器、输入设备以及输出设备五大部件构成，这五大部件在物理上包含主机、显示器、键盘、鼠标等，是组成计算机系统的各种物理设备的总称，如图 6.5 所示。

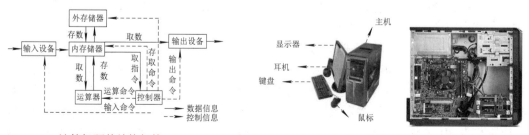

(a) 计算机硬件结构架构　　　　　　　　　　(b) 计算机组成

图 6.5　计算机硬件系统

1. 中央处理器

计算机主机中有一块矩形的电路板，称为主板。主板是硬件的主要组成部分，其上部署了中央处理器(Central Processing Unit，CPU)、内存、显卡以及其他插孔或端口连接的设备，如图 6.6 所示。

图 6.6　计算机主板

通常，冯·诺依曼体系结构中的运算器和控制器合称为中央处理器。衡量 CPU 处理能力的主要技术指标有字长、主频等。字长代表了每次操作能完成的任务量，主频则代表了在单位时间内能完成操作的次数。

CPU 是计算机系统的核心部件，主要包含运算器、控制器和寄存器三个部分，其中寄存器是用来存放临时数据的高速独立的存储单元，包含数据寄存器、指令寄存器和程序计数器，具体功能见 6.2.1 节，这里就不再赘述。CPU 的性能在很大程度上决定了计算机的性能。

CPU 依靠指令来计算和控制系统，每款 CPU 在设计时规定了一系列与其硬件电路相配合的指令系统，因此，CPU 指令集与 CPU 的架构息息相关。从现阶段的主流体系结构讲，指令集可分为复杂指令集和精简指令集，即一类是以 X86 为代表的复杂指令集，基于 X86 架构的 CPU 大量用于电脑和服务器；另一类是以 ARM 为代表的精简指令集，基于 ARM 架构的 CPU 大量用于移动设备。

1971 年 1 月，Intel 公司的霍夫(Marcian E.Hoff)研制成功了 4 位微处理器芯片 Intel 4004，这标志着第一代微处理器的问世，微机时代从此拉开帷幕。CPU 按照其处理信息的字长可分为 4 位微处理器、8 位微处理器、16 位微处理器、32 位微处理器以及 64 位微处理器。目前主流的 CPU 有 Intel 公司的奔腾、酷睿 i 系列，AMD 公司的速龙、羿龙、锐龙系列等。CPU 示例如图 6.7 所示。

2002 年 8 月 10 日，我国成功研制出首枚具有自主知识产权的高性能通用 CPU——龙芯 1 号。龙芯 1 号的问世，标志着中国初步掌握了当代 CPU 的关键设计技术，打破了国外的长期技术垄断，结束了中国近二十年无"芯"的历史，终结了中国人只能依靠进口 CPU 制造计算机的历史。此后，龙芯 2 号、龙芯 3 号相继问世。2013 年，我国第一台采用自主设计的龙芯 3B 八核处理器计算机诞生，主机只有微波炉大小，理论峰值计算能力达到每秒 1 万亿次，2015 年 3 月 31 日，中国发射了首枚使用"龙芯"的北斗卫星。

图 6.7　CPU 示例

2. 存储器

存储器是计算机存放程序和数据的记忆装置。通常情况下，CPU 的工作速度要远高于其他部件的，为了尽可能地发挥 CPU 的工作潜力，解决好运算速度和成本之间的矛盾，将存储器分为主存储器和辅助存储器两部分。

1) 主存储器

主存储器亦称内存，是 CPU 可以直接访问的存储器，主要存放正在运行或随时要使用的程序和数据。其特点是存取数据速度快、存储信息量少，但成本高。内存按工作方式分为随机存储器 RAM(Random Access Memory)和只读存储器 ROM(Read-Only Memory)。

(1) 随机存储器。随机存储器是计算机中主存的主要组成部分，通常用于存放用户临时输入的程序和数据等。RAM 可以随机进行读或写操作，当断电后，存储内容立即消失，这种特性称为易失性(Volatile)。内存条如图 6.8 所示。

图 6.8　内存条

RAM 分为静态存储器 SRAM(Static RAM)和动态存储器 DRAM(Dynamic RAM)。静态存储器 SRAM 用双极型或 MOS 型晶体管构成的触发器作为基本存储单元，只要电源正常供电，触发器中存储的数据信息就能稳定保持。动态存储器 DRAM 用 MOS 型晶体管中的栅极电容存储数据信息，需要定时(一般为 2 ms)充电，补充丢失的电荷，因此称为动态存储器，充电的过程称为刷新。

(2) 只读存储器。对于只读存储器，用户只能进行读操作但不能写入，即使切断电源后，ROM 中的数据信息也会保持不变，因此 ROM 通常用来存储固定不变的一些程序或数据，如系统引导程序和中断处理程序。

2) 辅助存储器

辅助存储器又称外存储器，简称外存，主要用来长期存放暂时不用的程序和数据。通常外存只和内存交换数据。计算机运行之前，程序和数据必须先从外存调入到内存；运算开始后，由内存为处理器提供数据，并将运算的中间结果和最后结果保存到内存中；运算结束时，再由内存交换到外存。相比内存，外存价格便宜，存储信息量大。

(1) 硬盘。硬盘是在硬质盘片上涂上磁性材料，用以存储二进制信息。硬盘由磁盘、驱动器、磁头和读/写电路组成的，如图 6.9 所示。一个磁盘存储系统由安装在公共主轴上的若干磁盘组成，两个磁盘之间留有足够的空间供磁头滑动。当盘片旋转时，磁头在盘片的磁道(Track)上转动，每个磁道又被划分成若干个扇区(Sector)，这些扇区上记录的信息是连续的二进制位串。通过重定位磁头，可以对各个同心的磁道进行存取。把一个给定臂的位置上的所有磁道合并起来，组成一个柱面。一般磁盘容量为：硬盘容量 = 磁头数 × 柱面数 × 扇区数 × 字节数/扇区大小。

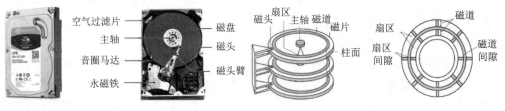

图 6.9　计算机硬盘

(2) 光盘。光盘是以光信息作为存储的载体，用来存放各种文字、声音、图形、图像、动画等多媒体数字信息。光盘存储器包括只读型光盘(CD-ROM)、可擦写型光盘(CD-RW)、数字型光盘(DVD-ROM)等。

(3) 闪存。闪存(Flash Memory)是一种长寿命的非易失性(在断电情况下仍能保存所存储的数据信息)的存储器。它是基于磁技术或光技术的海量存储系统，需要通过物理运动(如旋转磁盘、移动读/写磁头和瞄准激光束)来存储和读取信息。闪存的原理是将电子信号直接发送到存储介质中，电子信号使得存储介质中二氧化硅的微小晶格截获电子，从而改变电子电路的性质。这些微小晶格能够在没有外力的情况下将截获的电子保持很多年。不过，反复的擦除会逐渐损坏二氧化硅晶格。常用的闪存驱动器有固态驱动器(Solid-State Drive，SSD)和安全数字(Secure Digital，SD)存储卡。

如图 6.10 所示，由 CPU 寄存器、高速缓存(用于存放内存中频繁使用的程序块和数据块)、主存、外存构建的存储系统中，每个存储器只和相邻的存储设备打交道，它们分工合作，共同完成存储任务。

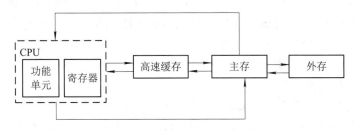

图 6.10　存储系统分工合作

3. 输入设备

输入设备是向计算机输入信息的设备，是计算机与用户或其他设备通信的桥梁。常见的输入设备有键盘、鼠标、摄像头、扫描仪、手写板、语音输入装置等，如图 6.11 所示。

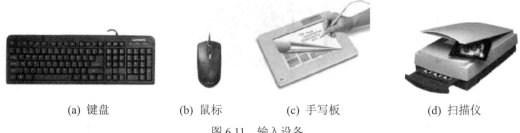

(a) 键盘　　　　　　(b) 鼠标　　　　　　(c) 手写板　　　　　　(d) 扫描仪

图 6.11　输入设备

(1) 键盘。键盘主要用来输入字符、数字和控制信息。键盘由一组开关矩阵组成，包括数字键、字母键、符号键、功能键、控制键等，每一个按键在计算机中都有其唯一的代码。当用户按下一个键后，由硬件判断哪个键被按下并将其翻译成 ASCII 码，之后通过键盘接口将其送入计算机主机中。

(2) 鼠标。鼠标是一种手持式屏幕坐标定位设备。常用的鼠标有机械式和光电式两种。

(3) 手写板。手写板的作用与键盘类似，也具有鼠标的一些功能。

(4) 扫描仪。扫描仪是一种光电、机械式一体化的高科技产品，具有独特的数字化图像采集功能。

4. 输出设备

输出设备用于把各种计算结果以数字、字符、图像、声音等形式表现出来。常见的输出设备有显示器、打印机、绘图仪等，如图 6.12 所示。

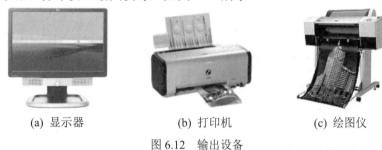

(a) 显示器　　　　　　(b) 打印机　　　　　　(c) 绘图仪

图 6.12　输出设备

GPU(Graphics Processing Unit，图形处理器)是计算机显卡的处理器，GPU 作为硬件显卡的"心脏"，地位等同于 CPU 在计算机系统中的作用。GPU 使硬件显卡减少了对 CPU 的依赖，分担了部分由 CPU 所承担的工作，尤其是在进行三维绘图运算时，效果更加明显。GPU 的设计目的和 CPU 的设计目的截然不同。CPU 由于内核数量较少，专为通用计算而设计，因此具有复杂的控制单元。GPU 是一种特殊类型的处理器，由成千上万个微内核组成，擅长处理大量并行计算，主要用来处理计算性强而逻辑性不强的计算任务，比如图像应用中的渲染。因此，相较于 CPU，GPU 适用于具有大量重复数据集运算和频繁访问内存的应用场景。

值得一提的是近年来较流行的 3D 打印机，它是一种以计算机模型文件为基础，运用粉末状塑料或金属等可黏合材料，通过将打印材料层层叠加的方式构造实物的打印机，如

图 6.13 所示。

图 6.13　3D 打印机

3D 打印技术是一种新型的快速成型技术。用传统的方法制造出一个模型通常需要数天，使用 3D 打印技术只需要数小时即可完成。3D 打印技术在珠宝、鞋类、工业设计、建筑、工程和施工(AEC)、汽车、航空航天、牙科和医疗产业、教育、地理信息系统、土木工程等领域都有所应用。

6.3.2　计算机软件系统

计算机软件系统是指为运行、管理、维护计算机而编制的各种程序、数据和文档的总称。软件与硬件一样，是计算机系统必不可少的组成部分，其主要作用如下：

(1) 管理与控制硬件，协调计算机各组成部分的工作，提高计算机资源的使用效率。

(2) 在硬件提供的基本功能之上，扩展计算机的功能，增强计算机处理现实任务的能力。

(3) 为用户提供灵活、方便的计算机操作界面。

按照软件的作用及其在计算机系统中的地位，软件分为系统软件和应用软件。

1. 系统软件

系统软件是指那些参与构成计算机系统，扩展计算机硬件功能，控制计算机的运行，管理计算机的软硬件资源的程序。它们为应用软件提供支持和服务，方便用户使用计算机系统。系统软件一般包含操作系统、语言处理系统、数据库管理系统、诊断程序、网络软件系统、人机交互软件系统等。

1) 操作系统

操作系统(Operating System，OS)主要协调计算机内部的活动，负责管理和控制计算机的各种资源、自动调度用户作业程序和处理各种中断的系统软件。操作系统不仅为用户提供与计算机进行交互的界面，也为硬件和其他软件系统之间提供接口，为软件提供开发环境和运行环境。

操作系统是系统软件的核心，由内核程序和用户界面程序组成，其中，内核程序一般包括进程管理、存储管理、设备管理、文件管理等。常见的操作系统有 Windows、Linux、Android、iOS 等。

2) 语言处理程序

语言处理程序是指各种软件语言的处理程序，它把用户用软件语言书写的各种源程序转换为计算机能够识别和运行的目标程序，如汇编程序、各种编译程序、解释程序等。

3) 数据库管理系统

数据库管理系统是一种操纵和管理数据库的大型软件，主要用于建立、使用和维护数据库，对数据库进行统一的管理和控制，以保证数据库的安全性和完整性。例如，Oracle、DB2、MySQL 等是典型的数据库管理系统。

4) 诊断程序

诊断程序主要用于对 CPU、内存、软硬件驱动器、显示器、键盘及 I/O 接口的性能和故障进行检测，并能进行故障定位。

2. 应用软件

应用软件是程序员针对用户的具体问题所开发的专用软件的统称。根据开发方式和适用范围，应用软件可再分为两类：通用软件和专用软件。

(1) 通用软件。该类软件是在许多行业和部门中广泛使用的软件，如文字处理软件、电子表格软件、绘图软件等。

(2) 专用软件。该类软件是针对具体应用问题而定制的应用软件，这类软件是完全按照用户自己的特定需求而专门开发的，应用面窄、运行效率高、开发代价与成本相对较高。

没有配置任何软件的只包含硬件系统的计算机称为"裸机"。裸机、操作系统、其他系统软件以及应用软件之间的层次关系如图 6.14 所示。

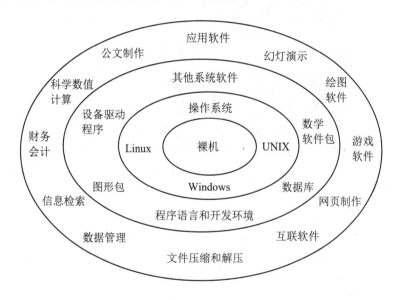

图 6.14 软件系统层次关系图

6.4 系统思维要素

系统思维通过抽象，将模块组合成为系统，系统再无缝地执行计算过程。因此系统思维包括抽象、模块化和无缝衔接三个要素。

6.4.1 抽象

抽象是人类认识问题的最基本的手段之一，抽象的过程就是对问题进行分析和认识的过程。赫拉利在《人类简史》里说："人类之所以成为人类，是因为人类能够想象。这里的想象，我认为很大程度上也是指抽象。"人类能够从具体的事物本身抽象出各种概念，可以说，人类的几乎所有事情，包括政治(例如民族、国家)、经济(例如货币、证券)、文学、艺术、科学等，都是建立在抽象的基础上的。现实世界的问题所包含的信息在深度和广度上都是海量的，抽象的根本目的是发现并抓住问题的本质，从而简化问题解决过程。

1. 艺术中的抽象

在美术范畴内，抽象的表现最简单省力，但也最复杂费力。从理论上讲，抽象是人为主观意识的体现，例如，毕加索喜欢画牛，年轻时画的牛体形庞大，威武健壮。但随着年龄的增长，他画的牛越发体现筋骨。毕加索八十岁时，他画的牛寥寥数笔，牛的皮毛、血肉都没有了，只剩下具有牛神韵的骨架了，如图6.15所示。毕加索画牛这一实例展示了抽象是一个不断简化、不断符号化的过程，使人们能够从直观上更好地理解什么是抽象。

图6.15　毕加索的牛

2. 科学里的抽象

在科学的世界里，所有的科学理论和定理都是一种抽象。例如，物体的质量是一种抽象，它不关注物体是什么以及它的形状或质地，牛顿定律是对物体运动规律的抽象。在科学和工程中，常常需要建立一些模型或者假设，比如量子力学的标准粒子模型、经济学的理性人假设，这些都是抽象。

3. 计算机思维的抽象

人们在利用计算机求解复杂问题的过程中，形成了一整套的思维方法——抽象与自动化，其中，"抽象"是手段，"自动化"是目的。例如，Java、C、Windows等统称为软件，计算机软件是对运行环境的抽象；电脑的电路板、显示器、鼠标、键盘等统称为硬件，计算机硬件是对物理条件的抽象；算法设计是对求解方法的抽象；数据转换和程序语言是对语义符号化的抽象，程序设计是对问题求解过程的抽象；集成电路的设计则被抽象为布尔逻辑运算等。

人们能够运用抽象来构造、分析和管理大型的、复杂的计算机系统。在每个抽象层面，把系统看成由若干称为抽象工具的构件组成，忽略这些构件的内部构成，专注于每个构件如何与同一层面其他构件发生作用，以及这些构件如何作为一个整体构成更高级别的构件。由此就可以理解该系统中与手头任务有关的部分，而不会迷失在细节的海洋里。

6.4.2 模块化

1. 模块化设计的概念

模块化设计是指对在一定范围内的不同功能或相同功能而不同性能、不同规格的产品进行功能分析的基础上，划分并设计出一系列功能模块，通过模块的选择和组合构成不同产品，以满足市场不同需求的设计方法。

模块化设计是绿色设计方法之一，一方面可以缩短产品研发与制造周期，增加产品系列，提高产品质量，快速应对市场变化；另一方面可以减少或消除对环境的不利影响，方便重用、升级、维修和产品废弃后的拆卸、回收和处理。

2. 模块化设计的特征

模块是模块化设计和制造的功能单元，具有三大特征：

(1) 相对独立性：通过对模块进行单独设计，使模块间的关联性尽可能简单，力求以少量的模块组成尽可能多的产品。

(2) 信息隐藏性：通过定义模块的接口，将外界调用模块所需要的信息放在模块接口处，将外界调用模块不需要的信息放在模块内部隐藏起来。对系统进行修改时，只涉及单独模块内部的修改，而不修改这个系统，从而确保模块修改后的负面效应最小，保证系统性能稳定。

(3) 通用性：有利于实现横系列、纵系列产品间模块的通用，实现跨系列产品间模块的通用，最大限度满足不同用户的需求。

【例 6-1】一个由两个与非门级联而成的组合电路系统如图 6.16 所示，该电路系统是如何实现信息隐藏的？

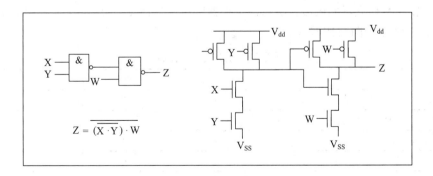

图 6.16 两个与非门级联系统

解 由图 6.16 可知，两个与非门级联系统通过三种表达方式，即布尔表达式、逻辑门电路以及 CMOS 电路进行了表达，这三种表达方式都实现了真值表，如表 6.1 所示。

表 6.1　真 值 表

W	X	Y	Z
0	0	0	1
0	0	1	1
0	1	0	1
0	1	1	1
1	0	0	0
1	0	1	0
1	1	0	0
1	1	1	1

但布尔表达式、逻辑门电路这两种表达方式隐藏了 CMOS 具体实现的细节，仅展示必要的逻辑门模块接口，即三个输入和一个输出，两个与非门级联而成电路，重用与非门，输入与输出的关系由真值表规定，与具体实现无关。

【例 6-2】加法器。计算两个一位二进制数的和并生成正确进位的逻辑电路称为半加器。半加器可以通过逻辑表达式 $S_i = X_i\ \text{XOR}\ Y_i$ 和 $C_{i+1} = X_i\ \text{AND}\ Y_i$ 进行构造，其中 X_i、Y_i 是半加器的两个输入，和 S_i 与进位 C_{i+1} 是半加器的两个输出，即和 S_i 对应的是异或门，进位 C_{i+1} 对应的是与门，如图 6.17 所示。半加器没有把进位输入考虑在计算之内，所以半加器只能计算两个一位二进制数的和，而不能计算两个多位二进制数的和。请以半加器为模块，构造一个考虑进位输入的加法器，即全加器。实现 $1011B + 1001B = 10100B$。

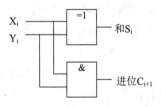

图 6.17　半加器

实现步骤如下：

(1) 全加器的真值表如表 6.2 所示，全加器的符号如图 6.18 所示，采用全加器符号，四位带进位加法器如图 6.19 所示。

表 6.2　全加器真值表

C_{in}	X	Y	S	C_{out}
0	0	0	0	0
0	0	1	1	0
0	1	0	1	0
0	1	1	0	1
1	0	0	1	0
1	0	1	0	1
1	1	0	0	1
1	1	1	1	1

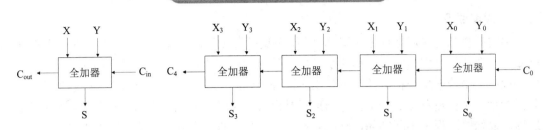

图 6.18 全加器符号 图 6.19 四位带进位加法器

(2) 一个全加器可以使用两个半加器构造,如图 6.20(a)所示。要实现两个四位的二进制数相加,即 1011B + 1001B = 10100B,只需复制 4 次全加器电路,一个位的进位输出作为下一位的进位输入,其逻辑门电路展开如图 6.20(b)所示。

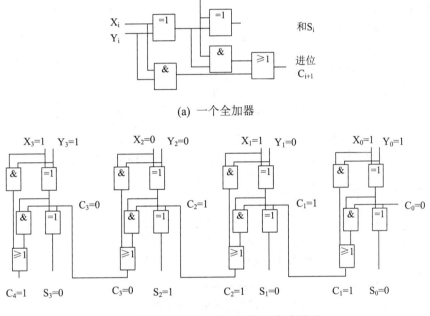

(a) 一个全加器

(b) 四位带进位全加器的逻辑门电路展开

图 6.20 一个全加器

由此可见,加法器是构造计算机运算部件的基本单元,各种算术运算都可以转换为加法运算,各种运算器都可以用加法器构造。

6.4.3 无缝衔接

无缝衔接是指计算过程在计算机系统中无缝流畅地执行。一个计算过程是有限个计算步骤的执行序列,两个相邻的步骤之间需要无缝过渡,即没有缝隙和瓶颈,从一个步骤到下一个步骤自动流畅地执行。

无缝衔接利用周期原理、波斯特尔健壮性原理、冯·诺依曼穷举原理、阿姆达尔定律,使得计算步骤无缝流畅地实现。前三者应对的是缝隙问题,后者应对的是瓶颈问题。

1. 周期原理

宇宙万物都处在周期性循环运动之中，不论是具体的还是抽象的，物质的还是精神的。例如，一个计算过程是由一个程序执行的，程序的一次执行从开始到结束构成一个程序周期。程序是由若干指令构成的，一条指令从开始到结束构成一个指令周期，包含取指令、分析指令、执行指令，而一个指令周期又是由若干个时钟周期构成的。计算机系统就是在这周而复始的过程中不断循环，从而实现相应的目标直至遇到停机或外在的干预为止。

2. 波斯特尔健壮性原理

波斯特尔健壮性原理亦称宽进严出原理，是由互联网先驱乔恩·波斯特尔(Jon Postel)于 1980 年提出的。这条原理提出的目的是避免误差、漂移以及错误的积累。以图 6.21 为例，如果只关心电路的逻辑设计，那么从输入 X、Y 到输出 Z 的实现是非常容易的。但在真实电路的实现中，实现"逻辑 0＝低电平＝0 V"和"逻辑 1＝高电平＝2 V"在一定程度上是有难度的，因此，需要预留足够的物理信号参数余量纠正误差和漂移。

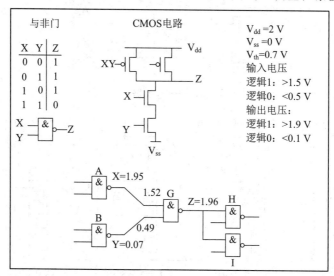

图 6.21　波斯特尔健壮性原理示意

对于宽进，晶体管的输入电压>1.5 V 时对应逻辑 1，输入电压<0.5 V 时对应逻辑 0；高电平在 1.5～2 V 的范围内漂移，低电平在 0.5～0 V 的范围内漂移；输入端允许大约 0.5 V 的漂移。

对于严出，对应逻辑 1 时晶体管的输出电压>1.9 V，对应逻辑 0 时输出电压<0.1 V；高电平在 1.9～2 V 的范围内漂移，低电平在 0.1～0 V 的范围内漂移；输出端仅允许小于 0.1 V 的漂移。

3. 冯·诺依曼穷举原理

要使计算机自动执行程序，必须事先给计算机全面的指示，绝对穷举所有细节，使得计算机能够自动处理所有情况，执行过程中不需要人工干预。这些细节包括：计算机需要执行的程序的指令；程序的输入数据；程序需要的函数；计算机开机后执行的第一条指令；计算机正常执行程序时的下一条指令；执行程序出现异常时的具体异常，以及每种异常的处理方法等。

例如 X86 计算机开机后执行的第一条指令位于地址 FFFFFFF0(0xFFFFFFF0)处，其内容是一条跳转指令 JUMP 000F0000。该跳转指令地址 000F0000 所指的内容是最底层的一个称为 BIOS(Basic Input-Output System，基本输入输出系统)软件的入口地址。龙芯计算机开机后执行的第一条指令位于地址 FFFFFFFFBFC00000 处，其内容是一条特殊的赋值指令，将处理器的状态寄存器复位，这称为初始化处理器的状态寄存器。由此可见，第一条指令地址是由处理器硬件规定的，而不是由计算机系统软件决定的。

4. 阿姆达尔定律(Amdahl law)

阿姆达尔定律是计算机系统设计的重要定律之一，该定律于 1967 年由 IBM 360 系列机的主要设计者阿姆达尔提出。该定律指出：系统中对某一部件采用更快执行方式所能获得的系统性能的改进程度取决于这种执行方式被使用的频率，或占总执行时间的比例。

根据阿姆达尔定律(如图 6.22 所示)，当一个程序的可并行部分使用 N 个线程或 CPU 执行时，执行的总时间为

$$T(N) = B + \frac{1-B}{N}$$

其中，B 为非并行计算部分所占的比例。

当 $1-B=0$ 时，表示只有串行，当 $B=0$ 时，表示只有并行。由此，可推论出加速比：

$$S(N) = \frac{\text{改进前任务耗时}}{\text{改进后任务耗时}} = \frac{1}{B + \frac{1-B}{N}} (N \to \infty) = \frac{1}{B}$$

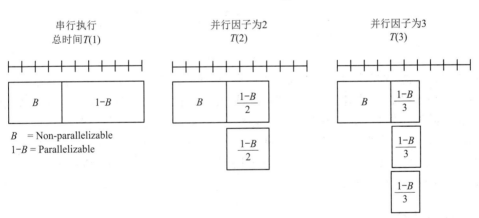

图 6.22　阿姆达尔定律示意

阿姆达尔定律实际上定义了采取增强(加速)某部分功能的措施后，可获得的性能改进或执行时间的加速比。例如，一台电脑使用了 500 MHz 主频的处理器芯片，假设程序代码只有一半可以随处理器速度的增加而改善，即使将处理器的速度提高 1000 倍(提到 500 GHz)甚至无穷大，而整个系统性能最多提升到 1/0.5 = 2，即提高一倍。因此，为了提高系统的速度，仅增加 CPU 处理器的数量不一定能起到有效的作用，还需要提高系统内可并行化的模块比重，在此基础上合理增加并行处理器数量，才能以最小的投入得到最大的加速比。

6.5 系统思维下的创新

6.5.1 哈佛体系结构

计算机的硬件组成结构大部分沿袭了冯·诺依曼的体系结构，但是冯·诺依曼结构是一种将程序指令存储器和数据存储器合并在一起的存储器结构。由于 CPU 取指令和取操作数都在总线上通过分时复用的方式进行，因此当 CPU 高速运行时，不能实现同时取指令和取操作数，从而形成了传输过程的瓶颈。

为了解决程序运行时的访存瓶颈问题，20 世纪 70 年代，哈佛大学的学者提出哈佛结构(Harvard ARChitecture，HARC)，这种结构是将程序指令存储器和数据存储器分开的存储器结构，与两个存储器相对应的是系统的 4 条总线，即程序和数据的数据总线与地址总线。取指令和取操作数都经由不同总线进行并行传输，如图 6.23 所示。

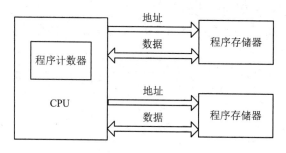

图 6.23 哈佛结构

CPU 首先到程序指令存储器中读取程序指令并解码，得到数据地址，然后到相应的数据存储器中读取数据，并进行下一步的操作(通常是执行)。由于程序指令存储和数据存储是分开的，而且总线操作是独立的，因此能在一个机器周期内同时获得指令字(来自程序存储器)和操作数(来自数据存储器)，从而提高了计算机的运行速度，因此哈佛结构属于一种并行体系结构。目前使用哈佛结构的中央处理器和微控制器很多，如 Microchip 公司的 PIC 系列芯片、ATMEL 公司的 AVR 系列芯片等。

6.5.2 绿色计算

1. 绿色计算的定义

计算机系统从 1946 年开始，经过 60 多年的快速发展以及广泛应用，在对人类社会进步产生了巨大推动作用的同时，其对环境所产生的负面影响也日益显现出来了。以个人计算机在各行各业的广泛应用为例，据资料统计，依照大多数人的习惯，个人计算机即使在不使用的情况下，机器在很多时候仍然处于运行状态，而这会消耗大量的人类赖以生存的能源。协调 IT 技术与产品和环境的关系成为 IT 行业必须面对的紧迫问题，绿色计算(Green Computing)为这些问题的解决提供了有效的解决方案。

绿色计算目前仍然没有一个公认的定义，存在如下多种定义：

(1) 按照百度百科的定义，绿色计算是符合环保概念的计算机主机和相关产品(含显示器、打印机等外设)，具有省电、低噪声、低污染、低辐射、材料可回收及符合人体工程学特性。

(2) 按照维基百科(Wikipedia)的定义，绿色计算是指本着对环境负责的原则使用计算机及相关资源的行为，包括采用高效节能的中央处理器(CPU)、服务器和外围设备，减少资源消耗，并妥善处理电子垃圾(E-waste)。

(3) 相关学者将绿色计算定义为计算机、服务器和相关子系统(如显示器、打印机、存储设备及网络通信系统)的设计、制造、使用和回收处理的研究和实践活动的总称，这些活动可以有效减少对环境的不良影响。

根据绿色计算的不同定义，结合笔者多年来对绿色计算的研究，这里将绿色计算定义为：绿色计算是一种以环境保护为中心的计算模式，与其他计算模式相融合(包括高性能计算、分布式计算、嵌入式计算、社会计算、普适计算、云计算等)，在设计和使用计算机系统的过程中最大限度地减轻或消除计算机系统对环境的影响，避免计算机系统的"过度计算"现象，实现计算机系统与人、社会、资源、环境和经济发展的和谐关系，达到节能、环保和节约的目的。

2. 嵌入式系统

绿色计算涵盖了各种类型的计算机系统，其中"云计算"数据中心的服务器系统和智能移动的嵌入式计算机系统节能要求最为迫切。

1) 嵌入式系统概念

嵌入式系统(Embedded System)的全称为嵌入式计算机系统(Embedded Computer System)，它是指以应用为中心、以计算机技术为基础、软/硬件可裁剪、适应应用环境(Real World)的对功能、实时性、可靠性、成本、体积、功耗等严格约束的专用计算机系统，并可作为一个部件嵌入到一个更大的系统或设备中。随着应用环境的不同，嵌入式系统的实时性有强、弱之分，因此，也被称为嵌入式实时系统(Embedded Real-Time System)。

随着"Post-PC"时代的来临，预计 95％的微处理器将用于嵌入式系统，大到载人航天器、程控交换机，小到数字化时钟、无线传感器节点，遍布于人们生活的方方面面，可以说是"Embedded Everywhere(无处不在的嵌入)"和"Ubiquitous Computing(无处不在的计算)"，典型的嵌入式系统实例如图 6.24 所示。

图 6.24 部分嵌入式系统实例

2) 嵌入式系统的组成

嵌入式系统一般由嵌入式微处理器、存储器、I/O 接口等硬件及其软件组成，通常以 SoC、单板机、多板式箱体结构、嵌入式 PC 等形式嵌入到各式各样的设备或大系统中，如数字移动电话、路由器、导弹、信息家电等，作为设备或大系统的处理和控制核心。嵌入式系统的狭义定义是指嵌入式系统主要由 16 位及 16 位以上的 MPU、MCU 和 DSP 组成，其应用程序的运行一般需要一个 RTOS 的支持，这是它不同于过去许多单片机或单板机应用的关键之处。本书中主要使用嵌入式系统的狭义定义。

嵌入式系统的硬件包括：

(1) 嵌入式微处理器：可分成 MCU、MPU 和 DSP 三类，目前市场上有上千种嵌入式微处理器，例如，ARM 公司的 ARM 系列微处理器。

(2) 存储器：常用的有静态存储器(SRAM)、动态存储器(DRAM)、只读存储器(ROM) 和闪存(Flash ROM)。

(3) I/O 接口：种类繁多，如 UART、并口、I2C、SPI、USB(通用串行接口)、Ethernet(以太网接口)、IEEE 1492、IEEE 802.11、IRDA(红外线接口)、BlueTooth、GSM、CDMA、JTAG 等。

(4) I/O 设备：如 LCD、LED、键盘、面板开关、各种传感器/执行器等。

(5) 其他电路：如 A/D、D/A、时钟电路、复位电路、电源模块等。

嵌入式系统的软件包括：

(1) BSP(Board Support Package)：即设备驱动程序，负责 RTOS 与硬件设备的信息交换，包括硬件的初始化、读、写、查询等操作，并给操作系统提供相应的设备驱动接口。

(2) RTOS(Real-Time Operating System，实时操作系统)：负责整个系统的任务调度、存储分配、时钟管理和中断管理，并提供文件、GUI、网络、数据库等功能。

(3) API(Application Programming Interface，应用编程接口)：为编制应用程序提供的各种编程接口库(Lib)。

(4) 嵌入式应用程序：为满足嵌入式系统各种需求实现的应用程序，如手机上的 Editor、Notebook 和游戏，路由器上的网络管理软件，数字电视上的浏览器等。

3) 嵌入式系统的低功耗设计

嵌入式系统的低功耗设计研究在一定性能(如速度、实时性、吞吐量、代码空间、可靠性、成本等)约束下嵌入式系统的功耗优化(功耗降低或功耗最小化)问题，属于数学上多目标多约束的组合优化问题。

嵌入式系统功耗的一般模型可表示为

$$E = \int_{t_1}^{t_2} P(t)\mathrm{d}t = \overline{P} \times \Delta t = I \times V \times \Delta t = f(C_i) \times \Delta t \qquad (i = 1, 2, \cdots, n)$$

其中，E 表示系统的能耗(Energy Consumption，单位是焦耳 Joule)，$P(t)$ 表示系统的瞬态功率，$\overline{P}$ 表示系统的平均功率(Power，或功耗 Power Consumption，单位是瓦特 Watt)，Δt 表示系统的运行时间，I 为平均电流，V 为电压，C_i 表示系统功耗的某些相关度量特征，如微处理器的周期指令数 IPC(反映 CPU 的利用率)、存储器的周期访问次数 MPC(反映 Memory 的利用率)等，$\overline{P} = f(C_i)$ 表示 $\overline{P}$ 是 C_i 的函数。

根据嵌入式系统的组成，可将嵌入式系统的低功耗设计技术分为七个层次进行分析与研究，如图 6.25 所示。

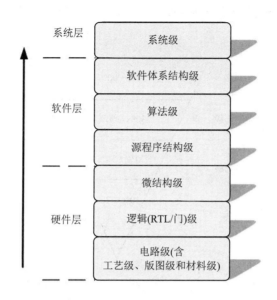

图 6.25 嵌入式系统低功耗设计的主要层次

嵌入式系统低功耗设计的主要层次如下：

(1) 硬件层。电路级通常是嵌入式系统低功耗设计的最低层次，主要解决负载电容、供电电压和时钟频率等问题，为简化层次，便于描述，将工艺级、版图级和材料级都归入电路级进行考虑；由于门级和 RTL 级同属逻辑范畴，可将它们都归入逻辑级，主要解决电路结构和逻辑设计风格等问题；微结构级是指嵌入式 CPU 的组成结构级，主要解决指令级并行、部件分配与调度和智能功率控制等问题。

(2) 软件层。源程序结构级考虑源程序的语法逻辑结构对软件功耗的影响；算法级考虑算法处理的流程和步骤对系统功耗的影响，由于硬件和软件的算法级所解决的问题及方法是一致的，只是实现的载体不同，因此可将算法级的问题都归入软件算法级中进行分析；软件体系结构级考虑软件体系结构的选择和变换对系统功耗的影响。

(3) 系统层。系统级侧重于软/硬件协同、交互、控制、管理等措施，例如，动态电源管理(Dynamic Power Management，DPM)是一种电源管理机制，允许在系统运行时动态地管理电源。传统的电源管理方式要求系统要么挂起(Suspend)以节省能源，要么恢复(Resume)运行让程序正常工作，这个过程通常需要用户参与(如按键动作)，而且这种状态切换非常缓慢。相对于传统的电源管理方式，在 DPM 中，系统可关闭暂时不使用的设备，如关闭 CPU 和显示器，这些都是动态完成的，不需要用户的干预，而且状态之间的切换非常快(每秒数百次)。目前很多计算机系统及其部件都采用了 DPM 技术，以提供更高的系统性能、可靠性和更低的功耗。

通常，不同层次的设计能够降低的功耗比例也不一样，技术层次越高，功耗降低的效果越明显，如通过在系统级对软/硬件进行划分可降低电路 30%的翻转率，而通过在逻辑级重新安排逻辑结构却只能降低 5%的翻转率。但是，不同层次的措施，开发工作量也会有所不同，如软/硬件划分时，需要进行大量的分析和计算，才能确定有效的体系结构，而硬件逻辑重新安排的大部分工作可通过硬件设计综合软件来实现。因此，在低功耗设计时，可根据系统的具体要求选择合适的功耗设计层次与方法。图 6.26 为不同设计层次对功耗影响大小的比较。

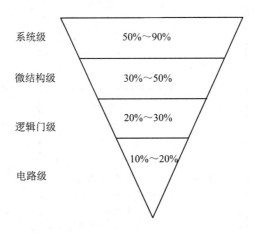

图 6.26 不同设计层次对功耗影响大小的比较

物理学家盖尔曼有一段对自然真理的贴切比喻：真理就像一层层洋葱，每一层代表不同层次上的真理，而在认识自然的每一个层面上既会有不同的真理，也会伴随产生不同的关键概念。与此类似，低功耗设计技术的不同层次所考虑的问题和方法也是不一样的，如在电路级，着眼于供电电压、时钟频率、负载电容等因素；在微结构级，主要是对 CPU 的流水线和并行结构进行改进，降低功耗。同时，低功耗技术的不同层次并不是完全独立的，为达到同一个优化目标，往往可在多个层次上进行设计，如为了降低电路的有效翻转率(或切换活动因子)，可采用在系统级改变系统的软/硬件划分，在源程序结构级改变软件结构，在逻辑级改变具体门电路的逻辑安排等措施。同时，高层次的技术通过低层次的技术发挥作用，共同达到降低系统功耗的目标。总而言之，绿色化的需求将促使信息产业产生颠覆性的变革，导致计算机系统软/硬件设计思想的大转变。

小 结

冯·诺依曼体系结构主要由控制器、运算器、存储器、输入设备和输出设备五大部分组成。指令是能被计算机识别并执行的二进制代码，由操作码和地址码两部分组成。计算机周而复始地执行取指、译码和执行的过程，实现预定的目标。

以冯·诺依曼体系结构为基础，计算机系统由硬件系统和软件系统两部分组成。硬件位于计算机层次结构的最底层，是计算机运行的物质基础。软件是运行在硬件之上的各种数据和指令的集合，是计算机运行的思想。它们协同工作，实现计算机的高效工作，完成各种实际工作。

习　题

1. 五个哲学家围坐在一张圆桌旁进餐，他们分别坐在周围的五张椅子上，而在圆桌上有五个碗和五支筷子。平时哲学家在思考中感到饥饿时会试图取其左、右最靠近他的筷子。只有在他拿到两支筷子时才能进餐，进餐完毕，放下筷子又继续思考。哲学家进餐必须遵守下列约束条件。

(1) 只有拿到两支筷子时，哲学家才能吃饭。

(2) 如果筷子已被别人拿走，则他必须等别人吃完之后才能拿到筷子。

(3) 任一哲学家在自己未拿到两支筷子且吃完饭前，不会放下手中拿到的筷子。

如何协调五个哲学家，使得既没有人一直不停地进餐，又没有人挨饿？

2. 如果计算机不使用操作系统，你认为计算机硬件设计应该解决哪些问题？

3. 现代计算机是如何做到存储容量尽可能大而存取速度尽可能快的？

4. 所有的计算机都遵循冯·诺依曼结构吗？还有哪些典型的计算机体系结构？这些体系结构应用于哪些领域或产品中？相比冯·诺依曼结构，这些体系结构具有哪些优势？为什么？

5. 请思考为什么 CPU 技术的发展不再单单以追求处理速度为目标，而是将控制 CPU 的功耗放在一个非常重要的位置。

6. 假设输入 A 为 1，输入 B 为 0，分析图 6.27 所示两个逻辑电路的输出。

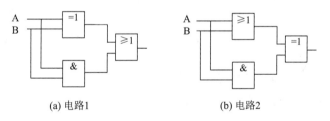

(a) 电路1   (b) 电路2

图 6.27　逻辑电路

第7章 工程思维

当人们面对一个工程问题时，不仅要考虑人力、物力、时间、技术等方面的限制，还要考虑管理、制度、环境、法律等约束。本章从工程思维的角度，主要介绍工程的含义和特点，工程与科学、技术的关系，工程师的定义和职业要求，计算机从业者的职业道德规范，团队合作以及时间管理等内容。

本章学习目标

(1) 掌握工程的含义及其特点。
(2) 理解工程与科学、技术的关系。
(3) 了解计算机与社会的关系。
(4) 掌握工程师的定义及其职业要求、计算机从业者的职业道德规范。
(5) 了解个人与团队之间的关系。
(6) 了解创新和知识产权的相关内容。
(7) 了解时间管理的内涵和方法。

7.1 工程思维下的实例

【实例 7.1】共享单车。

居民乘坐公共交通出行的主要障碍是公共交通工具的"最后一公里"，而共享单车成为解决这最后一公里的有效方式。共享单车依托互联网服务平台，以手机 APP 为载体，以 GPS 和智能锁为核心，建立了覆盖校园、地铁站点、公交站点、居民区、商业区、公共服务区的自行车网络。居民利用共享单车实现短途出行，与其他公共交通方式产生协同效应，完成了交通行业最后一块"拼图"。

【实例 7.2】"神威·太湖之光"超级计算机。

"神威·太湖之光"超级计算机是由国家并行计算机工程技术研究中心研制的，安装在国家超级计算无锡中心的超级计算机。"神威·太湖之光"超级计算机自发布以来,国内外多个应用团队通过使用该计算机使得相关项目获得了突破,取得了相应的成果。例如,国家计算流体力学实验室利用"神威·太湖之光"超级计算机,对"天宫一号"飞行器两舱简化外形(长度 10 余米、横截面直径近 3.5 米)陨落飞行绕流状态进行了大规模并行模拟,使用 16 384 个处理器在 20 天内便完成了常规需要 12 个月的计算任务,其计算结果与风洞试验结果吻合,不仅为"天宫一号"飞行试验提供了重要的数据支持,并为"天宫一号"顺利回家提供了精确预测。正是依赖计算机的超强计算能力,许多复杂问题才能迎刃而解。

计算机给人们的生活方式带来了深刻变化,推动了社会生产力的发展,同时也对整个社会的经济产生了巨大影响。

7.2 工 程 概 述

7.2.1 工程的含义

人类社会是基于人类对客观世界的不断认识而持续发展的,而工程活动是人类生存、发展历史过程中的一项基本活动,并在人类社会的发展过程中始终发挥着重要作用。

中国工程院殷瑞钰院士曾指出:"在工业化进程当中,工程活动是一个非常普遍的现象,工程活动其实在人类早期就有。地球一开始是'天地玄黄、宇宙洪荒',然后逐步进化出现了生命,出现了生物的多样化,同时又进化出了人类,有了人类才有了地球文明,人又是群居性动物,于是就形成了社会。所以从历史上看,有了人类活动之后就有了工程活动——在树上搭个窝,在坡上刨个洞,遍尝百草、治病救人,这都是工程。"因此,人类的历史是工程的历史,工程是人们为了更美好的生活而进行的有目的、有组织的活动。例如,古埃及的金字塔、中国的长城既是人类文化发展的历史遗产,也是古代浩大工程的典范,堪称全世界最伟大的几个工程。

目前,工程有广义和狭义两个概念。广义的工程概念强调众多主体参与的社会性,如"希望工程"。狭义的工程概念主要是指针对物质对象,与生产实践密切联系,运用一定的知识和技术得以实现的人类活动。本书从狭义的角度对工程定义如下:

工程(Engineering)是指人们综合运用科学和科学原理、经验、判断、常识等方法和手段,有组织、系统化地改造客观世界的具体实践活动并能够取得实际成果,是一种能通过生产技术产品或系统以满足具体需要的过程。

工程是"造物"活动,它把实物从一种状态变换为另一种状态,创造出地球上从未有过的物品或过程。在人类生活中,工程是一种直接生产力,直接决定人们的生存状况,长远地影响着自然环境,这是工程活动的意义所在。

7.2.2 工程的特点

根据工程的含义,工程具有以下特点。

1. 实践性和社会性

工程旨在造福人类，工程的产物满足社会需要。但是，工程实践过程受社会政治、经济、文化的制约，工程的基础和约束如图 7.1 所示。例如，计算机与传统技术相结合，形成了机电一体化，促进了生产自动化、管理现代化，推动了社会生产力和经济的发展。

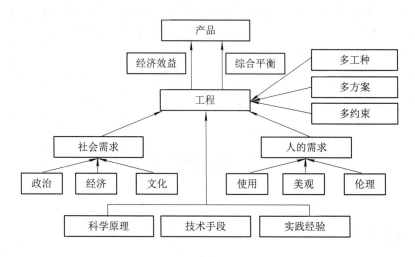

图 7.1　工程基础和约束

2. 创造性

工程是实现人们需求与愿望的途径，因为人们在结构、外观、生产工艺等各个方面都追求独创，而它满足人们的物质需求和精神需求。例如，计算机技术和现代通信技术的结合改变了人与人之间的沟通方式，缩短了人与人之间在空间上、时间上的距离，使人们的生活变得更加丰富多彩。

3. 综合性和复杂性

工程按照一定目标和规则对科学、技术和社会进行动态整合，是一个从简单到复杂的信息递增和信息综合的过程，是通过技术综合集成实现创新的过程。因此，工程过程包括以下几个方面：

(1) 计划环节。工程的计划环节包括工程设想的提出和决策两个部分，主要解决工程建造的必要性和可行性问题。

(2) 设计环节。在工程计划通过之后，进入工程设计环节，这个环节包括工程的设计思路、设计理念以及具体施工方案等。

(3) 建造环节。该环节依据工程设计对自然进行改造和重构，包括工程实施、安装、试验、验收等具体步骤。

(4) 使用环节。该环节指在工程竣工验收之后正式投入运营的时期，此时工程才能实现其自身的经济效益或社会效益。

(5) 结束环节。在工程过了使用期之后，需要进行报废处理。

同时，工程活动是一种集成了多种自然与社会资源、协调多种利益诉求和冲突的极其复杂的社会实践。在工程活动中，需要众多的行动者参与，这些行动者必须有不同的专长，担任不同的角色。实现工程活动所必需的特定人群为完成某一特定目标，在特定的时间内组合在一起，构成了一个具体的实践活动行动者网络，称为工程共同体。工程共同体中的人们彼此配合，不断消除或协调各种冲突与矛盾，将工程活动顺利推向完成。

4. 道德约束性

工程的最终目的是造福人类，遵从道德向善。工程作为一种市场行为，受到人类本身认知能力的局限和各种利益的诱惑，如果缺乏道德伦理的约束，可能会给人类带来毁灭性的影响。为了确保工程的力量用于造福人类而不是摧毁人类，工程在实践应用的过程中应该符合人类的道德伦理，必须受到道德的监视和约束。

7.2.3　工程与科学、技术的关系

科学(Science)即对各种事实和现象进行观察、分类、归纳、演绎、分析、推理、计算和实验，从而发现规律，并对各种规律予以验证和公式化。

技术(Technology)是指人类根据生产实践经验和自然科学原理改变或控制其环境的手段和方法。

从总体上看，科学的核心是科学发现，技术的核心是技术发明，工程的核心是工程建造。科学、技术、工程三者之间既有区别，又有内在的联系。

1. 科学、技术、工程之间的区别

1) 目的不同

科学研究的目的在于认识世界，揭示自然界的客观规律，解决有关自然界"是什么"和"为什么"的问题，为人类增加知识财富。科学的本质在于探索真理。例如，古希腊伟大的思想家、哲学家亚里士多德认为物体下落的快慢是由它们的重量决定的，物体越重，下落得越快。直到 16 世纪，伽利略在意大利的比萨斜塔上做了著名的自由落体试验，这个试验动摇了人们头脑中的旧观念，开创了试验和科学推理的先河，将近代物理学乃至近代科学推上了历史舞台。

技术活动的目的在于改造世界，实现对自然物和自然力的利用，解决自然界变革中"做什么"和"怎么做"的问题，为人类增加物质财富。在生产实践活动中，技术直接指导生产、服务生产，既是现实的生产力，也是一种商品。

工程实施的目的是获得新的人工物，是将人们头脑中的观念形态的东西转化为现实，并以物的形式呈现出来。

2) 研究的过程和方法不同

科学研究过程追求的是精确的数据和完备的理论，要从认识的经验水平上升到理论水平，属于认识由实践向理论转化的阶段，目标常常不明确，摸索性很强，或然性较大，这就决定了科学研究应主要采用实验、归纳、演绎、假说等探索性方法。

技术研究过程追求的是比较确定的应用目标，要利用科学理论解决实际问题，属于认识由理论向实践转化的阶段，有的放矢，或然性较小，这就决定了技术活动大多运用预测、设计、试验、修正等方法。

工程研究过程主要涉及工程目标的选择、工程方案的设计、工程项目的实施等，对工程知识的判断直接影响到工程进展的顺利与否以及效率的高低。一项工程的实现不仅是多学科知识、多领域技术的综合集成，也是人力、财力、物力的综合集成。

3) 成果和评价标准不同

科学研究获得的最终成果主要是知识形态的理论或知识体系，具有公共性或共享性。因此，以真理为准绳，判断是非正误是科学的评价标准。

技术活动获得的最终成果主要是科学知识和生产经验的物化形态，是技术专利、工艺图纸、样品或样机等，这些都具有商品性，可以在保密的同时转让和出卖。因此，技术的评价标准是以功利为尺度来衡量利弊得失的。

工程是以已有的科技成果为对象，将其进一步产业化的过程。工程以"目标→计划→实施→监控→反馈→修正"这一过程来评价成败，而达不到预期目标就意味着失败。

4) 取向和价值观念不同

科学以好奇为取向，与社会现实的联系相对较弱，在某种意义上科学本身仅蕴涵少量的价值成分。

技术以任务为取向，与社会现实的关系密切，在技术中处处渗透价值，时时体现价值。

工程显示出更强的实践价值依赖性。一项工程的实施不仅与技术相关，还包含非技术的内容，如政治、经济、环境等因素。一项工程不可能在各个方面都做到最优，而是要在各方利益间权衡。工程的这种妥协性正是其价值性的体现。

2. 科学、技术、工程之间的联系

科学、技术和工程之间密切相连，主要表现在以下几个方面。

1) 科学、技术、工程是联结人和自然关系的桥梁

科学、技术、工程的共同本质之一是它们都反映人对自然的能动关系及其成果。在处理人和自然的关系中，科学活动是以"发现"为核心的人类活动，它使那些完全脱离于人的天然自然在实践中变成人化自然；技术活动是以"发明"为核心的人类活动，它使一种崭新的人工自然的诞生成为可能；工程活动是以"建造"为核心的人类活动，它使完全造福于人类的人工自然物成为现实。显然，科学、技术和工程是联结人与自然关系的重要桥梁，是处理人与自然关系所取得的积极成果。

科学发现是技术发明的前提和基础，技术发明是科学发现的延伸和发展。而技术又是工程的前提和基础，是推动工程得以有序进行的重要手段。

2) 科学、技术、工程在历史进程中融合发展

在古代，技术和科学基本上处于分离状态，它们有着各自独特的文化传统，各自独立地发挥着作用。随着科学研究与技术开发活动的纵深拓展，科学、技术与工程的联系日益突显出来，这实质上就是一个从科学理论经由技术理论转化为现实生产力的过程。

3) 科学、技术、工程都与社会相互作用

自 19 世纪开始，特别是 20 世纪以来，大量的科学研究、技术开发和工程实践活动

已从分散的单纯的个人活动转化为社会化的集体活动。科学、技术和工程不仅对社会发展起到了推动作用，也对社会发展的过程造成了不利影响。例如，计算机及其相关工程为社会发展带来了许多正面的影响，但也带来了负面影响。如人们在虚拟的网络世界里通过虚拟的网络满足自己的各种需求，不与人面对面地沟通，最终将导致人类交际能力的弱化。

7.3   工 程 师

7.3.1   工程师的定义

工程师一词源自拉丁文的"ingenero"。古时西方社会用其称呼那些操作破城槌(Battering Rams)、抛石机(Catapults)和其他战争机器并对作战武器进行创新的人们。18世纪工业革命爆发后，工程师被重新定义，用来指代蒸汽机的操作者，并要求他们在应用基本数学知识和牛顿运动定律等科学理论的基础上，在设计系统及工具的过程中具有创新能力。

1770 年，英国爱迪斯顿灯塔的设计者约翰•斯米顿(John Smeaton)第一个称自己为民用工程师(Civil Engineer)，这一命名具有双重意义：首先，在职业和工作性质上，将"民用工程师"与传统的"军事工程师"加以区分，因为后者虽然从事修建各种军事工程的工作，但他们隶属皇家工兵部队；其次，同时也是最重要的，把真正的工程师与传统磨坊建筑师、石匠、木匠、铁匠以及其他行业"技师"区分开了。正因为如此，约翰•斯米顿被认为是"民用工程师之父"，"工程师"一词开始通用。

在中国，工程师是在洋务运动时期才出现的，如中国第一批近代工程师来自晚清留美学生，其中著名的有詹天佑，他修筑了"京张铁路"。京张铁路所在路段山岭重叠，对工程技术要求较高，詹天佑不负国人之期望，达成使命，使中国工程师获得了国内外工程界的认可。同时，他团结和领导国内工程师，为促进中国工程事业的发展贡献了毕生精力。

因此工程师可定义为能够独立完成某一专门技术任务或工程系统的操作、设计、研发、管理、评估能力的人员，他们具有融合应用试验和理论研究的能力，并可以最大限度地、巧妙地利用大自然的资源，创造性地解决问题，以保护、维持和改善人类的生活。

7.3.2   工程师的分类

由于工程项目种类繁多，工程师自然就有很多种类，例如研发工程师、设计工程师、生产工程师、网络工程师、电气工程师、销售工程师、服务工程师等。

工程师按职责范围可分为研究、开发、设计(包括规划)、制造(包括施工)、试验、生产运行、营销、工业管理以及教育诸方面的工程师。工程师类型及其职责如表 7.1 所示。

表 7.1 工程师类型及其职责

类型	职责	中国/%	美国/%	德国/%	澳大利亚/%
技术实施型	在工业生产第一线从事设计、试验、制造、运行等技术工作，具有善于解决工程中复杂问题的能力	60～70	45	45	40
研究开发型	从事工程技术开发、工程基础研究，具有提出新概念，制定新规程，开发新材料、新工艺、新产品的能力	10～15	15	12	8
工程管理型	从事以技术背景为主的策划，协调组织实施、管理、经营、销售等工作，具有宽广的知识面、强大的组织力以及对工业生产的洞察力	15～20	20	35	45
其他	教育、咨询等	约 5	20	8	7

工程师不同于科学家，虽然科学家和工程师都是知识劳动者，但二者是有区别的：科学家拥有的知识主要是科学知识，而工程师拥有的知识主要是工程知识，包括设计知识、工艺知识、研发知识、设备知识、生产加工知识、技术管理知识、安全生产知识、维修知识、质量控制知识、产品知识、市场知识、相关的社会知识等。因此工程师和科学家也成了两种不同类型的社会职业和工作岗位，两者之间的区别如表 7.2 所示。

表 7.2 工程师与科学家的区别

区别	科学家	工程师
工作目的	对自然或社会现象为什么会发生感兴趣，探寻已存在世界的运行规律，力图了解世界是怎么运作的，研究和发现未知世界的事实及其规律	对工程技术问题为什么会发生感兴趣，力图根据已知条件设计运作产品或系统，用于实际需要，研究开发新技术和新设计
工作结果	产品为定律、定理、规律	产品为人造物
工作过程	在某一领域观察现象、收集数据、分析数据、提出理论以描述研究结果。理论往往可以用数学公式表示	根据功能要求，按照科学规律构思并制作模型、测试完善模型、形成产品并推向市场
工作方法	科学研究以分析为主，剔除系统中不必要的信息，使信息递减，凸显规律	以综合为主，使系统不断复杂化，以完善功能
工作特征	开展基础理论、应用科学或技术科学原理的研究	发展用于未来的新技术、新设计、新工艺、新材料和新方法
才能要素	探索者、开拓者、发现者、新概念创造者	设计者、开发者、新技术形成者、新标准制定者，能规划、能预见、能系统地处理问题，能评价

7.3.3 工程师的职业要求

现代工程师能综合运用科学的方法及观点和技术手段来分析与解决各种工程问题，承担工程科学与技术的开发及应用任务。工程师所应具备的基本素质包括知识、能力、品德三个方面。

美国职业工程师协会对工程师提出的要求是："工程师要有数学、基础科学和工程科学方面的坚实基础，必须具备与工程原理相关的，在经济、社会、法律、美学、环境、伦理等非技术领域的知识。工程师应该是一个能够根据社会需求提出概念、进行设计、从事开发、形成新技术，并且能制定标准的人。工程师还应该做到能规划、有预见、能将问题系统化，并对关系到卫生健康、生命安全、人民幸福、财产损失等方面的系统的和部分的问题有判别能力。"

ACM/IEEE 计算课程体系规范 CC 2020 报告基于胜任力的学习(Competency-Based Learning)的理念，提出计算机专业人才培养应从知识(Knowledge)、技能(Skills)和品行(Dispositions)三个维度进行培养，造就具有可持续胜任力(知识+能力+品德)的立体型人才，以适应经济、科技和社会发展需求。

1. 知识要求

工程是知识密集型造物活动，工程师应具备系统性的知识结构，包括工程的规划、决策、设计、研制、施工、运行、检测、管理、评价等方面的内容，囊括了人类创造人造物从构思、设计、实现到运作的全过程。一个工程师不应只满足知识单元和经验的简单积累，必须把这些知识贯通起来，构织成有机的知识网络，并使之系统化。例如，钱学森回忆他在加州理工大学学习期间，其导师冯·卡门要求他修读粒子物理学课程及现代物理学理论，这为他后来完成新中国的"两弹一星"工程打下了良好的科学理论基础。

具体而言，现代工程师应具备基础学科知识、专业技术知识、相关学科知识和人文社科知识四个方面的知识。其中，基础学科知识包括外语、数学、物理、化学等；专业技术知识包括专业基础知识和专业方向知识，不同的专业所学习的专业知识略有不同；相关学科知识主要包括与本专业联系紧密的其他学科知识；人文社科知识包括哲学、艺术、法学、社会学、心理学等。

2. 能力要求

根据美国数所著名大学的经验，工学院毕业生在就业后不到十年内，有一半以上不仅从事工程技术工作，而且会从事一些管理、财务等方面的工作。可见作为一个称职的工程师，需要具备各种能力，最重要的能力包括：

(1) 实践能力。工程的本质是一种实践活动，实践能力是工程师从事工程活动的基本能力。由于工程的复杂性，工程师善于从实践中总结事物的规律性，对工作中遇到的实际问题能快速地找到解决的途径。

(2) 创新能力。工程是人类利用自然界的物质、能源和信息创造出一个世界上原本不存在的人造物的过程，因此，创新是工程活动的灵魂，工程师必须具备强烈的创新意识和极强的创新能力。工程师在实践中要能够用跨学科知识和所掌握的理论知识综合分析，突破传统的方法与措施，解决前人没有解决的工程问题。

(3) 终身学习能力。工程师应具有终身学习的意识，积极寻求新知识，持续进步，掌握所从事工作需要的基础知识，熟悉本专业最新的发展动态，善于从实践中学习，善于向书本学习，善于吸收新知识。

(4) 交流沟通能力。在工程技术管理活动中，工程师的协调、沟通能力非常重要，这有助于形成良好的人际关系。工程师要既能够有效、清晰地表达自己的观点与理念，包括能够说服别人接受自己的观点，又能够积极听取和吸收他人的意见。

(5) 项目管理能力。项目管理能力是工程师的一项重要技能，工程师应从整体大局考虑，对从事的技术、开发等工作所形成的文件、资料、信息以及所在的团队进行管理，整合各项资源，改善和调整各工作人员之间、投资方和工作人员之间的关系，以达到统一协调的目的，保证工作正常地进行。

(6) 团队合作能力。工程师应善于与人合作，能够团结与自己意见不同、性格不同的人一起工作，能有效采用"严于律己，宽以待人"和"奉献多一点，索取少一点"的原则处理矛盾。

3. 品德要求

所谓品德，是指个体依据一定的社会道德准则和规范行动时，对社会、对他人、对周围事物所表现出来的稳定的思想行为倾向。道德是以善恶为标准来调节人们之间以及个人与社会之间关系的行为规范。道德依靠人们自觉的内心观念来维持。

道德是发展先进文化、构成人类文明特别是精神文明的重要内容。如"忠孝仁爱、礼义廉耻"是基本道德，社会公德包括文明礼貌、助人为乐、爱护公物、保护环境、遵纪守法等，职业道德包括爱岗敬业、诚实守信、办事公道、服务群众、奉献社会等内容。

品德是做人的前提，能力以知识为基础，能力是获取知识的保障。因此，知识、能力和品德三者相结合构成了工程师的综合素质。

7.4　职 业 道 德

7.4.1　职业道德的内涵

1. 职业道德的含义

职业道德是指人们在职业生活中所遵循的道德准则、道德情操与道德品质的总和。职业道德是从业人员的基本素质，既是本行业人员在职业活动中的行为规范，又是行业对社会所负的道德责任和义务。

职业道德的含义包括以下八个方面：

(1) 职业道德是一种职业规范，受社会普遍的认可。

(2) 职业道德是长期以来自然形成的。

(3) 职业道德通常体现为观念、习惯、信念等。

(4) 职业道德依靠文化、内心信念和习惯逐渐形成，并通过员工的自律实现。

(5) 职业道德大多没有实质的约束力和强制力。

(6) 职业道德的主要内容是对员工义务的要求。

(7) 职业道德标准多元化，代表了不同企业可能具有不同的价值观。

(8) 职业道德承载着企业文化和凝聚力，影响深远。

职业道德含义的八个方面可概括为以下四点：

(1) 内容方面：职业道德是在特定的职业实践的基础上形成的，鲜明地表达了职业义务、职业责任以及职业行为上的道德准则。因而，职业道德往往表现为某一职业特有的道德传统和道德习惯，表现为从事某一职业的人们所特有的道德心理和道德品质。

(2) 表现形式方面：职业道德从本职业的交流活动出发，采用制度、守则、公约、承诺、誓言、条例、标语口号等具体而又灵活多样的形式，不仅使从业人员易于接受和实行，也易于形成一种职业的道德习惯。

(3) 调节的范围方面：职业道德一方面用来调节从业人员的内部关系，加强内部人员的凝聚力；另一方面，它也用来调节从业人员与其服务对象之间的关系，用于塑造本职业从业人员的形象。

(4) 产生的效果方面：职业道德与各种职业要求和职业生活相结合，具有较强的稳定性和连续性，形成了比较稳定的职业心理和职业习惯，并通过不断加强职业道德基本知识和规范，积极进行实践和自我修养来提升职业素养。

2. 职业道德的表现

每个从业人员，无论从事哪种职业，在职业活动中都要遵守道德。不同职业之间的职业道德是有区别的，如教师要遵守教书育人、为人师表的职业道德，医生要遵守救死扶伤的职业道德等。但是无论哪个职业的职业道德，主要包括以下几方面的内容：

(1) 爱岗敬业。爱岗敬业是对人们工作态度的一种普遍要求。爱岗就是热爱自己的本职工作，尽心尽力做好本职工作；敬业就是要以一种专心、认真、负责任的态度来对待自己的职业。

(2) 诚实守信。诚实守信是为人处世的基本准则，是一个人或组织安身立命的根本。每一位公民、每一个企业、每一个经营者，都要遵守这一基本准则。

(3) 公平公正。公平公正是指以国家法律、法规、各种纪律、规章及公共道德准则为标准，客观公正地处理问题。

(4) 无私奉献。无私奉献是社会主义职业道德的最高要求和境界，是为人民服务和集体主义精神的最好体现。

7.4.2 计算机从业者职业道德规范

计算机从业者职业道德是指在计算机行业及其应用领域所形成的社会意识形态和伦理关系下，调整人与人之间、人与知识产权之间、人与计算机之间以及人与社会之间关系的行为规范的总和。

1. 《ACM 道德和职业行为准则》

《ACM 道德和职业行为准则》包含 24 条规则，其中有 8 条是一般性的道德准则，这也是计算机工程师需要遵守的基本道德规范和行为准则，具体如下：

(1) 为社会的进步和人类生活的幸福做出贡献。

(2) 不要伤害他人。

(3) 做一个讲真话并值得别人信赖的人。

(4) 公平、无歧视地对待他人。

(5) 尊重他人的知识产权和获取经济利益的权利。

(6) 使用他人的知识产权时给予对方适当的权利。

(7) 尊重他人的隐私权。

(8) 保守国家、公司、企业等机密。

2. 软件工程师的职业道德与准则

IEEE 和 ACM 于 1994 年成立联合指导委员会，该委员会制定的软件工程师职业道德与职业活动准则如下：

准则 1(产品)：软件工程师应尽可能确保所开发的软件对于公众、雇主、客户以及用户是有用的，在质量上是可接受的，在时间上要按期完成并且费用合理，同时没有错误。

准则 2(公众)：从职业角度来讲，软件工程师应当始终关注公众利益，确保公众的安全、健康和幸福。

准则 3(客户与雇主)：软件工程师以职业的方式担当客户或雇主的忠实代理人和委托人，确保其客户和雇主的最大利益。

准则 4(判断)：在与准则 1 保持一致的情况下，软件工程师应尽可能维护其职业判断的独立性，并保护判断的声誉。

准则 5(管理)：具有管理和领导职能的软件工程师应该公平行事，鼓励他们所领导的成员履行自己的和集体的义务。

准则 6(职业)：软件工程师应该在职业的各个方面提高职业的正直性和声誉，并与公众的健康、安全和福利要求保持一致。

准则 7(同事)：软件工程师应当公平地对待所有与他们一起工作的人，并采取积极的行动支持团队的活动。

准则 8(本人)：软件工程师应当在他们的整个职业生涯中努力提高他们从事职业所应具备的能力。

3. 计算机道德学会的道德规范

计算机道德学会成立于 20 世纪 80 年代，由 IBM 公司、Brookings 学院及华盛顿神学联盟等共同建立，其目的是鼓励人们从事计算机工作时要考虑道德方面的问题。该组织颁布的道德规范如下：

(1) 不使用计算机伤害他人。

(2) 不干预他人的计算机工作。

(3) 不偷窃他人的计算机文件。

(4) 不使用计算机进行偷窃。

(5) 不使用计算机提供伪证。

(6) 不使用自己未购买的私人软件。

(7) 在没有被授权或没有给予适当补偿的情况下，不使用他人的计算机资源。

(8) 不窃取他人的知识成果。

(9) 考虑自己编写的程序或设计的系统对社会造成的影响。

(10) 在使用计算机时，替他人设想并尊重他人。

4. 计算机从业者职业道德规范

尽管道德准则出自不同的机构，但是其目的都是给计算机从业人员一个道德约束，使他们在工作当中能够进行自我约束，为计算机的健康发展贡献力量。根据国内外现有的用以约束计算机专业技术人员执业行为的规范或章程，这里对计算机从业者职业道德规范的内容归纳如下：

(1) 尊重知识产权。计算机从业者使用计算机软件或数据时应遵守国家的有关法律规定，尊重这些作品的版权，自觉维护并尊重他人的劳动成果，不非法复制由他人完成的软件程序，自觉使用正版软件。

(2) 尊重他人隐私。计算机从业者不应利用掌握的计算机知识和技能从事非法活动，例如，不利用计算机技术解密他人的隐私，不充当黑客等。

(3) 维护计算机安全。计算机从业者应当维护计算机的正常运行以及数据的安全，不蓄意破坏和损伤他人的计算机系统设备及资源。

(4) 规范网络行为。计算机从业者遵守国家的法律法规，规范自己使用计算机和网络技术的行为，不利用计算机网络制造或者散布谣言、歪曲事实，正确对待网络舆情。

(5) 具有团队合作意识。任何产品的开发项目都是一项系统工程，需要团队协作完成，团队成员要对自己负责的部分做到精益求精，在团队合作中做到公正无私、团结一致。

(6) 以公众利益为最高目标。计算机从业人员应以公众利益为最高目标，致力于将自己的专业技能应用于维护公众的利益，避免给公众的利益造成损失。

7.5　创新与知识产权

7.5.1　创新

1. 创新的概念

当今世界已进入知识经济全球化的时代，创新业已成为推动社会发展的强大动力。创新能力和水平不仅是企业的核心竞争力，也是国家的核心竞争力，是衡量一个企业或一个国家发展的重要标志。越来越多的企业和国家意识到创新的重要性和紧迫性。

2005 年，党的十六届五中全会提出"建设创新型国家"的发展战略，党的十七大报告又进一步明确指出："提高自主创新能力，建设创新型国家，这是国家发展战略的核心，是提高综合国力的关键。"党的十八大报告强调指出："科技创新是提高社会生产力和综合国力的战略支撑，必须摆在国家发展全局的核心位置。"2016 年 5 月 30 日，在北京召开的全国科技创新大会、中国科学院第十八次院士大会和中国工程院第十三次院士大会、中国科学技术协会第九次全国代表大会强调："把科技创新摆在更加重要位置，吹响建设世界科技强国的号角。"党的二十大报告指出：必须坚持科技是第一生产力，人才是第一资源，创新是第一动力。

创新的概念由著名经济学家、美籍奥地利人约瑟夫·阿罗斯·熊彼特于 1912 年在发表的《经济发展理论》中首次提出。他认为创新是把一种从来没有过的关于生产要素的"新组合"引入生产体系，建立一种"新的生产函数"。这种新组合包括：

(1) 引进新的产品或产品的新特性；

(2) 引用新技术或采用一种新的生产方法；

(3) 开辟新的市场；

(4) 开辟和利用新的原材料；

(5) 实现新的组织形式。

在熊彼特看来，一个正常、健康的经济不是处于平衡状态，而是不断受到新技术的干扰。

因此，创新是指以现有的思维模式提出有别于常规或常人思路的见解为导向，利用现有的知识和物质，在特定的环境中，本着理想化需要或为满足社会需求，改进或创造新颖、有价值的事物(包括但不限于各种产品、方法、元素、路径、环境)，并能获得一定有益效果的行为。

2. 创新的种类

创新包括方法创新、学习创新、教育创新、科技创新等。科技创新只是众多创新中的一种，科技创新通常包括产品创新、工艺方法等技术创新，因此技术创新是科技创新中的一种表现方式。

技术创新理论认为，科学技术对经济发展的作用主要是通过技术创新实现的。技术创新是指生产技术的创新，包括开发新技术，或者将已有的技术进行应用创新。科学是技术之源，技术是产业之源，技术创新建立在科学理论的发现基础之上，重大的技术创新会导致社会经济系统的根本性转变。

技术创新按照演化维度可分为技术仿制、创造性模仿和自主创新三个阶段，技术创新按照自主程度分为独立创新、合作创新、引进再创新三种模式。

3. 创新的方法

创新的方法是指为促使创新活动的完成而实施的带有普遍规律性的技巧和具体方法。这些技巧和方法是人们根据创新思维的发展规律和大量成功的创新实例总结出来的，从而使创新活动有规律可循、有步骤可依、有技巧可用、有方法可行。创新方法具有以下特点：

(1) 可操作性：创新方法必须具有一定的实施程序和操作规程。

(2) 可思维性：创新方法必须能有效地引发创新思维，并能通过技法进行操作。

创新方法有以下几种。

1) 头脑风暴法

头脑风暴法(Brain Storming)又称为智力激励法，是由美国创造学家 A·F·奥斯本于 1939 年首次提出的一种激发性思维方法。这种方法是以会议的方式，让与会者围绕一个明确的议题进行讨论，集中思考，借助与会者的群体智慧，互相启发激励，使各种设想在相互碰撞中激起脑海的创造性"风暴"，引发创造性设想的连锁反应，产生和发展出众多的创意构想。

根据 A·F·奥斯本本人及其他研究者的看法，头脑风暴法激发创新思维的机理主要有以下四点：

(1) 联想反应。联想是产生新观念的基本过程。在集体讨论问题的过程中，每提出一个新的观念，都能引发他人的联想，从而产生一连串的新观念，为创造性地解决问题提供了更多的可能性。

(2) 热情感染。在不受任何限制的情况下，集体讨论问题能激发人的热情，人人自由发言、相互影响、相互感染，能形成热潮，突破固有观念的束缚，最大限度地发挥创造性思维的能力。

(3) 竞争意识。在有竞争意识的情况下，人人争先恐后，竞相发言，不断地开动思维机器，力求有独到见解、新奇观念。

(4) 畅所欲言。在集体讨论解决问题的过程中，头脑风暴法有一条原则，即不得批评仓促的发言，甚至不许有任何怀疑的表情、动作、神色，这就能使每个人畅所欲言，产生大量的新观念。

实践经验表明，头脑风暴法可以排除折中方案，对所讨论问题通过客观、连续的分析，找到一组切实可行的方案,因而头脑风暴法在军事决策和民用决策中得到了较广泛的应用。当然，头脑风暴法实施的成本(时间、费用等)以及对参与者的素质要求较高。

2) 6W1H 法

6W1H 法是根据 6 个疑问词从不同的角度检讨创新思路的一种设计思维方法。因这些疑问词中均含有英文字母 W，故而简称为 6W 设问法。

(1) 为什么(WHY)——产品设计的目的。例如，产品的设计目的是解决原有产品的缺陷，还是开发全新产品；是提高效率降低成本，还是保护环境适应潮流等。

(2) 是什么(WHAT)——产品的功能配置。例如，分析产品基本功能和辅助功能的相互关系如何，消费者的实际需要是什么。

(3) 什么人用(FOR WHOM)——产品的购买者、使用者。例如，依据消费对象的习惯、兴趣、爱好、年龄特征、生理特征、文化背景、经济收入状况选择使用者和购买者。

(4) 什么人负责(WHO)——从事产品设计等人的要求。例如，从事这项工作的人的身体素质、知识技能、经验等。

(5) 什么时间(WHEN)——产品推介的时机以及消费者的使用时间。例如，企业根据产品消费的时间合理安排生产，把握好产品的营销策略等。

(6) 什么地方用(WHERE)——产品使用的条件和环境。例如，针对什么样的地点和场所开发产品，有哪些受限和有利的环境条件。

(7) 如何用(HOW)——消费行为。例如，如何考虑消费者的使用是否方便，怎样通过设计语言提示操作使用等。

6W1H 设问体系试图运用增加、缩减、置换、颠倒、改变的设计概念，进行多角度、多层次、多途径的逻辑变换，形成丰富的创新思维。6W1H 设问体系是提高思维的严谨性与灵活性、培养概念综合化能力的最为简单而直接的方法。

3) 创意列举法

创意列举法主要分为属性列举法、希望点列举法、优点列举法和缺点列举法，如表 7.3

所示。

表 7.3　创意列举法的类型

类　型	具　体　解　释
属性列举法	该方法是一种创意思维策略，强调人们在创造过程中先观察和分析事物或问题的属性特征，然后针对每项特征提出对应的改良或改变的创新构想
希望点列举法	该方法是指人们不断提出理想和愿望，针对希望和理想寻找解决问题的对策和方法
优点列举法	该方法是指人们通过逐一列出事物的优点，从而探求解决问题的方法和改善对策
缺点列举法	该方法是指人们通过逐一列出事物的缺点和不足之处并加以分析，从而探求解决问题的方法和改善对策

4) 检核表法

检核表是围绕着需要解决的问题可创新的对象，把所有的问题罗列出来，然后逐一讨论，以促进旧的思维框架的突破。检核表几乎用于任何类型与场合的创新活动，享有"创新方法之母"的美称。比较知名的是奥斯本的检核表法、和田十二法。本书以和田十二法为例，说明其罗列的规则。

(1) 加一加：在原有的基础上改进(加大、加长、加高、加宽)。例如，mp3 加上收音机的功能就更贵些；海尔冰箱加上电脑桌的功能，在美国大受欢迎；手机加上照相的功能便价格不菲。苹果的 IPod 加入播放器和电影的移动存储，结果利润远大于电脑。

(2) 减一减：省略不必要的。例如，移动硬盘是越小越方便携带。

(3) 扩一扩：放大、扩大、提高功效。

(4) 变一变：改变方式、手段、程序等(改变原有事物的形状、尺寸、颜色、滋味、浓度、密度、顺序、场合、时间、对象、方式、音响等)。

(5) 改一改：针对现有的做法提出意见、建议，做得更好，带有被动性，常常是在事物缺点暴露出来之后，才通过消除缺点的方式进行创造。

(6) 缩一缩：压缩、缩小、微型化。

(7) 联一联：看事物之间有什么联系。

(8) 学一学：借鉴、综合、学习、模仿别的物品的形状、结构、颜色、规格、方法等。

(9) 代一代：用别的材料代替，用别的方法代替。

(10) 搬一搬：换个地区、换个行业、换个领域、移作他用。

(11) 反一反：能否把次序、步骤、层次颠倒一下。

(12) 定一定：定个界限、标准，能提高工作效率。

【例 7-1】利用和田十二法，列出检核表，提出改进电风扇的新设想。

采用和田十二法列出的改进电风扇的检核表如表 7.4 所示。

表 7.4 和田十二法检核表

序号	12 个动词	新设想名称	设想说明
1	加一加	带电脑的电扇	加微电脑，新电扇能根据环境变化自动调节风量的控制时间
2	减一减	吸顶电扇	减去吊杆，改为吸顶式
3	扩一扩	全方位电风扇	扩大送风面积：从左右摇头到上下左右摇头，扩大送风范围
4	缩一缩	蚊帐内电风扇	将电风扇小型化、微型化，以适应更小范围或特殊环境送风需要
5	变一变	球式电风扇	把风扇结构和开关变为球形
6	改一改	遥控电风扇	将遥控技术用于电风扇开关
7	联一联	驱蚊电风扇	将电风扇的改进与家庭驱蚊联系起来
8	学一学	保健电风扇	普通电风扇风量过大，容易使人感冒，设计仿自然风，可达到保健作用
9	代一代	木叶片电风扇	用高级木材代替钢或塑料，制成木叶片电风扇
10	搬一搬	电视机保护罩	在电视机保护罩内装微型风扇，防止电视机过热
11	反一反	热风扇	一般电风扇送凉风，改进的电风扇则送热风
12	定一定	低噪声电风扇	规定风扇的噪声标准，降低电风扇的噪声

7.5.2 知识产权

1. 知识产权存在的意义

当今社会，经济发展越来越依赖于以科学技术为主要内容的知识，或者说，知识已成为生产力提高和经济增长的驱动力。知识产权(Intellectual Property)作为技术创新的法律规定，业已成为一个国家发展的战略资源。知识产权的数量、质量、规模和水平，以及知识产权的运用与管理能力，成为衡量一个国家经济、科技实力的重要指标。知识产权的意义在于：

(1) 以知识产权创造为目标，形成文化科技创新成果。

在知识经济的时代背景下，以版权为制度支撑的软件、电影、音像、广告、传媒、图书出版等行业不断发展。合理运用版权战略，将一国文化科技创新成果转化为知识产权，对一国自主创新能力的提升具有重要的推动作用。

(2) 以知识产权的管理、运用为重点，构建创意产业群。

在国外，诸如美国的硅谷、日本的关西、德国的巴登富腾堡、意大利的都灵和米兰、法国的巴黎、英国的伦敦等地区，都是通过知识产权的商业化应用而形成的在全国乃至全球有影响力的创意产业集聚地。

在中国，北京中关村、上海张江高科技园区、苏州工业园区、武汉光谷等备受跨国公司青睐的研发中心聚集地逐步形成，节能环保、新一代信息技术、生物、高端装备制造、新能源、新材料、新能源汽车等产业得以发展。

(3) 以知识产权保护为后盾，营造良好的创新环境。

知识产权是文化创新与科技创新发展的制度支撑，同时也是世界市场经济体制的基本规则。无论国内市场还是国际市场，其发展都离不开对知识产权的有效保护。

2. 知识产权的基本概念

知识产权是指公民、法人或者其他组织就其智力创造的成果依法享有的专有权利，通常是国家赋予创造者对其智力成果在一定时期内享有的专有权或独占权(Exclusive Right)。

知识产权从本质上说是一种无形财产或一种没有形体的精神财富，它与房屋、汽车等有形财产一样，受到国家法律的保护，具有价值。

3. 知识产权的主要特点

知识产权是与人身权、物权、债权并列的一种民事权利，具有以下特征：

(1) 无形性：知识产权是一种无形财产，既不是物，没有形体，不占有空间，也不是行为，而是一种智力成果，并通过法律规定的客观形式表现出来。

(2) 专有性：亦称独占性或垄断性，除权利人同意或法律规定外，权利人以外的任何人不得享有或使用该项权利。

(3) 时间性：各国法律对知识产权的保护都规定了有效期，期限的长短可能不完全相同，期满后则权利自动终止。

(4) 地域性：除签有国际公约或双边、多边协定外，经一国法律取得的知识产权只能在该国境内有效，受该国法律的保护。

4. 知识产权的类型

知识产权依据智力成果的具体内容和社会作用，分为两类：一类是著作权，另一类是工业产权。

1) 著作权

著作权又称版权，是指自然人、法人或者其他组织对文学、艺术和科学作品依法享有的财产权利和精神权利的总称，主要包括著作权及与著作权有关的邻接权，如计算机软件著作权。

计算机软件是人类知识、经验、智慧和创造性劳动的结晶，是一种典型的由人的智力创造性劳动产生的知识产品。如果一个计算机程序的作者以自身的智力创作完成了该程序，就意味着该程序具有独创性，可以受到著作权法保护。1990 年 9 月，我国颁布了《中华人民共和国著作权法》，把计算机程序和相关文档、程序源代码和目标代码列为享有著作权保护的作品，任何未经授权的使用、复制都是非法的，要受到法律制裁。1991 年 6 月，我国又颁布了《计算机软件保护条例》，规定计算机软件是个人或者团体的智力产品，同专利、著作一样受法律的保护。该条例是我国第一部计算机软件保护的法律法规，它标志着我国计算机软件的保护已走上法治化的轨道。

著作权遵循"表达与思想分离"的原则，即著作权只保护计算机软件的表达形式，不保护计算机软件所体现的思想、方法、功能等，这为其他软件开发者开发新的软件提供了参考，有利于软件的创新、优化和发展，避免了计算机软件的过度保护，从而为软件的"保护"和"创新"提供了一个平衡点。因此,根据著作权法的规定,若仅以学习和研究软件内含的设计思想和原理为目的使用软件,则属于合理使用,不构成侵权。

2) 工业产权

工业产权是指工业、商业、农业、林业和其他产业中具有实用经济意义的一种无形财产权,主要包括专利权、商标权以及反不正当竞争权。例如,计算机软件专利权。

不与硬件结合的软件不受专利法保护。当软件与硬件相结合并使构思表现在"功能"上时,软件就可以得到专利法保护。此时,"反编译"作为一种侵权手段被禁止,其不仅可以促进软件的发展,也有利于减少"反编译"情况的发生。计算机软件的专利保护必须具备新颖性、创造性、实用性,绝大多数计算机软件难以通过专利的"三性"审查。计算机软件保护形式比较如表 7.5 所示。

表 7.5 计算机软件保护形式比较

比较项目	著作权法	专利法
申请登记	不需要	需要向不同国家/地区申请
保护方式	只保护表达,不保护思想	保护软硬结合的形式和思想
内容公开	内容公开	内容部分公开
反向工程	不需要	不允许
保护期限	50 年	20 年
典型案例	苹果诉微软 Windows 侵权	思科诉华为产品侵权

5. 网络环境下的知识产权

随着互联网的快速发展,网络环境下的知识产权因网络和知识产权的结合,使得知识产权的保护也延伸至网络空间,呈现出新的特点。

1) 作品的表现形式多样化

传统意义上的作品多以手稿、印刷品、音像作品为主要表现方式,作品之间的界限可以说泾渭分明。而在网络环境下,由于数字技术的发展,几乎所有的作品均可通过计算机自由地实现数字化,于是信息便可自由地实现多媒体化。所谓多媒体化,是指利用计算机技术,对文字、声音、图像等多种媒体信息进行统一处理,综合表现信息效果的一种手段。在多媒体化背景下,作品发生了三个显著的变化:

(1) 各类作品之间的分界线日益模糊。例如,人们在进行新闻报道时,逐步放弃了原有的单一的文字写作方式,转变到以超文本结构为主,这使得文学作品、美术作品、影视作品、科学作品等作品之间的界限日益模糊。

(2) 作品与载体之间的联系逐渐淡化。传统意义上的作品在传播和利用过程中必须固化在有形的载体之上,而数字技术的运用,导致了作品信息的数字化,即作品均可用 0 和 1 等二进制数码来记述,再通过网络将信息传播到世界的每一个角落。

(3) 作品受保护的标准模糊化。对于传统意义上而言的作品,易分清个人的创作成果,独创性是作品受保护的唯一条件。信息时代的作品,尤其用多媒体创作的作品中,含有大量的数据,这些数据信息有的有独创性,有的则无,在这一情况下,很难对上述作品的独创性加以界定。

2) 作品的归属复杂化

传统意义上的作品中的每一个组成部分的创作人较易区分，作品的归属比较明确。在网络环境下，多数作品是通过对前人作品的变形、改编完成的，新的作品又不断地被分解、被改编，重新形成更新的作品。可以轻松地利用计算机软件对他人的作品进行再创作、再传播，因此，在信息时代，人们要具体分清哪一部分是由哪个人所创作的，已变得越来越困难。

3) 可复制性增强

在传统著作权制度中，著作权的财产权利以复制权为核心展开，如发行权、录制权、广播权、改编权等权利。在网络时代，这些权利与传播技术之间的联系得到强化，复制成为经常性行为。

【例7-2】侵害改编权及不正当竞争纠纷案。自2002年起，明河社出版有限公司(简称明河社)是《金庸作品集》(包括《射雕英雄传》《神雕侠侣》《倚天屠龙记》《笑傲江湖》等在内的十二部作品构成的)在中国境内除以图书形式出版发行的简体字中文版本以外的其他专有使用权的权利人。2013年，在征得明河社出版有限公司同意后，查良镛将上述授权内容中的部分权利内容的移动终端游戏软件改编权及改编后游戏软件的商业开发权独家授权给完美世界(北京)软件有限公司(简称完美世界公司)。而北京火谷网络科技股份有限公司(简称火谷网)于2013年4月30日开发完成涉案武侠Q传游戏。同年5月28日，火谷网与昆仑乐享网络技术有限公司(简称昆仑乐享公司)签订独家授权协议，授权昆仑乐享公司在包括中国大陆在内的多个国家和地区独家运营该游戏，昆仑万维科技股份有限公司(简称昆仑万维公司)通过其网站进行涉案游戏的运营，并通过该网站提供涉案游戏软件的安卓及苹果系统客户端的下载。2014年3月，明河社及完美世界公司的代理人向公证机构申请对涉案游戏的界面进行了公证取证。通过具体比对，涉案游戏在人物描述、武功描述、配饰描述、阵法描述、关卡设定等多个方面与涉案武侠小说中的相应内容存在对应关系或相似性。火谷网认可开发涉案游戏时借鉴和参考了涉案作品的相关元素。请问火谷网、昆仑乐享公司、昆仑万维公司是否侵权？

本案例使用了涉案作品中的主要人物角色、人物关系、人物特征、武功招式以及武器、阵法、场景等创作要素，但并未完整使用涉案作品的故事情节，是一起擅自将他人武侠小说改编为网络游戏的典型案例，涉及改编权。所谓改编权，是指改变作品，创作出具有独创性的新作品的权利。该权利是著作权法赋予作者以创造性方式利用其作品的权利。在作品的利用方式更趋多元化的网络环境下，对于改编权的保护力度将在很大程度上决定著作权的保护强度和作品的商业利用价值。本案的二审判决认定涉案游戏侵犯了涉案作品的改编权，判决火谷网、昆仑乐享公司、昆仑万维公司赔偿明河社及完美世界公司经济损失共1600多万元。这不仅反映了知识产权的市场价值，也体现了加大知识产权保护力度的司法导向。本案入选"2019年度中国法院10大知识产权案件"。

由上例可知，在网络信息时代大背景下，不仅需要完善网络环境下知识产权的法律体系，也应进一步提高人们知识产权的保护意识，维护诚实信用、公平规范的网络秩序。

7.6　团 队 合 作

随着技术的快速更新、全球化发展的趋势及日益增长的企业间竞争，团队化运作通过合理利用每一个成员的知识和技能，协同工作，来达到共同的目标。

7.6.1　团队合作精神及困境

1. 团队合作精神

马克思强调："科学的劳动部分地以今人的协作为条件，部分地又以对前人劳动的利用为条件。共同劳动以个人之间的直接协作为前提。"在科技高速发展的时代，合作的重要性、优越性更为突出。因此，善于合作，具有集体意识、团队合作精神是工程师和科技工作者的又一基本的职业道德要求。

团队合作精神是大局意识、协作精神和服务精神的集中体现，反映的是个体利益和整体利益的统一。团队合作精神具体表现如下：

(1) 团队成员间相互依存、同舟共济，互敬互重、礼貌谦逊。

(2) 彼此宽容，尊重个性的差异。

(3) 彼此间是一种信任的关系，待人真诚，遵守承诺。

(4) 彼此间相互帮助、互相关怀，大家共同提高。

(5) 彼此间利益和成就共享、责任共担。

2. 团队困境

团队成员之间在合作过程中常面临如下一些困境：

(1) 目标不明确。如果目标不明确，就会导致团队成员工作方向不一致，团队整体的工作效率就会受到影响。

(2) 态度错误。在失败的时候不要一味地相互指责，否则团队工作就会陷入僵局。

(3) 技能缺乏。一个团队在面对挑战时的最大优势是团队有能力集中所有团队成员的多种技能和智慧，完成单凭个人努力所无法完成的任务。当团队缺乏所需要的工作技能时，团队的整体效能将受到影响。

(4) 成员资格变更。通常团队运行几个月后成员资格会发生变化。当有新的成员加入团队时，其他成员领导和发起人就应该一起努力使新成员融入团队中。这相当于团队再次重建，新、老成员应该就工作方法达成一致，内部统一，协调职责。

(5) 时间压力。时间是寻求业绩的团队的敌人，尤其是对于那些还不具备工作技能、成员之间还不熟悉工作机制的团队来说，更是如此。以结果描述的目标和工作方法需要建立在全体成员具有同等职能的基础上，这比建立单一领导制花费的时间更多。形成团队所耗费的时间更多，这也是团队陷入僵局的一个原因。

(6) 原则和责任感缺乏。团队的业绩在很大程度上取决于原则和责任感，而不是所谓的权责分配和通力合作。

7.6.2　个人与团队合作

团队是由个人组成的，每个人在团队当中承担的角色和作用各不相同。那么个人应该如何与团队合作，充分发挥自己在团队中的作用呢？

1. 团队目标

团队目标关系到全体成员的利益，是团队合作的基础。团队目标应与团队的愿景相关，并有效地把目标传达给所有成员和相关的人。

2. 团队利益高于个人利益

在追求个人成功的过程中，离不开团队合作，团队成员做事应当服从大局，从团队利益出发，服从团队安排，充分发挥个人在团队中的作用。

3. 严于律己，遵纪守法，遵守团队规定

每个人都应该严格要求自己，做任何事情都不能触犯法律，同时都要遵守团队规定。

4. 善于沟通与倾听，乐于助人

沟通是团队每一个成员必备的基本技能。良好的沟通能力不但能够提高团队工作效率，也能使得团队成员之间的关系更加融洽，工作氛围更加轻松。同时，团队成员遇到困难、相互之间出现矛盾时，要学会聆听，学会换位思考，学会帮助别人渡过难关。

5. 建立团队激励机制

激励是指持续地激发人的动机和内在动力，使其心理始终保持在激奋的状态，鼓励人朝着所期望的目标采取行动。设置团队激励机制，无论是物质激励还是精神激励，都会让团队里的每一个人明白他们的努力和收获是成正比的。

人的本质是社会的人，其活动离不开他人的合作。人们为了共同的目标进行合作，充分发挥个人的自我优势，共享知识和责任，收获属于自己的成长。

7.7　时 间 管 理

7.7.1　时间的含义与特征

1. 时间的含义

假设一个人的生命中有三枚硬币，一枚硬币代表财富，一枚硬币代表健康，一枚硬币代表时间，这三枚硬币哪一个最重要呢？爱因斯坦说过："一切与生俱来的赠品中，时间最宝贵！"时间不仅宝贵，而且最公平。无论一个人富裕或贫穷，上天给予他的时间是绝对公平的，每人每天 24 小时，不会厚此薄彼。但是，上天又是不公平的，因为每个人的时间价值是不一样的，正如鲁迅先生所说："时间就像海绵里的水，只要你愿意挤，总还是有的。"

人生由不同时期的阶段与任务组合而成，阶段与任务由扮演的不同角色来达成，各种角色借由不同的事件来诠释，而"事件"由时间串接而成。因此时间就是物质运动的顺序性和持续性。其特点是一维性。时间是一种特殊的资源。

2. 时间的特征

时间具有以下特征：

(1) 供给毫无弹性。时间的供给量是固定不变的。在任何情况下，时间既不会增加，也不会减少，每天都是 24 小时，所以时间无法开源。

(2) 无法蓄积。时间不像人力、财力、物力和技术那样可以被积蓄、储藏。不论人们愿不愿意，都必须消费时间，所以时间无法节流。

(3) 无法取代。任何一项活动都有赖于时间的堆砌，这就是说，时间是任何活动所不可缺少的基本资源。因此，时间是无法取代的。

(4) 无法失而复得。孔子曰："逝者如斯夫！"时间无法像失物一样失而复得。时间一旦丧失，就会永远丧失。花费掉的金钱，尚可赚回，但倘若挥霍了时间，任何人都无力挽回。

古人曰"一寸光阴一寸金，寸金难买寸光阴"，强调了时间的价值和重要性，而时间的"供给毫无弹性""无法蓄积""无法取代""无法失而复得"等特征使得时间最不为人们所理解和重视，也正因为如此，时间的浪费比其他资源的浪费就更为普遍，也更为严重。

7.7.2 时间管理的内涵

1. 时间管理的含义

时间是唯一对每个人都公平的资源，管理时间就是在管理生命。时间管理就是在日常生活中始终如一、有的放矢地使用行之有效的方法，组织并管理好自己生活的方方面面，减少对时间的浪费，最有意义、最大限度地利用自己所拥有的时间，有效地完成自己的既定目标。

【例 7-3】装瓶实验。有一个瓶子，要往里面装入石子、沙子和水，如何将这个瓶子装满？

这个装瓶实验就揭示了时间管理的启示，大石头之间会有空隙，沙子之间还有空隙，水里面可能还有空隙。同理，时间中也存在空隙，珍惜时间的一个方法就是珍惜点点滴滴零碎的时间。

此外，工作任务的完成要有程序和顺序，装瓶实验中如果先往瓶子里面装水，再往里面装沙子，然后再往里面放石头，就一定放不进去了。做事情也一样，一定要有优先顺序，不能捡了芝麻丢了西瓜，要抓住最核心、最重要的、最有价值的事情，而不是抓鸡毛蒜皮的事情，这样生活的意义才能彰显出来。

2. 时间管理的三大观念

时间管理的关键是确立三大观念，即时间观念、效率观念以及效能观念。

1) 时间观念

所谓时间观念，就是对琐碎时间的利用。例如，在人们的理解中，3 年是一个很大的时间单位，1 小时则是一个常被忽略的时间单位，实际上，如果每天能节约出 1 个小时，则在以 70 年计的人生岁月中，就可以节约出 3 年的时间。时间观念的重要性由此可见一斑。

2) 效率观念

所谓效率观念，就是要有速度。例如，石头之所以能漂浮在水面上，就是因为速度很快。

3) 效能观念

效能观念就是不仅要衡量速度的快慢，还要考虑其他的因素。效率是指"快"，而效能是指在单位时间内所获得的价值和回报。效能的重点是不但要完成任务，而且要求"多、快、好、省"。

【例 7-4】龟兔赛跑。

乌龟跟兔子赛跑，第一场赛跑因兔子骄傲自满，在树根下面睡觉而导致乌龟赢了，兔子输了。裁判大象批评兔子说："兔子，你这样不行，不可以骄傲自满，要脚踏实地，勤奋努力，懂不懂啊？"兔子说，"我懂了，我要求再比第二回，我不相信，我跑不过乌龟。"

于是，龟兔又举行了第二次赛跑。结果又是以乌龟赢了，兔子输了而告终。原来兔子光顾着跑，却忘了看方向。 兔子没有看准方向，它跑得越快离目标就越远，所以兔子的效率很高，但是效能很低。同理，在做事情的时候，尽管做事可以做得很快，效率很高，可是如果偏离了方向，最后也不会有正确的结果。

7.7.3　时间管理的方法

在时间管理中，人们认为自己的时间属于自己的私人财富，往往存在时间管理的误区，从而导致时间浪费。例如，工作缺乏计划，导致工作目标不明确；做事分不清轻重缓急，导致时间分配不合理。

【例 7-5】伯利恒钢铁公司总裁查尔斯的故事。

伯利恒钢铁公司总裁查尔斯向管理顾问李爱菲提出："请告诉我如何能在办公时间内做妥更多的事，我将支付给你一笔可观的顾问费。"李爱菲对他说："写下你明天必须做的最重要的各项工作，先从最重要的那一项工作做起，并持续地做下去，直到完成该项工作为止。重新检查你的办事次序，然后着手进行第二项重要的工作。倘若任何一项着手进行的工作花掉你一整天的时间，也不用担心，只要手中的工作是最重要的，则坚持做下去。假如按这种方法你无法完成全部的重要工作，那么即使运用任何其他方法，你也同样无法完成它们。将上述的一切变成你每一个工作日里的习惯。当这个建议对你生效时，把它提供给你的下属采用。"

数星期后，查尔斯寄了一张面额两万伍仟美元的支票给李爱菲，并附言她确实已为他上了十分珍贵的一课，伯利恒后来上升为世界最大的独立钢铁制造公司。这就是计划带给人们的财富。

因此，时间管理根据其发展历程，包括以下方法。

1. 时间增加和备忘录

时间的增加是指当时间不够用而工作任务比较多的时候，就单纯地加班加点，延长工作时间。备忘录就是把所有要做的项目列出来，制作成一个任务清单，做一件，勾掉一件，以此种方式来进行时间的分配和使用。

2. 工作计划和时间表

制订工作计划和时间表，即在所有要做的工作任务开始之前，把清单列出来，在每一项任务之前定一个期限，例如早晨 8 点—9 点做什么，9 点—10 点做什么，下午 1 点—2 点做什么，每一项任务都有开始和结束的时间，在这个时间段中完成规定的某项任务。这个方法有时候也称为行事历时间管理法。

3. 排列优先顺序以追求效率

当工作任务越来越多，在规定的时间里面没有办法彻底完成的时候，就要对时间管理的内容进行更改，第一，对工作任务要做一些取舍。第二，对工作任务要排优先顺序。比如，先做哪一件，后做哪一件；重点做哪一件，非重点做哪一件；主要做哪些，次要做哪些；做哪些，不做哪些；等等。描述这个取舍和优先顺序的办法可以通过象限法进行。

如果按照工作任务的重要程度标记横坐标，按照工作任务的紧急程度标记纵坐标，则可以构成 1、2、3、4 四个象限，如图 7.2 所示。其中，第 1 象限是又重要又紧急的事情；第 2 象限是重要但不紧急的事情；第 3 象限是紧急但不重要的事情；第 4 象限是不重要也不紧急的事情。

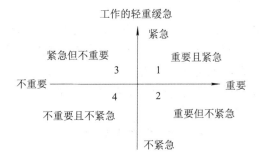

图 7.2 时间管理象限示意图

(1) 第 1 象限工作：重要且紧急的事情(A 类工作)。

假设用一个统一的标准把所有的工作任务进行明确清晰的划分，然后对工作进行一个排序，显而易见，首先应做又紧急又重要的工作。这类工作一般属于突发事件。当工作中出现了突发事件的时候，应该放下手头所有的工作，全身心地扑上去解决，这种行为被形象地称为救火行动。例如，119 消防队接到了警报，就要马上去处理现场。

(2) 第 2 象限工作：重要但不紧急的事情(B 类工作)。

B 类工作会随着时间的进一步推移，越来越紧急，直到突破一定的极限，变成 A 类工作，所以，B 类重要但不紧急的工作一旦被拖延下去，就会变成突发事件。

(3) 第 3 象限工作：紧急但不重要的事情(C 类工作)。

C 类工作的特点是数量比较多，如果不断地被拖延，当越过一定的极限以后，C 类工作就可能因为失去时机而消失，由此就会导致一定的损失。关于 C 类工作的描述有著名的帕金森定律，也称为爆米花定律，就是 2 斤玉米看上去不是很大，但是经过膨化以后有可能会变为一箩筐玉米花。由此可见，被膨胀、扩大后的结果会导致 C 类工作数量庞大，以致无法完全彻底地被解决。例如，下午 3 点—4 点，工会组织慰问抽奖活动，参加抽奖者都可得到一袋洗衣粉，如果某人因故未参加工会慰问抽奖活动，那么 4 点钟以后，这个事情可能就已结束，由此，缺勤者将损失一袋洗衣粉。

当重要且紧急的突发事件被处理之后，接下来是应该处理 C 类紧急但不重要的工作，还是应该处理 B 类重要但不紧急的工作？有人认为 C 类工作很紧急，应先期处理，也有人认为 B 类工作很重要，应先期处理。按照时间占用的顺序来划分，也就是按照时间的紧急程度来说，应先处理 B 类工作，因为 B 类工作的价值更大，它的重要程度更大。

(4) 第 4 象限工作：不重要且不紧急的事情。

这类事情通常应放在最后处理。

意大利经济学家帕累托认为，万事万物都可以分为重点的少部分和一般的大部分，这就是通常所说的二八定律，即 80%的结果源于 20%的努力，也就是 80%的结果是因为 20%的关键因素所致。因此，"打蛇打七寸""擒贼先擒王""好钢用在刀刃上"等都说明了应该用最有效率的时间做 20%的最有效率的工作。

小　结

计算机不仅是一种计算工具，在计算机网络出现之后，计算机更成了一种新兴的通信工具。作为计算机从业人员和计算机普通用户，都应遵守道德规范，从而形成良好的社会秩序、工作环境和人际关系，推动社会的全面进步。

知识产权是创新驱动发展的动力源泉，强化知识产权意识，树立创新发展新理念，是全社会创新活力迸发的持续动力。

团队精神是组织文化的一部分，应了解个人与团队的作用，充分发挥个人和集体的潜能，并管理好时间。

习　题

1. 小孩的鞋还有哪些缺点？请思考后列举出来，并试着构思解决方案。例如怎么解决小孩自己穿鞋时左右不分的情况。

2. 列举你常见的现象或事物，用缺点列举法找出其主要缺点并试着找出解决方法。

3. 作为未来的工程师，你的职业目标是什么？

4. 假设数据压缩系统的使用会导致一些微小但重要的信息项的丢失，这会产生什么样的责任问题？应该如何解决？

5. 无论是有意的还是无意的，一般只要改几个词语，一个故事就可能被赋予正面或负面的含义(比较"大多数受访者都反对公民投票"与"受访者中有相当一部分支持公民投票")。修改一个故事(删掉某些观点或者仔细选词)和修改一张照片有区别吗?

6. 许多人认为,对信息进行编码经常会削弱或歪曲该信息,因为这实质上迫使信息必须被量化。他们认为,若一份调查问卷要求调查对象只能用给定的 5 个等级来发表他们的意见,那么这份问卷本身就是有缺陷的。信息可以量化到什么程度?

7. 对个人来讲,在开发他自己的应用时忽略截断误差的可能性以及它们的后果,是可以接受的吗?某个截断误差出现在一个关键时刻,引起了巨大的损失和人身伤亡。如果需要有人对此负责,那么是硬件设计者、软件设计者、实际编写那段程序的程序员,还是决定在那个特定应用中使用这个软件的人?如果最初开发这个软件的公司已经修正过这个软件,但是用户没有为那个关键应用购买并应用这个升级版,又将如何?如果这个软件是盗版的呢?

8. 在商业、通信或社交互动方面,社会是否过于依赖计算机应用了?例如,如果长期中断因特网或移动电话服务,会有什么后果?

9. 大多数智能手机都能够通过 GPS 来确定手机的位置。这样一来,相关的应用程序就可以基于手机的当前位置提供与该位置相关的信息(如本地新闻、本地天气或者附近的商业机构)。然而,这些 GPS 功能可能也允许其他应用将手机的位置广播给其他各方。这样好吗?手机的位置(继而手机用户的位置)信息会被如何滥用?

10. 根据自己对计算机学科的理解,调查当前市场上的行业前景和行业发展状况,思考自己的专业方向,以及对应的专业方向需要具备的理论知识和专业技能。

11. 计算机提供了无限的机会和挑战,请查阅资料,阐述计算机的广泛使用产生了什么积极的影响和负面的影响。

12. 身处信息时代,作为计算机专业的学生,你觉得应该如何安排大学的学习生涯?

参 考 文 献

[1] 赵少奎，杨永太. 工程系统工程导论[M]. 北京：国防工业出版社，2000.

[2] 战德臣，张丽杰. 大学计算机：计算思维与信息素养[M]. 3 版. 北京：高等教育出版社，2019.

[3] 徐志伟，孙晓明. 计算机科学导论[M]. 北京：清华大学出版社，2018.

[4] 刘二中. 创新工程师：发明创造与成功之路[M]. 合肥：中国科学技术大学出版社，2005.

[5] 易建勋. 计算机导论：计算思维和应用技术[M]. 2 版. 北京：清华大学出版社，2018.

[6] 瞿中，熊安萍，蒋溢. 计算机科学导论[M]. 3 版. 北京：清华大学出版社，2010.

[7] 李云峰，李婷. 计算机科学导论：基于计算思维的思想与方法[M]. 4 版. 北京：电子工业出版社，2021.

[8] 林子雨. 大数据导论[M]. 北京：人民邮电出版社，2020.

[9] 甘勇，尚展垒. 计算机科学导论[M]. 北京：电子工业出版社，2016.

[10] 王建国，付禾芳，王欣. 计算机科学与技术导论[M]. 北京：中国铁道出版社，2012.

[11] 董卫军，邢为民，索琦. 计算机导论[M]. 北京：电子工业出版社，2011.

[12] 张文祥，杨爱民. 数据库原理及应用[M]. 北京：中国铁道出版社，2006.

[13] 何玉洁. 数据库原理及应用[M]. 北京：人民邮电出版社，2021.

[14] 宁爱军，王淑敬. 计算思维与计算机导论[M]. 北京：人民邮电出版社，2019.

[15] 沃德斯顿·费雷拉·菲尔多. 计算机科学精粹[M]. 蒋楠，译. 北京：人民邮电出版社，2019.

[16] 贾遂民，赵龙德，刘涛. 大学计算机[M]. 北京：人民邮电出版社，2021.

[17] 沙行勉. 计算机科学导论：以 Python 为舟[M]. 3 版. 北京：清华大学出版社，2020.

[18] 杨水旸. 论科学、技术和工程的相互关系[J]. 南京理工大学学报：社会科学版，2009，22(3)：84-88.

[19] 孙永香，王鲁. 计算机导论[M]. 北京：化学工业出版社，2022.

[20] 郭兵，沈艳，邵子立. 绿色计算的重定义与若干探讨[J]. 计算机学报，2009，32(12)：2311-2319.

[21] 郭兵，沈艳，王继禾，等. 绿色计算原理与应用[M]. 北京：科学出版社，2013.